物理学講義

電磁気学

中央大学名誉教授
理学博士

松下　貢　著

裳　華　房

LECTURES ON PHYSICS

ELECTROMAGNETISM

by

Mitsugu MATSUSHITA, DR. SC.

SHOKABO

TOKYO

はじめに

―なぜ電磁気学を学ぶのか―

私たちは，電気に関連したいろいろなものに四六時中世話になっており，それらなしで日常生活を過ごすことは想像できない時代に生きている．朝はどこまでも正確な電波時計のベルで目が覚め，朝食には冷蔵庫やトースター，コーヒーメーカー，電子レンジなどの電化製品が活躍し，外出の前にはテレビやラジオあるいはスマートフォンなどで天気予報や交通情報をチェックする．外出の際に使う電車が電力を利用していることは明らかであるが，自動車の場合でもガソリンの燃焼で取り出したエネルギーの一部を充電に使い，車のいろいろな部分を電気的に制御している．カーナビの基本部分は現在位置を知らせるGPSであるが，これは人工衛星からの電波による情報の処理が基本である．大学の授業でもパソコンやプロジェクターが活躍し，授業の中で出た課題のレポートはインターネットを通じてパソコンから出すことができる．夜になって家に戻ると，消費電力の少なさが特徴のLED電球が部屋や机上の照明に活躍している．しかし，これらはほんの少数の例にすぎず，すべてを網羅することなどとてもできない．

このように，朝起きてから夜寝るまで途切れることなく，何らかの形で電気のお世話になっている．それどころか，実際には寝ている間も，冷蔵庫ははたらいているし，スマートフォンは友達からのメールなどの連絡をキャッチし続けていて，電力消費は一日中，決してゼロにはならない．私たちは科学や技術の成果を基礎にした文明によって生活の便利さ・豊かさを満喫しているのであるが，このように振り返ってみると，実はその大部分に電気が関わっていることがわかるであろう．

電気は私たちの日常生活になくてはならないものになっているが，これはもちろん，長年にわたる科学者・技術者たちの努力のたまものである．私たちにとっては，これからも電気に関わる科学や技術の発展が必要不可欠であり，将来それを担うのが理工学部に入った学生諸君であることを考えると，これまでに先人たちが築き上げた電気に関する科学の基礎を学ぶことは必須であるということができる．この電気の背後で活躍する電荷や電流の性質，それらが生み出す電場や磁場の特徴，それらが電磁場として示す空間的，時間的な振舞いを考察するのが，これから学ぶ電磁気学なのである．

力学は目に見えるモノの動きを扱うために，学んでいることがイメージしやすい．それに比べると，電磁気学で活躍する電荷，電流，電場，磁場はどれをとっても直接目には見えない．それでも電磁気的な現象があるのは明白であり，それらを把握し理解するためには科学的な概念がどうしても必要となる．このように，電磁気学は力学より抽象的な学問体系であり，それが初学者にとって電磁気学の理解を難しくしているのである．しかし，逆にいえば，電磁気学はそれを学習する各自の想像力が大いに活躍する分野であるということもできるであろう．実際，19 世紀のはじめにイギリスのファラデーは，目に見えない電場や磁場を，電気力線や磁力線という曲線が空間の中にあるとして可視化することでその振舞いを具体的にイメージし，苦手な数学を一切使わないで電磁気学の基本法則を発見している．

ともかく，このような事情があるので，電磁気学をはじめて学ぶ場合には，最も基礎的なことから順を追って理解するように努力しなければならない．その途中では，静電ポテンシャルをはじめとして，初学者にイメージしにくい概念が必ず出て来る．しかし，一度読んでわからなくても気にすることはない．何が，なぜ，どのようにわからないかを考えながら，繰返し読み直してみることである．

力学は，物理学全般にわたる物理的な考え方の基礎を与えてくれるという意味で非常に重要であった．もちろん，電磁気学も，相対性理論や量子力学，物性物理学，統計物理学を理解するための基礎であることはいうまでもない．しかしそれだけではなく，上にも強調したように，日常生活における電気の重要性から，電磁気学は物理学の実用面への橋渡しの基礎という面があり，理工学全体にわたって重要である．

電磁気学は力学や熱力学と違って，扱う現象が多様でバラバラな感じがしてまとまりがなく，学習するのがとても難しいとよくいわれるが，それは誤解である．比較的理解が容易な静電場から出発して，静磁場へと学び進むにつれて，電場は電荷から生じ，磁場は電流から生じることがわかるようになる．静電場と静磁場は直接には結びつかないのに，それらの特徴を記述する基本的な方程式が驚くほどよく似ているのである．電場や磁場が時間的に変化するような場合には，電場と磁場が結合して電磁場として振舞うようになり，その基本方程式は一見複雑になるが，それも見かけ上のことである．力学では基本方程式がニュートンの運動方程式であることを学んだ．電磁気学でそれに相当するのが4つの方程式からなる一見複雑なマクスウェル方程式であるが，電磁場の特徴をさらに深く考察すると，それが単一の方程式で表されることがわかるのである．そこで本書では，電磁気学はとてもまとまりの良い学問体系であることを強調し，そのことをわかりやすく順を追って説明する．

高等学校で物理を学んだ経験のあるものにとって，電磁気学のいろいろな法則は与えられたものとして暗記しなければならなかったはずである．しかし，大学では，力学でもすでに経験したように，どのような法則もより基礎的なことから理解しようとする．すなわち，高等学校で覚え込まされたどのような電磁気学的な法則も，実験的に知られた事実を基礎にして，それらを理路整然とまとめ上げ，体系的に理解しようと努力するのである．この意味で，本書は姉妹書の『物理学講義 力学』や『物理学講義 熱力学』と同様，電磁気学を生まれてはじめて学ぶものを読者として考えており，高等学校で物理を履修したことを前提にしてはいない．

『物理学講義 力学』や『物理学講義 熱力学』でもすでに強調したが，物理学を理解するためには数学は必須である．力学では微分・積分，簡単なベクトルの演算と初歩的な偏微分が必要であった．それらは慣れない間は難しくて面倒でも，学んでいるうちに本来の目的の力学を理解するのに非常に便利であることがわかってきて，そのうちに当たり前になってくるのである．電磁気学でも同様であるが，基本的な量である電場と磁場がベクトルの場であることから，ベクトル場の微分・積分に関係したベクトル解析が重要な役割を果たす．だからといって，決して数学に埋没して本来の目標を見失うべきではない．

私たちの目標は物理学を理解することであって，数学ではない．数学に通じるに越したことはないが，物理学の理解には当面それを使えればよい．したがって，本書でも数学は道具として扱い，その使い方は丁寧に説明する．日頃使い慣れているスマートフォンを思い出していただきたい．その開発者は別として誰もが，背後でどんな原理があって動作していようと全く気にせずに使っているではないか．それでも気になる読者は，本書で使う数学的な諸定理の説明を巻末の付録に記したので，それを参照されたい．

初稿の段階で原稿を丁寧に読んでいろいろなコメントをいただいた國仲寛人氏に深く感謝する．もちろん，まだ残っているかもしれない誤りなどはすべて筆者の責任であり，読者諸氏のご指摘により随時修正していきたいと思う．遅筆な筆者を暖かく督促し，激励していただいた裳華房編集部の小野達也，須田勝彦の両氏に心からのお礼を申し上げる．特に，これからの教科書の在り方についての小野氏の熱意には，常日頃から感服している．その上に，彼のいくつもの具体的な提案で大変お世話になっていることを，ここに記して謝意を表する．

2014 年　仲秋

松 下　貢

本書の流れを図に示しておく．電磁気学は，誰もが日常的に使っている電気の背後にある電荷や電流の性質，それらが生み出す電場や磁場の特徴，時間変化する一般的な状況で電場と磁場がまとまって電磁場として示す振舞いを考察する．本書は，ごく日常的，常識的なことから始めてマクスウェル方程式とその簡単な応用に至るまで，初学者が電磁気学の枠組みをシームレスに理解できるように書かれている．一歩一歩着実に学んでほしい．

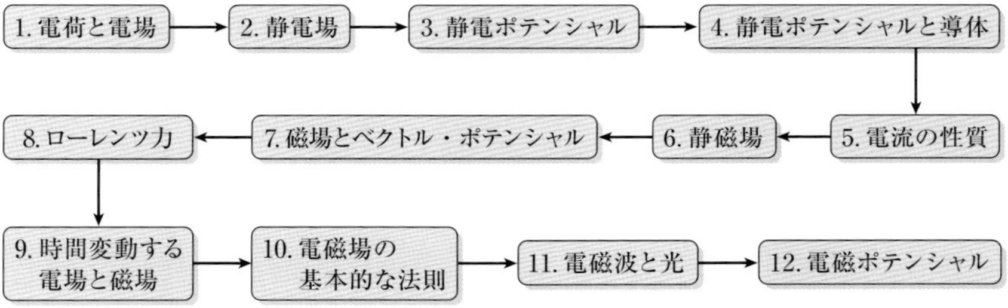

本書の流れ

目　　次

1. 電荷と電場

2. 静　電　場

3. 静電ポテンシャル

4. 静電ポテンシャルと導体

5. 電流の性質

6．静　磁　場

7．磁場とベクトル・ポテンシャル

8．ローレンツ力

9. 時間変動する電場と磁場

10. 電磁場の基本的な法則

11. 電磁波と光

12.　電磁ポテンシャル

1 電荷と電場

学習目標

- **クーロン力を考察し，それを電場で表す必要性を理解する．**
- **点電荷がつくる電場の表式を求めることができるようになる．**
- **電場が電気力線で表されることを理解する．**
- **電荷密度を理解する．**
- **電荷密度を使って電場を表すことができるようになる．**

電磁気学の始まりはクーロン力である．クーロン力は空間的に離れた電荷の間にはたらく力であるため，遠隔作用と見なされる．しかし，原因があって結果が生じるという因果関係を考えると，その途中が何も影響しない遠隔作用は科学的には納得しにくい．どのような作用も，その途中で次々に影響が波及すると考える近接作用で表すのが望ましい．そこで空間に広がって存在する電場を導入し，クーロン力は点電荷が周囲に電場を生み出し，それが遠く離れた別の点電荷におよんで作用するという近接作用的な考えで議論する．

クーロン力は力であり，力はベクトル量なので，電場もベクトルである．空間中の電場を可視化するのに電気力線を用いる．点電荷が複数個あるときの空間中の任意の場所での電場は，重ね合わせの原理により，それぞれの電荷がその場所につくる電場の和として表される．特に電荷が密に分布する場合には単位体積当たりの電荷量として電荷密度が定義できて，空間中の任意の場所の電場は電荷密度を使って表現される．

1.1 クーロンの法則

本書で学ぶ電磁気学で最も基本的な要素の1つは電荷であるが，それが何かの色がついていて見えるわけでもないし，どっしりした重さを感じるわけでもない．すでに学んだ力学的な現象と違って，電磁気的な現象は直接目に見えないのである．それが電磁気学のとっつきにくさ，理解し難さに関係しているのかもしれない．しかし，冬の乾燥した時期にドアノブに触れるとバチッと感電することがあるし，夏の風物詩である雷には畏怖さえ感じる．これらの日常的な現象の背後では電荷が活躍しているのである．また，子供の頃，下敷きを頭でこすると頭髪が下敷きに引き付けられたり，机上の小さな紙屑が上から近づけた下敷きに向かって持ち上がることも経験したであろう．これらも同様である．

こうした日常的な経験と科学者・技術者たちの長年にわたる地道な研究によって，電荷の存在には疑う余地がなくなった．また，エボナイト（黒くて光沢をもつ硬質ゴム）など2つの絶縁体を摩擦などによって帯電させて近づけると，反発したり引き付け合ったりすることがわかった．そして，2つの電荷の間にはたらく力はその電荷を結ぶ直線上に作用し，斥力（反発力）と引力があることから，電荷には正負2種類があり，2つの電荷が同符号のときが斥力であり，異符号のときが引力であることもわかってきた．すると，次の問題は，電荷同士にはたらく力の定量的な法則である．

まず，相互に作用する2つの電荷の量が問題であるが，これは直観的に，それぞれの電荷の量が多ければ多いほど，はたらく力も強くなることが予想されるであろう．すなわち，それぞれの電荷の量を q_1, q_2 とすると，それらの間にはたらく力の強さが，電荷量の積 q_1q_2 に比例すると考えられる．問題は，力が2つの電荷の間の距離 r とどのように関係するかである．これを実験的にはっきりさせたのがクーロン（1785年）である．

いま，距離 r [m] だけ離れた2つの電荷 q_1 [C], q_2 [C] があるとすると，それらの間にはたらく力 F [N] は

$$F = \frac{1}{4\pi\varepsilon_0}\frac{q_1q_2}{r^2} \tag{1.1}$$

と表される．この力を**クーロン力**といい，関係式 (1.1) を**クーロンの法則**という．ここで電荷の単位はクーロン [C] であり，力 F の単位は力学で学んだ

ニュートン [N] である．また，ε_0 は真空の誘電率とよばれ，

$$\varepsilon_0 = \frac{10^7}{4\pi c^2} = 8.8541878 \cdots \times 10^{-12} \left[\frac{\mathrm{C}^2}{\mathrm{N \cdot m^2}} = \frac{\mathrm{F}}{\mathrm{m}}\right] \qquad (1.2)$$

という値をもつことが知られている（c は光の速さ）．なお，単位［　］内の F は静電容量の単位 ファラドであり，今後 電磁気学を学んでいくにつれてその意味がはっきりするであろう．物質が何もない真空に，なぜ電気を誘起することに関係する誘電率 ε_0 があるのかと，不思議に思うかもしれない．これから学ぶように，電場や磁場は空間のもつ性質であって，この意味で ε_0 は空間の性質を表す量であると考えなければならないのである．

力には，それがはたらく向きと強さ（大きさ）があり，ベクトル量であることは力学で学んだとおりである．したがって，図 1.1 のように，クーロン力もベクトル $\boldsymbol{F}$ で表され，その大きさ F が (1.1) で与えられることになる．そして，2 つの電荷 q_1, q_2 が同符号 ($q_1 q_2 > 0$) のときが斥力であり，異符号 ($q_1 q_2 < 0$) のときが引力であることは，それぞれ図 1.1(a), (b) のように図示できる．この図では，電荷 q_1 が電荷 q_2 から受けるクーロン力を $\boldsymbol{F}$ としている．したがって，作用・反作用の法則から，電荷 q_2 が電荷 q_1 から受けるクーロン力は $-\boldsymbol{F}$ である．

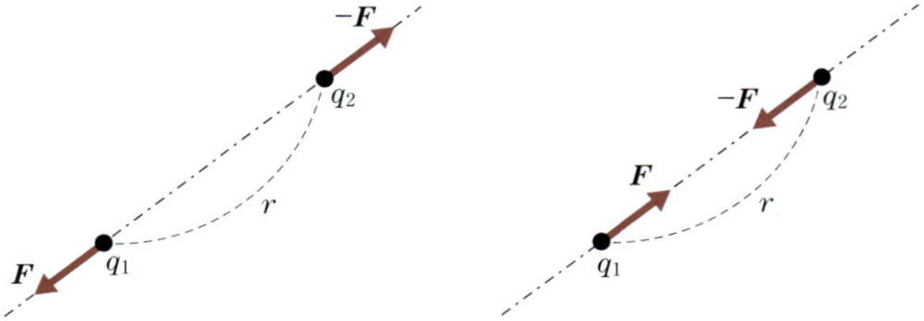

（a）斥力 ($q_1 q_2 > 0$)　　（b）引力 ($q_1 q_2 < 0$)

図 1.1　2 つの電荷 q_1，q_2 の間のクーロン力 $\boldsymbol{F}$

問 題 1 2 個の同量の電荷 q [C] をもつ点電荷が 50 cm だけ離れていてクーロン力が 2 N のとき，電荷量 q を求めよ．

クーロンの法則 (1.1) を見ると，その形が力学で学んだ万有引力の法則とよく似ていることがわかる．質量 m_1 [kg] と m_2 [kg] の 2 つの物体が距離 r [m] だけ離れているとすると，それらの間にはたらく万有引力 F_{g} [N] は

$$F_{\mathrm{g}} = G\frac{m_1 m_2}{r^2} \tag{1.3}$$

と表される．ここで，G は万有引力定数であり，その値は

$$G = 6.67 \times 10^{-11} \left[\frac{\mathrm{N \cdot m^2}}{\mathrm{kg^2}}\right] \tag{1.4}$$

である．

ここはポイント!

確かに (1.1) と (1.3) を比較すると，両者が共に距離 r の 2 乗に逆比例している．しかし，上に記したように，クーロン力には引力も斥力もあるが，万有引力にはその名の通り，引力しかない．この事実は，これら 2 つの力の本質的な違いを表している．その上，両者の力の大きさには極端な違いがある．それを次の例題でみてみよう．

例 題

水素原子は陽子 (質量 m_{p}) と電子 (質量 m_{e}) からなり，その質量はそれぞれ，$m_{\mathrm{p}} = 1.673 \times 10^{-27}$ [kg]，$m_{\mathrm{e}} = 9.109 \times 10^{-31}$ [kg] である．また，これらは正負の電気素量 $e = 1.602 \times 10^{-19}$ [C] (C：クーロン，電荷の単位) をもつことが知られている．距離 r [m] だけ離れた陽子と電子の間にはたらくクーロン力 (この場合，引力) と万有引力との比を求めよ．

解 陽子と電子について (1.1) と (1.3) の比を求めればよいので,

$$\begin{aligned}\frac{F}{F_{\mathrm{g}}} &= \frac{e^2}{4\pi\varepsilon_0 G m_{\mathrm{p}} m_{\mathrm{e}}}\\ &= \frac{1.60^2 \times 10^{-38}}{4\times 3.14\times 8.85\times 10^{-12}\times 6.67\times 10^{-11}\times 1.67\times 10^{-27}\times 9.11\times 10^{-31}}\\ &\cong 2.27\times 10^{39}\left[\frac{\mathrm{C}^2}{\frac{\mathrm{C}^2}{\mathrm{N}\cdot\mathrm{m}^2}\cdot\frac{\mathrm{N}\cdot\mathrm{m}^2}{\mathrm{kg}^2}\mathrm{kg}^2}\right] = 2.27\times 10^{39}\end{aligned}$$

となる. すなわち, 電気的なクーロン力の方が万有引力に比べて圧倒的に大きく, 両者が同時にはたらくときには万有引力は全く無視してかまわない.

それでは, なぜ私たちは はるかに強いはずの電気的な力を日常的にはそれほど感じず, コップを床に落として割るようなことをするのであろうか. ポイントは, 万有引力の方は質量が正だけで引力だけなのに対して, クーロン力がはたらく電荷には正負 2 種類があって, 引力も斥力もあるということである.

例えば, 私たちが地上で持つコップには地球の各部から引力だけがはたらき, それが地球全体で加算されて大きくなり, 結果として手から離すと地球に引かれて落ちる. ところが, クーロン力の場合には, 正負の電荷の同符号の電荷同士の間には斥力が, 異符号の電荷同士の間には引力がはたらく. しかも, 正負の電荷は同数あるために全体としては中性になり, 引力と斥力がちょうどキャンセルし合う. そのために, 電気的に中性なコップと地球の間には電気的な力がはたらかず, はるかに微弱なはずの万有引力だけが残って, 床に落下するのである. 電気的に中性な地球と太陽の間にも電気的な力がはたらかず, 万有引力だけが残って, 地球が太陽の周りを公転することも力学で学んだとおりである.

逆にいうと, 正負の電荷を分けて制御できれば, 重力とは比較にならないほどの力を生み出せることも理解できるであろう. これが, 電磁気学的な現象が私たちの日常生活にとてつもなく役立っている根本的な理由である．

問題 2 質量 0.1 kg の 2 個の質点が同量の電荷 q をもって 10 cm だけ離れているとする．このときのクーロン力が 1 つの質点にはたらく重力に等しいとして，q を求めよ．

1.2 遠隔作用と近接作用

クーロン力の表式 (1.1) をみると，2 つの電荷は距離 r だけ離れているにもかかわらず，その途中の環境に関係なく直接影響し合っているようにも思える．これは万有引力 (1.3) も同様であって，あたかも一方が他方に手品のように作用しているようであり，科学的ではない．クーロン力 (1.1) や万有引力 (1.3) のように，遠方にあるモノ同士が直接はたらき合うと考える作用のことを**遠隔作用**という．しかし，何か原因があって結果が生じるということは日常的にも経験しており，この因果関係が自然現象の基本原則である．このことを考慮すると，遠隔作用は途中で因果関係がなくなるという意味で科学的には問題がある．

これに対して，途中の因果関係を絶やさず，連続的にはたらき合う作用を**近接作用**という．クーロン力 (1.1) でいうと，2 つの電荷が直接作用するのではなくて，1 つの電荷がまず近くの空間を変化させ，その空間変化がさらに近くの空間変化をもたらす．このような変化が次から次に起こってもう 1 つの電荷に達し，それに作用すると考えるのである．一見，とても面倒に思えるかもしれないが，実は毎日聞いたり見たりしているラジオやテレビはこの直接作用のおかげで機能しているのである．すなわち，ラジオやテレビの放送局では電波の発信機にある電荷を動かして電波を出し（これを発信という），その電波がラジオやテレビの中の受信装置にある電荷を動かして（これを受信という），音波や映像に変換して視聴者が楽しむ仕組みになっている．毎日使っている携帯電話やスマートフォンも同様であり，どこをとっても近接作用が起こっているのである．

電荷にはたらく力だけが問題の場合は，確かにクーロン力 (1.1) ですむ．しかし，私たちはテレビやスマートフォンなしでは生活ができないことを思うと，少々面倒でも近接作用的に考えざるを得ないのである．すなわち，電荷がこれから学ぶ電磁気学の主役の一人であるが，電荷同士が作用し合うときに空間的な仲立ちをする電場と磁場が，これからずっと登場することになる．それどころか，電磁気学の本当の主役は電場と磁場，まとめて電磁場であるといっても過言ではない．電磁気学は電荷が生み出す電磁場の性質を明らかにする分野であり，それをこれから学ぶのである．そして，日頃使っている電化製品などが私たちの生活にいかに重要かを考えると，電磁気学の重要性は明らかであろう．

ここはポイント!

ここはポイント!

ちなみに，万有引力も近接作用的に考えるべきで，それを理論的に完成させたのがアインシュタインの一般相対性理論である．

1.3　クーロン力の近接作用的表現 ― 電場の導入 ―

クーロン力 (1.1) を近接作用的に表すためには，2 つの電荷の間にも何かがあるように (1.1) を表現し直せばよい．そのために第 1 の電荷 q $(= q_1)$ が周囲に電場 E というものを生み出し，それが距離 r だけ離れた第 2 の電荷 Q $(= q_2)$ に作用するとして，(1.1) を

$$F = QE, \qquad E = \frac{1}{4\pi\varepsilon_0}\frac{q}{r^2} \tag{1.5}$$

と書き直す．このようにしても，上式が距離 r だけ離れた 2 つの電荷 q と Q の間にはたらくクーロン力を表すことは明らかであろう．しかし，(1.5) が (1.1) と本質的に違うところは，(1.5) では電場が力を媒介している点であり，クーロン力が電場を仲立ちにして近接作用的に表現されていることである．

ここはポイント!

電場の単位は (1.5) の第 1 式から [N/C] と表されるが，日常的によく使う単位では [V/m] となることが後の章で明らかになる．ここで，V は電圧の単位のボルトである．

電荷 q や Q はスカラー量 (ベクトル量ではない，ただの数) であるが，力学で学んだように力はベクトル量*であり，(1.5) もベクトル表示しなければならない．そこで，電荷 q と Q の位置ベクトルをそれぞれ $\boldsymbol{r}_q$, $\boldsymbol{r}_Q$ とおくと，2 つの電荷の間のクーロン力の大きさを表す (1.5) のベクトル同士の関係は図 1.2 のようになる．ここで，原点 O は勝手に (任意に) 指定することができる．

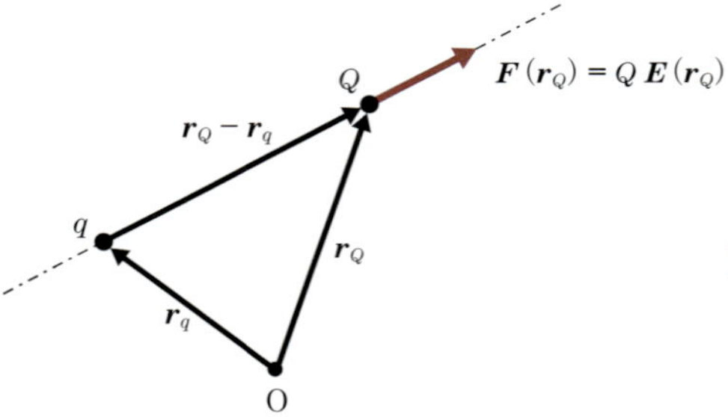

図 1.2 電荷 q が別の電荷 Q におよぼすクーロン力 $\boldsymbol{F}$ のベクトル表示

図 1.2 の関係をベクトルで表すと，

$$\boldsymbol{F}(\boldsymbol{r}_Q) = Q\boldsymbol{E}(\boldsymbol{r}_Q) \tag{1.6}$$

$$\boldsymbol{E}(\boldsymbol{r}_Q) = \frac{1}{4\pi\varepsilon_0}\frac{q}{|\boldsymbol{r}_Q - \boldsymbol{r}_q|^2}\frac{\boldsymbol{r}_Q - \boldsymbol{r}_q}{|\boldsymbol{r}_Q - \boldsymbol{r}_q|} = \frac{q}{4\pi\varepsilon_0}\frac{\boldsymbol{r}_Q - \boldsymbol{r}_q}{|\boldsymbol{r}_Q - \boldsymbol{r}_q|^3} \tag{1.7}$$

となる．ここで，(1.7) の分子にあるベクトル $\boldsymbol{r}_Q - \boldsymbol{r}_q$ は点電荷 q から Q に向かうベクトルであり，$\dfrac{\boldsymbol{r}_Q - \boldsymbol{r}_q}{|\boldsymbol{r}_Q - \boldsymbol{r}_q|}$ は同じ向きの単位ベクトル (大きさが 1 のベクトル) であることに注意しよう．また，$|\boldsymbol{r}_Q - \boldsymbol{r}_q|$ は 2 つの電荷の間の距

* ベクトル，位置ベクトル，ベクトルの加減算などの簡単な説明については，姉妹書の『物理学講義 力学』の第 1 章を参照するとよい．

離に等しい．したがって，(1.7) の絶対値をとると，電場 $\boldsymbol{E}$ の大きさは (1.5) の第 2 式に一致することは容易に確かめられる．

ここで重要なことは，(1.6)，(1.7) の電場 $\boldsymbol{E}$ の引数 $\boldsymbol{r}_Q$ は，そこにある電荷 Q に電場が作用していることを表しているにすぎず，電場そのものは電荷 q が生み出していて，全空間で定義されることである (引数 (ひきすう) とは，関数の値を引き渡す変数のこと)．したがって，位置 $\boldsymbol{r}_q$ にある電荷 q がつくる，空間の任意の点 P (その位置ベクトルを $\boldsymbol{r}$ とする) での電場 $\boldsymbol{E}(\boldsymbol{r})$ は，(1.7) を参考にして，

$$\boldsymbol{E}(\boldsymbol{r}) = \frac{q}{4\pi\varepsilon_0}\frac{\boldsymbol{r}-\boldsymbol{r}_q}{|\boldsymbol{r}-\boldsymbol{r}_q|^3} \tag{1.8}$$

と表される．また，その大まかな様子は図 1.3 のようになる．

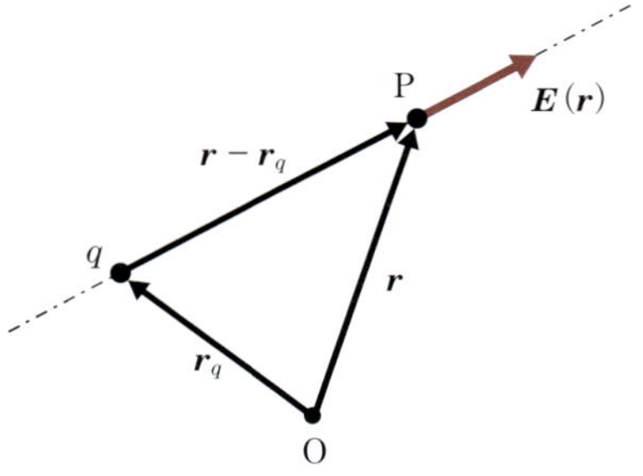

図 1.3　電荷 q が位置 $\boldsymbol{r}$ に生み出す電場 $\boldsymbol{E}(\boldsymbol{r})$

ここはポイント!

(1.8) で表される電場 $\boldsymbol{E}$ の引数 $\boldsymbol{r}$ は空間の任意の位置を表す変数であって，電荷などの物理的実体の位置を表す $\boldsymbol{r}_q$ や $\boldsymbol{r}_Q$ などのような，何か特定の位置ベクトルではないことに注意しておく．すなわち，例えば電荷 q は位置 $\boldsymbol{r}_q$ にあったら他の点にないという意味で，3 次元の空間では自由度 3 である．ところが，電場 $\boldsymbol{E}(\boldsymbol{r})$ は位置 $\boldsymbol{r}$ を指定すると自由度 3 をもつが，空間のいたるところに電場があるという意味において，その自由度は無限大である．

以上のように導入された電場は，これまでの議論では，電荷の間の力を媒

介する仮想的な量として，便宜上導入されたように思われるかもしれない．しかし，電荷が振動運動すると周囲に電磁波が放出されることが観測され，それがラジオやテレビ，携帯電話などに日常的に使われているのである．すなわち，電場は実在する物理量であって，決して仮想的な量などではないことを注意しておく．

1.4 電気力線

いま，電荷 q が原点 O にあるとすると，それが生み出す電場を表す式 (1.8) の $\boldsymbol{r}_q$ は図 1.3 より $\boldsymbol{0}$ (= (0, 0, 0)：ゼロベクトル) である．原点 O からの位置ベクトル $\boldsymbol{r}$ の向きの単位ベクトルを $\boldsymbol{e}_r = \boldsymbol{r}/r$ とおくと，このときの位置 $\boldsymbol{r}$ での電場 $\boldsymbol{E}$ は

$$\boldsymbol{E}(\boldsymbol{r}) = \frac{q}{4\pi\varepsilon_0}\frac{1}{r^2}\boldsymbol{e}_r \tag{1.9}$$

と表される．ここでのポイントは，電場の大きさが電荷量 q に比例し，電荷からの距離 r の 2 乗に反比例して変化することと，その向きが電荷の正負によって逆転することである．正の点電荷がある場合の電場ベクトルを大きさと向きをもつ矢印で表し，(1.9) の様子を平面上で大まかに図示したのが，図 1.4(a) である．負電荷の場合には，図 1.4(b) のように電場ベクトルの矢

(a) 正電荷

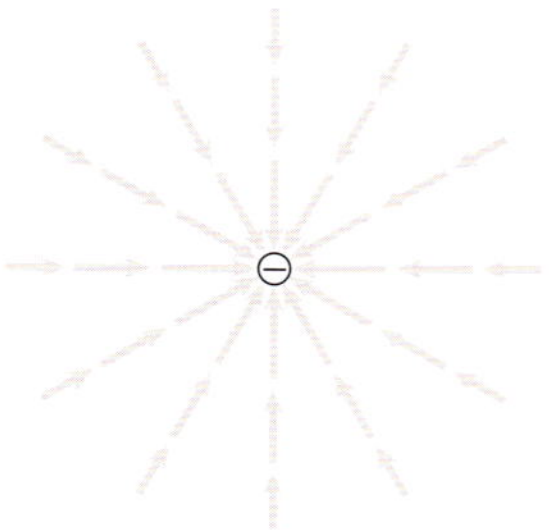

(b) 負電荷

図 1.4　点電荷の周りの電場の大まかな様子

印が逆転するだけである．

矢印ベクトルを空間にびっしり描くのは式 (1.8) や (1.9) に忠実かもしれないが，面倒である．そこで，矢印ベクトルを滑らかにつないで曲線に置き換えたのが**電気力線**であり，図 1.4 の電場に対する電気力線の様子を図 1.5 に示した．この図からわかるように，電気力線の場合には空間の電場の向きは直ちにわかるが，その大きさはそれほどはっきりしないのが欠点である．それでも，電場の大きさの変化は電気力線の混み具合いで大まかに判断できる．すなわち，図 1.5 でいえば，電荷の近くでは電気力線は混んでいて電場は強く，遠くに行くに従って電気力線はまばらになり電場は弱くなるのである．

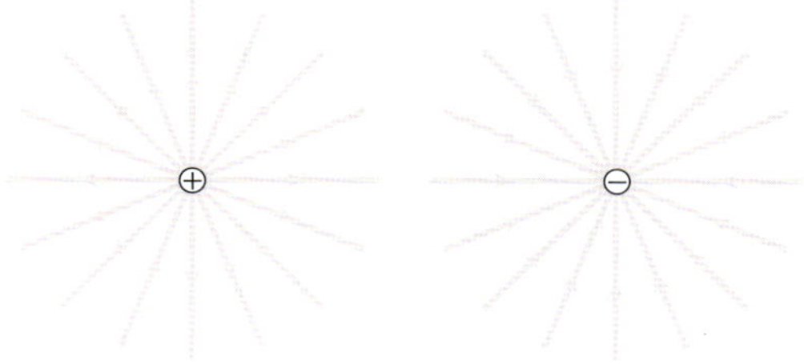

（a）正電荷　（b）負電荷

図 1.5　点電荷の周りの電気力線

ここはポイント!

図 1.5 からわかるように，電気力線は正電荷から湧き出し，負電荷に吸い込まれるという特徴がある．これは電荷が電場を生み出すという性質の反映である．そのため，$\pm q$ の正負 2 つの電荷がある場合や，正電荷 q が 2 つあるときの電気力線の様子はおよそ図 1.6 のように表される．正負電荷が 2 つあるときには，正電荷から湧き出した電気力線が負電荷に吸い込まれており，両電荷が引力的に相互作用していることが直観的によく理解できる．同様に，正電荷が 2 つの場合には電気力線が互いに弾き合っており，両電荷の間に斥力がはたらいていることもよくわかる．

ここはポイント!

このように，電気力線を矢印の向きに従って進んでいくと，負電荷に辿り

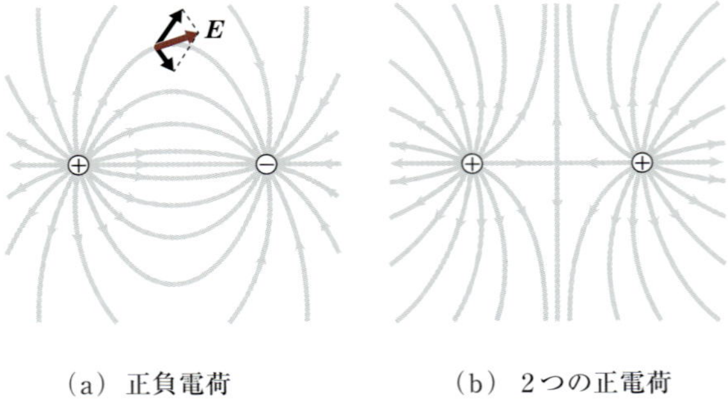
E
(a) 正負電荷
(b) 2つの正電荷

図 1.6　2つの点電荷の周りの電気力線

着くか無限のかなたにいき，逆に辿ると，正電荷に行き着くか無限遠にいくことになる．今後は断らない限り一貫して，空間の電場の様子は電気力線で表すことにしよう．

問題 3　負電荷が2つある場合の電気力線の大体の様子を図示せよ．

1.5 電荷密度

1.5.1 重ね合わせの原理

重ね合わせの原理というと大げさに聞こえるが，例えば電荷が2つある場合には，それらによる空間の電場がそれぞれの電荷がつくる電場の足し算（重ね合わせ）で与えられるということにすぎない．実は，図1.6はこの原理に従って図1.5(a)，(b)のそれぞれを適当に加え合わせて描いたものであり，実験的にも確かめられている．「重ね合わせの原理」は経験的事実であり，電荷は正負いずれであってもよいし，いくつあっても構わない．また，電場だけでなく，後で学ぶ磁場についても成り立つことがわかっている．いわれてみると当たり前のように思われるかもしれないが，電磁気学の背後にある重要な原理であり，今後ずっと使っていくので，ここであえて記したのである．

いま，空間の2点 $\boldsymbol{r}_1$ と $\boldsymbol{r}_2$ にそれぞれ点電荷 q_1，q_2 があるとき，空間の任意

の点 $\boldsymbol{r}$ での電場 $\boldsymbol{E}(\boldsymbol{r})$ は，(1.8) と重ね合わせの原理により，

$$\boldsymbol{E}(\boldsymbol{r}) = \frac{q_1}{4\pi\varepsilon_0}\frac{\boldsymbol{r}-\boldsymbol{r}_1}{|\boldsymbol{r}-\boldsymbol{r}_1|^3} + \frac{q_2}{4\pi\varepsilon_0}\frac{\boldsymbol{r}-\boldsymbol{r}_2}{|\boldsymbol{r}-\boldsymbol{r}_2|^3} \tag{1.10}$$

と表される．例えば，図1.7のように，1辺 a の正三角形の2つの頂点に $\pm q$ の点電荷がある場合の，第3の頂点Aでの電場 $\boldsymbol{E}$ は，点Aでの $+q$ の点電荷による電場を $\boldsymbol{E}_q$，$-q$ による電場を $\boldsymbol{E}_{-q}$ とすると，ベクトルの和 $\boldsymbol{E} = \boldsymbol{E}_q + \boldsymbol{E}_{-q}$ で与えられ，その大きさ E も図から容易に求められる．

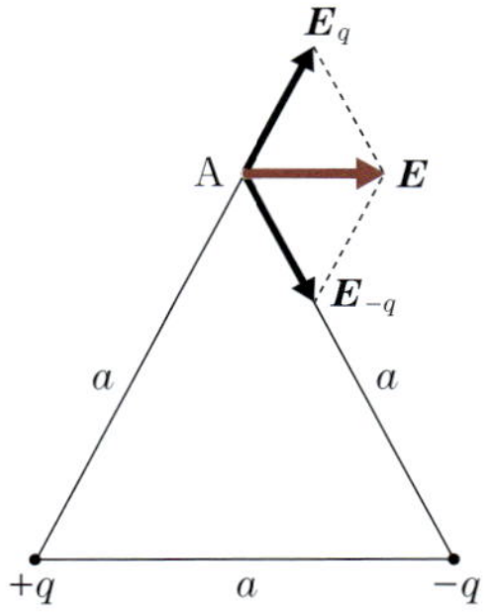

図 1.7 正三角形の2つの頂点に $\pm q$ の点電荷を置いたときの第3の頂点Aでの電場 $\boldsymbol{E}$

問題 4 図1.7の電場 $\boldsymbol{E}_q$，$\boldsymbol{E}_{-q}$ および $\boldsymbol{E}$ の大きさを求めよ．また，$\boldsymbol{E}$ の向きはどうか．

1.5.2 分布する点電荷による電場

いま図1.8のように，n 個の点電荷 $q_1, q_2, \cdots, q_n$ が空間の領域Vの中の位置 $\boldsymbol{r}_1, \boldsymbol{r}_2, \cdots, \boldsymbol{r}_n$ に分布するとき，空間の任意の点 $\boldsymbol{r}$ での電場 $\boldsymbol{E}(\boldsymbol{r})$ は，重ね合わせの原理により (1.10) を一般化して，

$$\begin{aligned}\boldsymbol{E}(\boldsymbol{r}) &= \frac{q_1}{4\pi\varepsilon_0}\frac{\boldsymbol{r}-\boldsymbol{r}_1}{|\boldsymbol{r}-\boldsymbol{r}_1|^3} + \frac{q_2}{4\pi\varepsilon_0}\frac{\boldsymbol{r}-\boldsymbol{r}_2}{|\boldsymbol{r}-\boldsymbol{r}_2|^3} + \cdots + \frac{q_n}{4\pi\varepsilon_0}\frac{\boldsymbol{r}-\boldsymbol{r}_n}{|\boldsymbol{r}-\boldsymbol{r}_n|^3} \\ &= \frac{1}{4\pi\varepsilon_0}\sum_{i=1}^{n} q_i \frac{\boldsymbol{r}-\boldsymbol{r}_i}{|\boldsymbol{r}-\boldsymbol{r}_i|^3} \end{aligned} \tag{1.11}$$

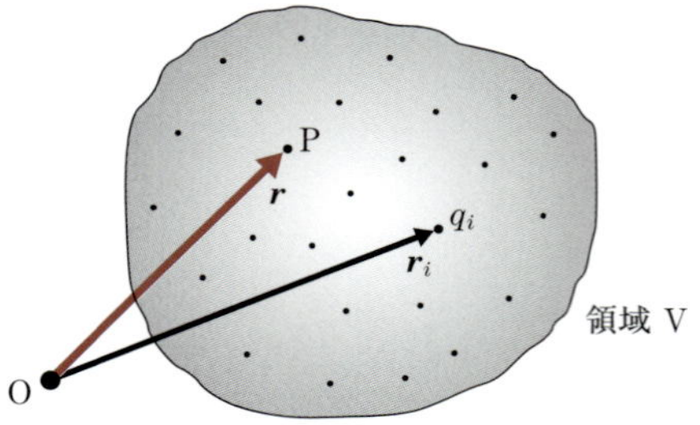

図 1.8 n 個の電荷 q_i $(i=1, 2, \cdots, n)$ が空間に分布．O は原点で，P は空間の任意の点．

と表される．ここで重要なことは，$\boldsymbol{r}_1, \boldsymbol{r}_2, \cdots, \boldsymbol{r}_n$ は領域 V の中の点電荷の位置であるが，$\boldsymbol{r}$ は空間の任意の場所を表し，V の中にある必要がないことである．

1.5.3 電荷密度と電場

いま，領域 V の中で点電荷が密に分布していて，あたかも流体のように V の中の各点で点電荷の密度が定義できるものとしよう．図 1.9 のように，V の中の位置 $\boldsymbol{r}'$ に微小な体積要素 dV' をとる．微小な領域として各辺 dx, dy, dz の微小な直方体をとれば，$dV' = dx\,dy\,dz$ と表される．ここでは，この微小領域が位置 $\boldsymbol{r}'$ にあることを明示するために $dV' = d^3\boldsymbol{r}'$ と記す．この体積要素 dV' 内の点電荷の総量を dQ' とおくと，そこでの平均的な点電荷の密度 $\rho(\boldsymbol{r}')$ は dQ' を dV' で割って

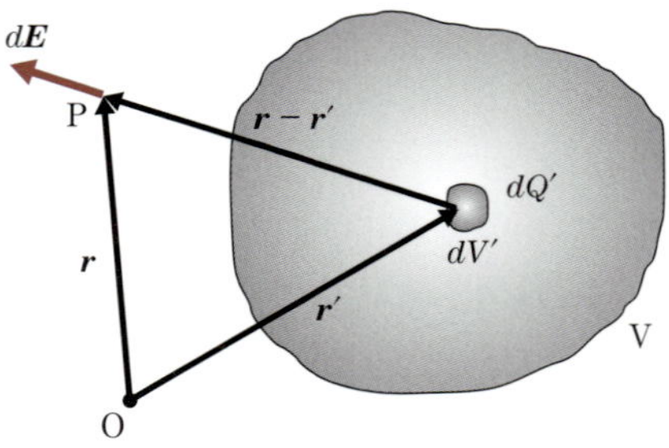

図 1.9 微小領域 dV' にある電荷 dQ' が点 P につくる電場 $d\boldsymbol{E}$

$$\rho(\boldsymbol{r}') = \frac{dQ'}{dV'}$$

と表される．厳密な点電荷密度の定義では $dV' \to 0$ の極限をとらなければ

ならないが，dV' は微小だとしてあまり気にしないことにしよう．ともかく，微小領域 dV' の中にある電荷 dQ' は，上式より点電荷密度を使って

$$dQ' = \rho(\boldsymbol{r}')\,dV' = \rho(\boldsymbol{r}')\,d^3\boldsymbol{r}' \tag{1.12}$$

と表される．

図 1.9 のように，位置 $\boldsymbol{r}'$ の周辺の微小な領域 dV' にある点電荷の集まり dQ' が空間の任意の点 $\boldsymbol{r}$ につくる電場 $d\boldsymbol{E}$ は，(1.8) で q を dQ' に，$\boldsymbol{r}_q$ を $\boldsymbol{r}'$ に置き換えることによって

$$d\boldsymbol{E}(\boldsymbol{r}\,;\,\boldsymbol{r}') = \frac{1}{4\pi\varepsilon_0}\frac{\boldsymbol{r}-\boldsymbol{r}'}{|\boldsymbol{r}-\boldsymbol{r}'|^3}\,dQ' = \frac{1}{4\pi\varepsilon_0}\frac{\boldsymbol{r}-\boldsymbol{r}'}{|\boldsymbol{r}-\boldsymbol{r}'|^3}\,\rho(\boldsymbol{r}')\,d^3\boldsymbol{r}' \tag{1.13}$$

と表される．ここで (1.12) を使った．また，$d\boldsymbol{E}$ の引数 $(\boldsymbol{r}\,;\,\boldsymbol{r}')$ は，$\boldsymbol{r}'$ にある電荷による $\boldsymbol{r}$ での電場であることを明示するために使った．

次に，図 1.9 において領域 V にあるすべての点電荷が空間の任意の点 P（位置ベクトル $\boldsymbol{r}$）につくる電場 $\boldsymbol{E}(\boldsymbol{r})$ を考えてみよう．そのためには，重ね合わせの原理に従って，領域 V を微小領域に分けて，それぞれの微小領域に含まれる電荷による電場 (1.13) をすべて足し合わせればよい．これは領域 V の全体にわたって (1.13) を体積積分することに他ならず，電場 $\boldsymbol{E}(\boldsymbol{r})$ は

$$\boldsymbol{E}(\boldsymbol{r}) = \frac{1}{4\pi\varepsilon_0}\int_{\mathrm{V}}\frac{\boldsymbol{r}-\boldsymbol{r}'}{|\boldsymbol{r}-\boldsymbol{r}'|^3}\,\rho(\boldsymbol{r}')\,d^3\boldsymbol{r}' \tag{1.14}$$

と表される．上式で，V は積分変数 $\boldsymbol{r}'$ による積分領域を表す．ここでも $\boldsymbol{r}$ は領域 V の内外を問わず，空間の任意の位置を表す．たとえ点電荷が密にある領域 V の中であっても，$\boldsymbol{r}$ は V の中の真空中の点であることに注意しよう．点電荷はあくまでも点であって，体積をもたないからである．

1.6 まとめとポイントチェック

電磁気学の始まりは空間的に離れた電荷の間にはたらくクーロン力である．離れたもの同士の相互作用としては，力学で学んだ万有引力があり，距離の2乗に反比例するという点ではクーロン力と共通している．しかし，正の質量しかない万有引力は引力だけであるが，電荷には正負2種類があるために，クーロン力では斥力と引力がある点が両者の大きな違いである．さらにクーロン力は万有引力に比べて圧倒的に強いので，正負の電荷を制御できれば電気力が利用可能になる．電気の実用性の基礎を理解するためにも，電磁気学を学ばなければならない．

クーロン力は互いに離れた電荷の間にはたらく力の形をとるため，遠隔作用と見なされる．しかし，科学的な因果関係の視点では，何らかの作用があるとその結果はまずその近くにおよぶと考える近接作用の方が自然である．すなわち，クーロン力は，点電荷が周囲に電場を生み出し，それが遠く離れた別の点電荷におよんで作用するという近接作用的な考えで理解できる．こうして，何もない空間に広がる電場が導入される．この限りでは，電場は便宜上導入された単なる仮想的な概念のように思われるかもしれないが，電荷が振動運動すると周囲に電磁波が放出されることが観測され，電場が実在する物理量であることがわかっている．

クーロン力は力であり，ベクトル量なので，クーロン力を電荷量で割った電場もベクトルである．したがって，空間中の電場は向きと大きさをもつ矢印で表すことができる．実際に矢印で表すのは面倒なので，矢印ベクトルを空間的に滑らかに辿った曲線として電気力線で表すのが一般的である．

電荷が複数個あるときの空間中の任意の場所での電場は，重ね合わせの原理により，それぞれの電荷がその場所につくる電場の和として表される．特に電荷が密に分布する場合には電荷密度が定義できて，空間中の任意の場所の電場は電荷密度を使って表される．

ポイントチェック

次章に進む前に本章で学んだことをチェックしてみよう．もしよくわからなかったり，理解があいまいだったりするところがあれば，直ちに本章の関連する節に戻ってはっきりさせることが，これからの学習に非常に重要である．これは，次章以下のポイントチェックでも同様である．

- □ クーロン力が遠隔作用的であることが理解できた．
- □ クーロン力と万有引力の類似点と相違点がわかった．
- □ クーロン力の方が万有引力に比べてはるかに強いことがわかった．
- □ 近接作用の方が科学的にはより合理的であることが理解できた．
- □ なぜ電場を導入するのかが理解できた．
- □ 点電荷がつくる電場ベクトルの表式が理解できた．
- □ 電場の可視化としての電気力線の便利さがわかった．
- □ 電気力線は正電荷から出て，負電荷に入ることがわかった．
- □ 重ね合わせの原理の重要性が理解できた．
- □ 電荷密度が理解できた．
- □ 点電荷が密に分布するときの電場の表式が理解できた．

それでは，電磁気学の基礎を理解するために次に進むことにしよう．

2 静電場

学習目標

- 静電場の基本法則を理解する.
- 積分形のガウスの法則を理解する.
- ガウスの法則をいろいろな問題に応用できるようになる.
- 静電場の渦なしの法則の必要性を説明できるようになる.
- ベクトル場の数学定理を使えるようになる.
- 微分形の静電場の基本法則を理解する.

前章では，電場はクーロンの法則をより物理的な近接作用として理解するために導入された．本章では電場が空間に実在するものとして，それが空間的にどのように変化するかを，時間的に変化しない静電場の場合について考察する．まず前章の結果を踏まえ，電気力線が電荷を起源にしていることに注目して，積分形のガウスの法則を導く．次に，電気力線は正電荷から出て負電荷に入ることから，静電場が渦なしの場でなければならないことに注目し，積分形の渦なしの法則を定式化する．最後に，ベクトル場の数学定理であるガウスの定理とストークスの定理を使って，数学的により簡便な微分形のガウスの法則と，静電場における渦なしの法則を導く．この 2 つの法則が静電場の基本法則である．

2.1 積分形のガウスの法則

前章で，電荷が周りの空間に電場を生み出すことをみた．この電場が空間的にどのような変化をするかは，電気力線の変化で直観的・定性的にはわかるが，電場の空間変化を定量的に表す式を求めたい．そこで，電荷が電場を生み出すことをよりどころにして，それを考えてみよう．

図 2.1 のように，空間に点電荷 Q があり，それを囲む任意の閉曲面を S と

する．電荷は，その電荷量に比例した電場を周囲の空間につくる．その電場の様子は，電荷から射出し，電荷量に比例した本数の電気力線で表される．これは前章でみたとおりである．図 2.1 をみてわかるように，閉曲面 S を通る電気力線の数はその中にある電荷量 Q で決まり，電荷を閉曲面 S 内に含む限り，S を変形してもその数は変わらない．前章でみた重ね合わせの原理から，閉曲面 S 内に点電荷がいくつあってもこのことは成り立つ．そして，この閉曲面 S 上で電場 $\boldsymbol{E}$ を面積分すると，これは閉曲面 S を通る電気力線の総数を数えることになる．したがって，閉曲面 S 上での電場 $\boldsymbol{E}$ の面積分は，S 内の点電荷の総量に比例するはずである．このことを以下で計算して調べてみよう．

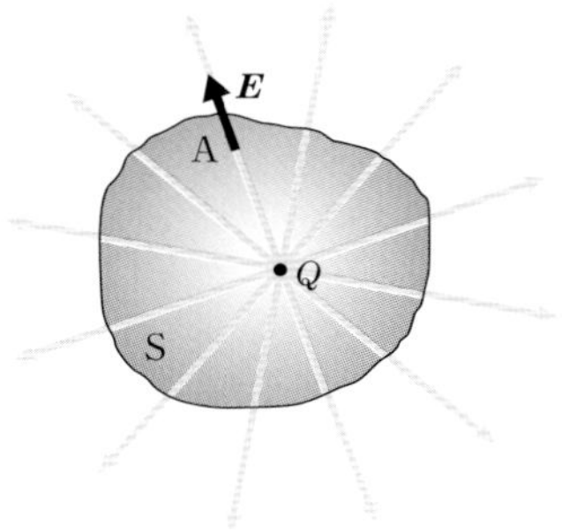

図 2.1　閉曲面 S 内の点電荷 Q が射出する電気力線（細い矢印）と S の表面上の点 A につくる電場 $\boldsymbol{E}$

1.5 節で議論したのと同様に，空間に電荷が分布しており，位置ベクトル $\boldsymbol{r}$ の点での電荷密度を $\rho(\boldsymbol{r})$ とする．図 2.2 のように，空間中の閉じた領域 V とその表面である閉曲面 S を考える．V 内の点 P（位置ベクトル $\boldsymbol{r}'$）を囲む微小領域 dV' にある電荷 dQ' は $dQ' = \rho(\boldsymbol{r}')\,dV'$ と表される．この微小電荷 dQ' が領域 V の表面 S 上の点 A（位置ベクトル $\boldsymbol{r}$）につくる電場を $d\boldsymbol{E}(\boldsymbol{r}\,;\boldsymbol{r}')$ とし，$\overline{\mathrm{AP}} = |\boldsymbol{r}-\boldsymbol{r}'| = R$ とすると，この様子は前章の図 1.9 と同じであり，電場 $d\boldsymbol{E}(\boldsymbol{r}\,;\boldsymbol{r}')$ は (1.13) より

$$d\boldsymbol{E}(\boldsymbol{r}\,;\boldsymbol{r}') = \frac{1}{4\pi\varepsilon_0}\frac{\boldsymbol{r}-\boldsymbol{r}'}{|\boldsymbol{r}-\boldsymbol{r}'|^3}\,dQ' = \frac{1}{4\pi\varepsilon_0}\frac{\boldsymbol{r}-\boldsymbol{r}'}{R^3}\,\rho(\boldsymbol{r}')\,dV' \quad (2.1)$$

で与えられる．ただし，図 1.9 では $\boldsymbol{r}$ は空間の任意の点であったが，ここでは閉曲面 S 上の点であることに注意しよう．

ここで，点 A の周辺の面積要素（微小面積）を dS とし，その面に垂直な単

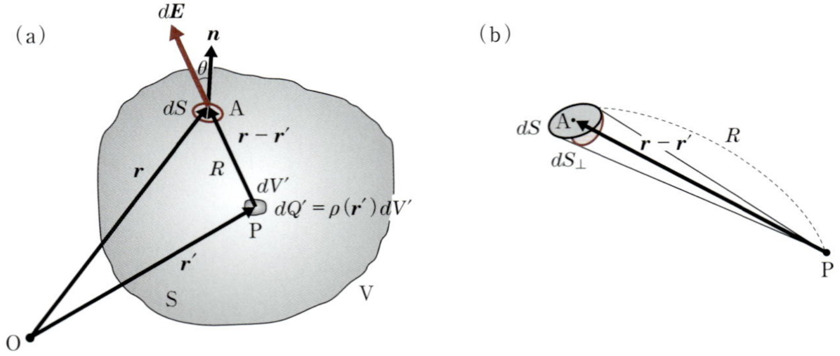

図 2.2 (a) V 内の点 P の周りの微小領域 dV' にある電荷 dQ' が表面 S 上の点 A につくる電場 $d\boldsymbol{E}$. dS は点 A における面積要素であり，$\boldsymbol{n}$ はその法線ベクトル. (b) $dS_\perp = dS\cos\theta$

位ベクトルである法線ベクトルを $\boldsymbol{n}$ (大きさ $|\boldsymbol{n}| = 1$) とする. $\boldsymbol{n}$ は空間中の面の向きを与える重要な単位ベクトルであり，ここでは図 2.2(a) のように閉曲面 S の外向きにとっておく. 微小電荷 dQ' から出て，この面積要素を通過する電気力線の数は，点 A における電場 $d\boldsymbol{E}(\boldsymbol{r}\,;\boldsymbol{r}')$ の法線成分 $dE(\boldsymbol{r}\,;\boldsymbol{r}')\cos\theta$ (θ は $d\boldsymbol{E}(\boldsymbol{r}\,;\boldsymbol{r}')$ と $\boldsymbol{n}$ のなす角) と面積要素 dS の積で与えられる. なぜなら，電気力線がこの面積要素 dS を実質的に通過する面積は $dS\cos\theta$ だからである. もし，この面積要素の法線ベクトル $\boldsymbol{n}$ が電場 $d\boldsymbol{E}$ に直交すると (面積要素が電場ベクトルに平行ならば)，それを通過する電気力線がないことは容易にわかるであろう. こうして，面積要素 dS を通過する電気力線の数は

$$dE(\boldsymbol{r}\,;\boldsymbol{r}')\cos\theta\, dS = d\boldsymbol{E}(\boldsymbol{r}\,;\boldsymbol{r}')\cdot\boldsymbol{n}\, dS \tag{2.2}$$

で与えられる.

一方，ベクトル $\boldsymbol{r}-\boldsymbol{r}'$ (電場ベクトル $d\boldsymbol{E}(\boldsymbol{r}\,;\boldsymbol{r}')$ に平行) と $\boldsymbol{n}$ とのなす角も θ であるから，$(\boldsymbol{r}-\boldsymbol{r}')\cdot\boldsymbol{n} = R\cos\theta$ で与えられる. また，図 2.2(b) のように，面積要素 dS を $\boldsymbol{r}-\boldsymbol{r}'$ に垂直な面に投影した面積要素を $dS_\perp$ とする

と，この2つの面積要素 dS と $dS_\perp$ とのなす角も θ なので，$dS_\perp = dS\cos\theta$ である．以上のことに注意し，(2.1) を (2.2) に代入すると，

$$d\boldsymbol{E}(\boldsymbol{r}\,;\,\boldsymbol{r}')\cdot\boldsymbol{n}\,dS = \frac{\rho(\boldsymbol{r}')\,dV'}{4\pi\varepsilon_0 R^3}R\cos\theta\,dS = \frac{\rho(\boldsymbol{r}')\,dV'}{4\pi\varepsilon_0 R^2}dS_\perp \tag{2.3}$$

が得られる．

ここで，図2.2の領域V内の点Pの周りの微小領域 dV' は，点Aにある面積要素 dS の大きさに比べて限りなく点に近いとしよう．このように仮定するのは計算上の便宜のためであるが，最終結果には影響しない．そこで次に図2.3(a) のように，この点Pを中心にして半径1の単位球面 S_1 を考え，図2.3(b) のように，点Pから面積要素 dS または $dS_\perp$ を見込むときに球面 S_1 をよぎる微小面積を dS_1 とする．この図で微小面積の比 $dS_\perp / dS_1$ をとると，これは点Pからの距離の2乗に比例して R^2 になるので，$dS_\perp = R^2\,dS_1$ と表される．これを (2.3) に代入して

$$d\boldsymbol{E}(\boldsymbol{r}\,;\,\boldsymbol{r}')\cdot\boldsymbol{n}\,dS = \frac{\rho(\boldsymbol{r}')\,dV'}{4\pi\varepsilon_0}dS_1 \tag{2.4}$$

が得られる．

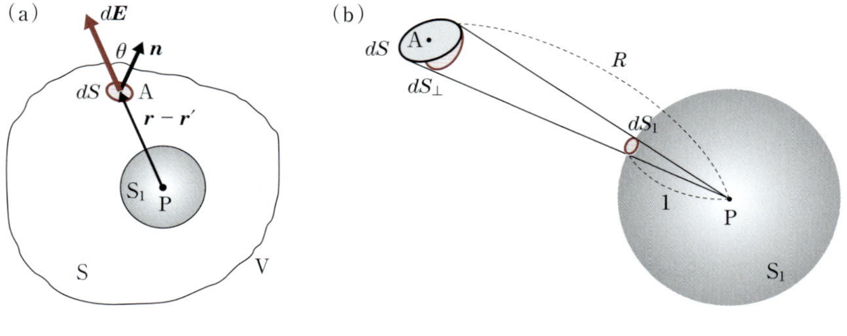

図 2.3　(a)　点Pを中心とする単位球面 S_1
(b)　点Pから面積要素 dS を見込むときに球面 S_1 をよぎる微小面積 dS_1

次に，(2.4) の両辺の面積積分を行なう．ここでは依然として点 P の近くにある微小電荷 dQ' が出している電気力線を問題にしているので，ベクトル $\boldsymbol{r}'$ は固定したままであることに注意しよう．したがって，(2.4) の左辺を面積積分するということは，この微小電荷が出している電気力線の中で領域 V の閉曲面 S を通過するものをすべて数え上げることに相当する．これはもちろん，この微小電荷 dQ' が出す全電気力線であり，

$$\int_{\mathrm{S}} d\boldsymbol{E}(\boldsymbol{r}\,;\,\boldsymbol{r}') \cdot \boldsymbol{n}\, dS$$

と表される．ここで $\int_{\mathrm{S}} dS$ は，閉曲面 S 上での面積積分を表す．

ところで，図 2.3 をみてわかるように，閉曲面 S の全面を面積積分するということは，単位球面 $\mathrm{S_1}$ (面積 4π) をすっかり覆うことに対応するので，(2.4) の右辺の面積積分は

$$\frac{\rho(\boldsymbol{r}')\, dV'}{4\pi\varepsilon_0}\int_{\mathrm{S_1}} dS_1 = \frac{\rho(\boldsymbol{r}')\, dV'}{\varepsilon_0}$$

となる．以上により，次式が導かれる．

$$\int_{\mathrm{S}} d\boldsymbol{E}(\boldsymbol{r}\,;\,\boldsymbol{r}') \cdot \boldsymbol{n}\, dS = \frac{1}{\varepsilon_0}\rho(\boldsymbol{r}')\, dV' \tag{2.5}$$

ここはポイント!

ここまでの議論では，微小電荷 $dQ' = \rho(\boldsymbol{r}')\, dV'$ がつくり出す電気力線だけを問題にしてきたので，閉曲面 S がこの微小電荷を内部に含んでさえいれば，どんな形の閉曲面でも (2.5) が成り立つ．すなわち，電気力線は途中で切れたりすることがなく，その数が保存されることを意味する．

最後に，(2.5) で $\boldsymbol{r}'$ からの寄与を領域 V の全体にわたってとろう．このとき，右辺は領域 V に含まれる全電荷を Q とすれば，

$$\frac{1}{\varepsilon_0}\int_{\mathrm{V}} \rho(\boldsymbol{r}')\, dV' = \frac{Q}{\varepsilon_0}$$

となる．他方，(2.5) の左辺において $\boldsymbol{r}'$ が寄与するのは $\int_{\mathrm{V}} d\boldsymbol{E}\,(\boldsymbol{r}\,;\,\boldsymbol{r}')$ の部分であり，これは領域 V の中の点 $\boldsymbol{r}'$ にある電荷が閉曲面 S 上の位置 $\boldsymbol{r}$ につく

る電場の，領域 V 全体にわたる総和である．これはまた，重ね合わせの原理から，領域 V 中の全電荷がおよぼす位置 $\boldsymbol{r}$ での電場 $\boldsymbol{E}(\boldsymbol{r})$ に他ならない．すなわち，左辺は

$$\int_{\mathrm{S}} \boldsymbol{E}(\boldsymbol{r}) \cdot \boldsymbol{n}\, dS$$

となる．こうして，

$$\int_{\mathrm{S}} \boldsymbol{E}(\boldsymbol{r}) \cdot \boldsymbol{n}\, dS = \frac{1}{\varepsilon_0}\int_{\mathrm{V}} \rho(\boldsymbol{r})\, dV = \frac{Q}{\varepsilon_0} \tag{2.6}$$

が成り立つことがわかる．ただし，上式右辺の積分変数を $\boldsymbol{r}'$ から $\boldsymbol{r}$ に変えたが，これは単なる名前の変更にすぎず，本質的なことではない．

(2.6) は領域内にある電荷とその領域の閉曲面上の電場が満たさなければならない関係を表す重要な方程式である．これは積分で表されているので，**積分形のガウスの法則**とよばれており，静電場の基本法則の 1 つである．これまでの導き方からわかるように，この法則は電荷が電場を生み出し，それを表す電気力線は電荷が起源であることを数学的に表現したにすぎない．

ここはポイント!

領域 V の外にある電荷も (2.6) の左辺に影響をおよぼすのではないかと思うかもしれない．しかし，左辺は電荷が出す電気力線のうち，閉曲面 S から出ていく総数を数え上げていることに注意してほしい．外にある電荷の電気力線は，たとえ S 内に入ったとしても必ず出ていくことになるので，プラスマイナスでゼロになる．すなわち，外部の電荷は (2.6) には寄与しない．また，電気力線を電荷から流れ出す電場の流れと見なすと，面上のある位置 $\boldsymbol{r}$ での単位面積当たりの流れの量は，電場 $\boldsymbol{E}(\boldsymbol{r})$ と面の法線 $\boldsymbol{n}$ との内積 $\boldsymbol{E}(\boldsymbol{r}) \cdot \boldsymbol{n}$ で与えられる．それが (2.6) の左辺の被積分関数として現れているのである．これは電気力線に限らず，どのような流れについてもいえることは容易に理解できるであろう．

ここはポイント!

そこで図 2.4 のように，これまで使ってきた面積要素 dS に対して，法線 $\boldsymbol{n}$ の向きをもった面積要素ベクトル $d\boldsymbol{\sigma} = \boldsymbol{n}\, dS$ $(|d\boldsymbol{\sigma}| = dS)$ を定義しておく

と便利なことがある．このとき，積分形のガウスの法則 (2.6) は

$$\int_{\mathrm{S}} \boldsymbol{E}(\boldsymbol{r}) \cdot d\boldsymbol{\sigma} = \frac{1}{\varepsilon_0}\int_{\mathrm{V}} \rho(\boldsymbol{r})\ dV = \frac{Q}{\varepsilon_0} \tag{2.7}$$

と表される．

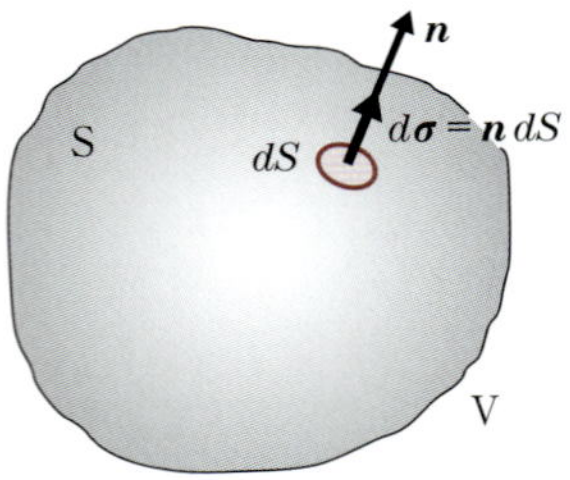

図 2.4 表面 S の面積要素 dS と面積要素ベクトル $d\boldsymbol{\sigma} = \boldsymbol{n}\,dS$

(2.7) の両辺に ε_0 を掛けると

$$\int_{\mathrm{S}} \varepsilon_0 \boldsymbol{E}(\boldsymbol{r}) \cdot d\boldsymbol{\sigma} = Q$$

となる．上式の右辺が領域 V にある全電荷なので，左辺の $\varepsilon_0 \boldsymbol{E}(\boldsymbol{r})$ は表面 S をよぎる電気力線の束を表しているとみることができる．そこで，これを**電束密度 $\boldsymbol{D}$** とよんで

$$\boldsymbol{D}(\boldsymbol{r}) = \varepsilon_0 \boldsymbol{E}(\boldsymbol{r}) \tag{2.8}$$

を定義しておこう．このとき，積分形のガウスの法則は

$$\int_{\mathrm{S}} \boldsymbol{D}(\boldsymbol{r}) \cdot d\boldsymbol{\sigma} = \int_{\mathrm{V}} \rho(\boldsymbol{r})\ dV = Q \tag{2.9}$$

となって，より単純な形で表される．

2.2 ガウスの法則の応用

静電場の基本法則は 2.4 節で議論するようにもう 1 つあり，一般的には静電場を決めるのにガウスの法則だけでは十分ではない．しかし，問題によっては対称性の助けを借りて静電場の性質を限定することができて，その上でガウスの法則を使うと静電場の大きさを求めることができる場合がある．このような場合に積分形のガウスの法則 (2.6) がいかに便利かを知るために，その典型的な応用例をみてみよう．

例 題 1

直線上に電荷が線密度（直線の単位長さ当たりの電荷量）λ で一様に分布している．このとき，電荷がつくる電場を求めよ．

解 この問題の性質上，電場は電荷が分布する直線を軸とする円柱対称性（物理量が中心軸からの距離だけによるという性質）を満たす．そのため，電場ベクトル $\boldsymbol{E}$ は，この直線を軸とし，半径 r の円柱の側面に垂直であり，その大きさ E は円柱面上で一定であって，r だけの関数 $E(r)$ で表される．したがって，この場合，円柱面では単純に $\boldsymbol{E}(\boldsymbol{r})\cdot\boldsymbol{n}=E(r)$ であることがわかる．ここまでが，与えられた問題に対称性を使った，ガウスの法則を使うための前準備である．

いま，図 2.5 のように長さ l の円柱を想定し，これにガウスの法則 (2.6) を適用してみる．まず，この円柱に含まれる全電荷は $Q=l\lambda$ であり，(2.6) の右辺は $l\lambda/\varepsilon_0$ となる．他方，この円柱の軸方向には電場がなく，両端の面で電場がゼロなので，(2.6) の左辺の両端の面での面積積分はゼロである．円柱の側面での被積分関数は $E(r)$ であり，その面積が $2\pi rl$ なので，(2.6) の左辺全体が $2\pi rl\,E(r)$ で与えられる．こうして，ガウスの法則 (2.6) より

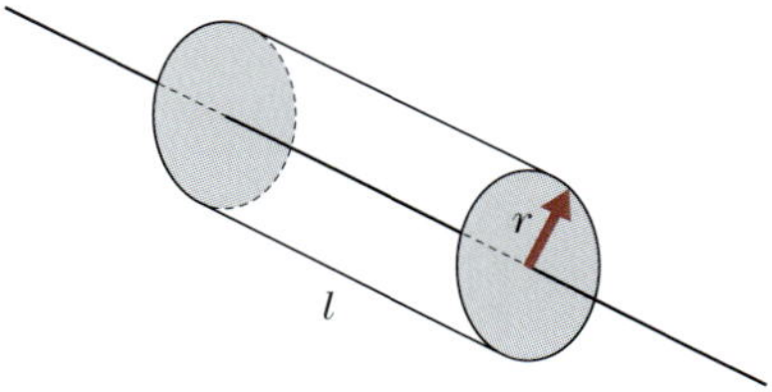

図 2.5 直線電荷の周りの電場を求めるために想定した円柱

$$E(r)=\frac{\lambda}{2\pi\varepsilon_0 r} \tag{2.10}$$

が得られる．

例 題 2

半径 a の無限に長い円柱があって，電荷が一様に分布しているとしよう．この円柱の単位長さ当たりの電荷量を λ として，円柱の内外での電場を求めよ．

解 この場合も例題 1 と同様に，電場がこの円柱の軸の周りの円柱対称性を満たすことは明らかであろう．したがって，電場 $\boldsymbol{E}$ は軸から放射状に向き，その大きさ

E は軸からの距離 r だけの関数 $E(r)$ で表される．そこで，この円柱と同じ軸をもつ半径 r，長さ l の円柱を想定し，(i) $r \geq a$ と (ii) $r < a$ の 2 つの場合に分けて考える．

(i) $r \geq a$：　この場合，想定した円柱の中にある電荷量は例題 1 の場合と全く同じなので，電場も変わらず，$E(r) = \lambda/2\pi\varepsilon_0 r$ である．

(ii) $r < a$：　この場合，想定した円柱は荷電円柱の内部にあるので，その円柱に含まれる電荷量が必要になる．荷電円柱の単位長さ当たりの電荷量が λ であり，その体積は πa^2 なので，その電荷密度（単位体積当たりの電荷量）ρ は $\rho = \lambda/\pi a^2$ である．したがって，想定した円柱に含まれる電荷量 Q は $Q = \pi r^2 l\rho = l\lambda r^2/a^2$ となる．想定した円柱の両端の面には電場がなく，円柱の側面の面積が $2\pi rl$ なので，(2.6) の右辺全体は $2\pi rl\,E(r)$ である．こうして，ガウスの法則 (2.6) より $E(r) = \lambda r/2\pi\varepsilon_0 a^2$ が得られる．

(i) と (ii) の結果をまとめると，

$$E(r) = \begin{cases} \dfrac{\lambda r}{2\pi\varepsilon_0 a^2} & (r < a) \\ \dfrac{\lambda}{2\pi\varepsilon_0 r} & (r \geq a) \end{cases} \tag{2.11}$$

であり，その概略は図 2.6 のようになる．

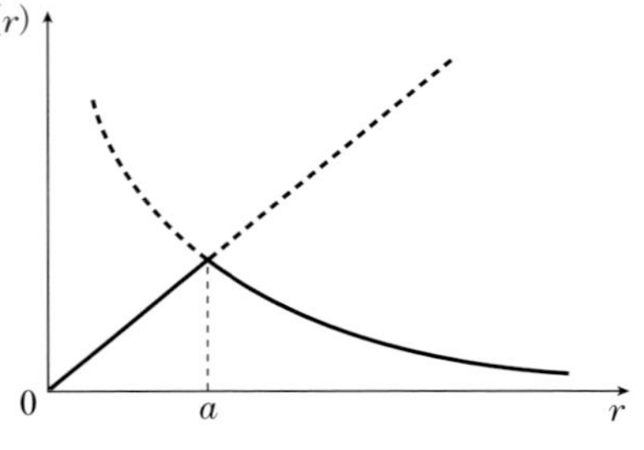

図 2.6　半径 a の無限に長い円柱に電荷が一様分布するときの電場の大きさ $E(r)$

問題 1　半径 a の薄くて無限に長い円管に電荷が一様に分布しているとする．この円管の単位長さ当たりの電荷量を λ として，その内外での電場を求めよ．また，電場の概略図を示せ．

例 題 3

無限に広がった平面に電荷が一様に分布している．その面密度（単位面積当たりの電荷量）を σ として，周囲の電場を求めよ．

解 この場合，問題の対称性から電気力線はこの平面に垂直である．したがって，電場ベクトル $\boldsymbol{E}$ も平面に垂直でそれを境に逆向きであって，大きさ E が等しいことは明らかであろう．

図 2.7 のように，この平面を横切る直方体の 2 面が平面に平行であると想定し，その 2 面の面積を S として，この直方体に対してガウスの法則 (2.6) を適用する．平面に平行な電場成分はゼロなので，直方体の 6 面のうち平面に垂直な 4 面については $\boldsymbol{E}\cdot\boldsymbol{n}=0$ である．直方体の平面に平行な 2 面については共に電場と法線ベクトルが同じ向きなので，$\boldsymbol{E}\cdot\boldsymbol{n}=E$（一定）である．よって，(2.6) の左辺の面積積分は $2ES$ となる．この直方体に含まれる電荷量が σS なので，(2.6) の右辺は $\sigma S/\varepsilon_0$ となる．

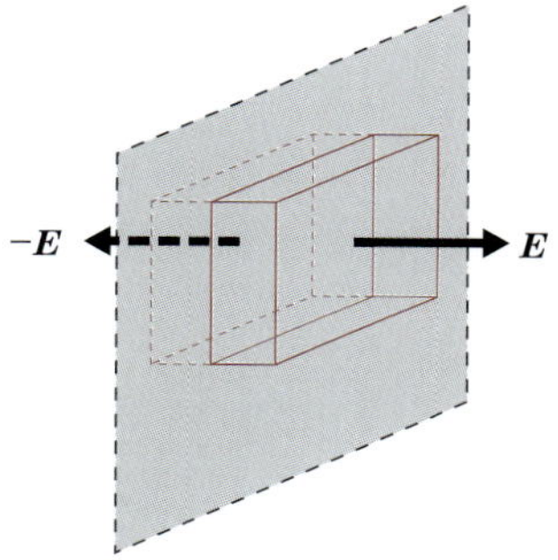

図 2.7 一様に帯電した平面を横切る直方体を想定し，それにガウスの法則を適用する．

以上より，一様に帯電した平面の周囲の電場 $\boldsymbol{E}$ はその平面に垂直であり，大きさ E はどこでも一定で

$$E=\frac{\sigma}{2\varepsilon_0} \tag{2.12}$$

で与えられる．

問 題 2 互いに平行で無限に広がった 2 平面があり，それぞれに電荷が面密度 $\pm\sigma$ で一様に分布している．このとき，周囲の電場を求めよ．

例 題 4

半径 a の球内に電荷 Q が一様に分布しているとき，中心からの距離 r での電場の大きさ $E(r)$ を求めよ．

解 この問題の性質上，電場は球対称性（物理量がある1点からの距離だけによるという性質）を満たし，電場ベクトル $\boldsymbol{E}$ の大きさ E は任意の半径 r の球面上で一定となり，r だけの関数 $E(r)$ で表される．また，$\boldsymbol{E}$ はこの球面に垂直であり，その法線ベクトル $\boldsymbol{n}$ と平行なので，$\boldsymbol{E}(\boldsymbol{r})\cdot\boldsymbol{n}=E(r)$ である．この球面内にある電荷の総量を $Q(r)$ とおくと，(2.6) より

$$\int_{\mathrm{S}}\boldsymbol{E}(\boldsymbol{r})\cdot\boldsymbol{n}\,dS=4\pi r^2E(r)=\frac{Q(r)}{\varepsilon_0} \tag{1}$$

$Q(r)$ は，$r\le a$ と $r>a$ の2つの場合に分けられる．電荷は半径 a の球内に一様に分布しているので，その電荷密度 ρ は

$$\frac{4\pi}{3}a^3\rho=Q, \qquad \therefore\quad \rho=\frac{3}{4\pi a^3}Q \tag{2}$$

となる．したがって，$r\le a$ のときは $Q(r)=(4\pi/3)\,r^3\rho=(r^3/a^3)\,Q$，$r>a$ のときは $Q(r)=Q$ なので，

$$Q(r)=\begin{cases}\dfrac{r^3}{a^3}Q & (r\le a)\\[2mm] Q & (r>a)\end{cases} \tag{3}$$

(3) を (1) に代入してまとめると，

$$E(r)=\begin{cases}\dfrac{Q}{4\pi\varepsilon_0a^3}r & (r\le a)\\[2mm] \dfrac{Q}{4\pi\varepsilon_0}\dfrac{1}{r^2} & (r>a)\end{cases} \tag{2.13}$$

と求められる．

問題 3 例題4の電場の大きさ $E(r)$ の概略図を描け．

問題 4 半径 a の薄い球殻に電荷 Q が一様に分布しているとき，中心からの距離 r での電場の大きさ $E(r)$ が

$$E(r)=\begin{cases}0 & (r<a)\\[2mm] \dfrac{Q}{4\pi\varepsilon_0}\dfrac{1}{r^2} & (r\ge a)\end{cases} \tag{2.14}$$

であることを示せ．また，その概略図を描け．

ここまでの例題や問題を考えた上で，その結果の物理的な意味を議論してみよう．まず，例題4でとり上げた，半径 a の球内に電荷 Q が一様に分布しているときの電場 (2.13) の $r > a$ の場合，この結果は球の中心に点電荷 Q がある場合と同じであることに気づく．すなわち，球内に電荷が一様に分布している場合の球外の電場は，球の中心に電荷が集中しているとした電場と等しい．また，球内の電場 (2.13) の $r < a$ の場合，この電場の値は半径 r の球内の電荷だけで決まっていて，半径 r と a の間の球殻にある電荷の寄与がないことがわかる．すなわち，球内に電荷が一様に分布している場合の球内の電場には，それより内側にある電荷だけが寄与し，外側にある電荷は影響を与えないのである．

問 題 5 半径 a の球内に電荷 Q が一様に分布しているとき，球内の電場にはそれより内側にある電荷だけが寄与することを示せ．

このような結果になったそもそもの理由は，クーロンの法則が $1/r^2$ の距離依存性をもち，球対称性がある場合を考えているためであることに注意しておく．力学で学んだように，万有引力も同じ距離依存性をもつ．したがって，例えば地球が一様な物質密度をもつと仮定すると，地球外の質点と地球との万有引力は地球の全質量がその中心に集中していると見なして求められる．また，地球内部の質点と地球全体との万有引力も，その質点より内部の地球の質量だけが寄与するのであって，外部の球殻の質量は影響を与えない．

また，問題4で半径 a の薄い球殻に電荷 Q が一様に分布している場合に，その内部で電場はゼロであることがわかったと思うが，これについても直観的な説明

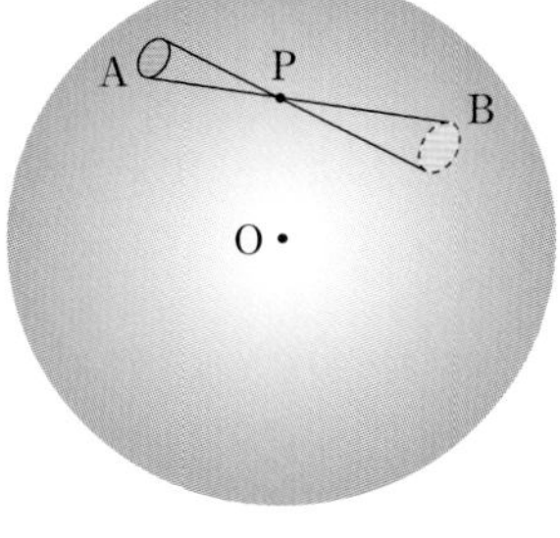

図 2.8 球殻内の点Pでの電場は，球殻のAとBの電荷の寄与がちょうど打ち消し合う．

が可能である．図2.8のように，球殻の内部に点Pをとり，球殻にある電荷による点Pでの電場を考える．点Pを通る直線をぐるりと回してできる小さな頂角の円錐が球殻を切り取る微小領域を，図のようにA，Bとする．このとき，AとBの面積の比は点Pからのそれぞれの距離の2乗に比例する．ところが，AとBにある電荷による点Pでの電場は距離の2乗に反比例し，向きが反対なので，ちょうど打ち消し合う．微小領域Aは任意の領域であり，球殻の全領域を微小領域に分けてその寄与を加え合わせると，点Pでの電場がゼロであることがわかる．また，この議論はそのまま万有引力の場合にも成り立ち，物質でできた球殻の内部では万有引力はゼロである．

2.3 導体の静電場

導体とは，自由に動き回ることができる荷電粒子を多量に含む物体である．その典型的な例が身の回りに普通に使われている銅やアルミニウム，鉄などの金属であり，この場合の荷電粒子は自由電子である．そこでこれからは断らない限り，導体として金属を念頭において議論を進める．

導体に対して，自由に動く荷電粒子をもっていない物体を絶縁体または不導体という．身の回りではガラスやプラスチックなどが絶縁体であり，水や空気もそうである．

ここはポイント!

いま，金属に電子を与えて帯電させ，その金属の内部で自由電子が動き回っているとしよう．すると金属内にそれらがつくる電場が生じ，それがまた自由電子を動かす．この動きは金属内に電場がなくなるまで続くが，この状態は金属内に自由電子がなくなることも意味する．すなわち，はじめに金属内に自由電子があったとしても，すべて金属の表面に動き，さらに金属内の電場がちょうどゼロになるように，その表面上で配置する．これは自由電子同士の反発で起こると考えてよい．なお，金属内では自由電子の動きが速いので，この動きは日常感覚ではほとんど一瞬のうちに起こることになる．

次に，金属が静電場の中に置かれた場合を考えてみよう．このために金属内に電場が生じても，内部にあった電子はもちろん，表面にある電子もその電場で動かされることになり，結局，表面の電荷の再配置が起こって，金属内の電場がゼロになる．

以上により，導体内の静電場 $\boldsymbol{E}$ はゼロであり，自由電荷も内部には存在できず表面に集まる．そのため，導体内での自由電荷密度 ρ もゼロである：

$$\boldsymbol{E} = \boldsymbol{0} \tag{2.15}$$

$$\rho = 0 \tag{2.16}$$

ここで，(2.15) の $\boldsymbol{0}$ はゼロ・ベクトル (0, 0, 0) を表す．導体内部のこの状態がガウスの法則 (2.6) と矛盾しないことはすぐにわかるであろう．

導体内部の電場がゼロであっても，導体が帯電していれば，表面にある電荷はその外部に電場 $\boldsymbol{E}$ をつくる．ただし，その電場の表面に平行な接線成分 E_{t}（下付きの t は接線 tangent を表す）がゼロでないと，表面にある自由電荷に力をおよぼして動かし，電場の接線成分がゼロになるように再配置されることになる．すなわち，導体表面での電場の接線成分は

$$E_{\mathrm{t}} = 0 \tag{2.17}$$

であり，導体表面のすぐ外で静電場 $\boldsymbol{E}$ は常に表面に垂直である．

ここはポイント!

例えば，図 2.9 のように，一様な静電場の中に帯電していない導体球が置かれているとしよう．まず，導体の中で電場はゼロでなければならないので，もとあった一様な静電場と逆向きの一様な静電場が導体内で重ね合わされなければならないので，導体表面に図のように正負の電荷が誘起される．誘起された正負の電荷の位置と分布の仕方に注意しよう．また，導体表面の

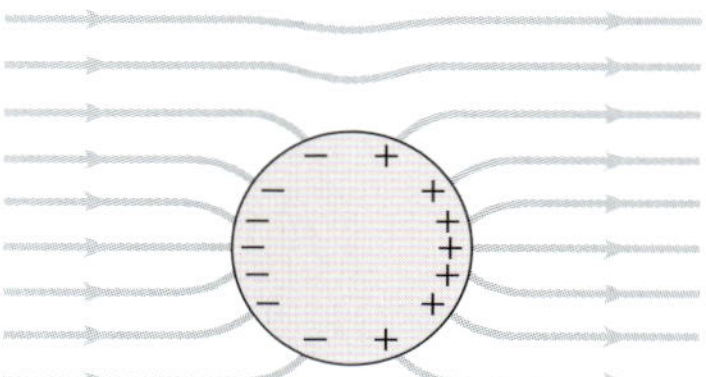

図 2.9　一様な静電場の中に置かれた帯電していない導体球とその周りの静電場

すぐ外側の電場は表面に垂直でなければならない．図では，そのことが電気力線で表されている．

それでは，導体表面の電場の強さはどのように表されるであろうか．局所的な表面電荷密度 σ をもつ任意の導体を考えてみる．図 2.10 のように，その導体の表面近くに，平べったくて微小な円筒を想定する．この微小な円筒の両端面は表面に平行で，その一端面は導体内に，他端面は導体外にあるものとし，それぞれの面積を dS として，これにガウスの法則 (2.6) を適用する．この円筒の導体内の面と側面では (2.15) と (2.17) より $\boldsymbol{E}\cdot\boldsymbol{n}=0$ であり，残る導体外の面では $\boldsymbol{E}\cdot\boldsymbol{n}=E$ なので，(2.6) の左辺は $E\,dS$ となる．他方，この円筒に含まれる電荷は $\sigma\,dS$ なので，(2.6) の右辺は $\sigma\,dS/\varepsilon_0$ となる．

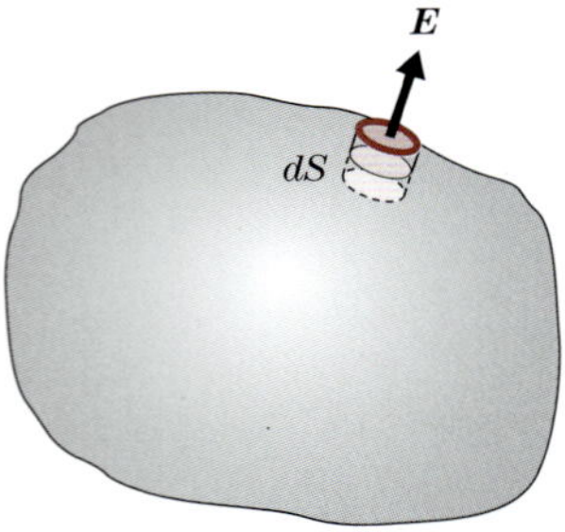

図 2.10 導体のすぐ外側の電場 $\boldsymbol{E}$ は表面に垂直

こうして，導体表面のすぐ外側の電場 $\boldsymbol{E}$ は面に垂直であり，その大きさ E は

$$E=\frac{\sigma}{\varepsilon_0} \tag{2.18}$$

であることがわかる．

ところで，同じ面上の電荷がつくる電場でも，例題 3 では (2.12) で与えられ，導体表面では (2.18) となって，両者に 2 倍の差が出てきたのはなぜであろうか．注目する導体表面の近くにある電荷がつくる電場だけをとると，それは (2.12) で与えられるはずである．ところが，導体の内部では (2.15) より電場が必ずゼロでなければならず，表面の近くにある電荷がつくる電場をちょうど打ち消すように遠くの電荷がつくる電場を重ね合わせなければならない．そのために導体表面の外側ではこの 2 つの電場が重ね合わさって，

(2.12) の2倍になるのである．

例題 5

半径 a の導体球に電荷 Q が帯電しているとき，導体外での電場の大きさ E を求めよ．

解 球対称性から電荷 Q は導体球面上に一様に分布し，電場 $\boldsymbol{E}$ は球面に垂直で，その大きさ E は一定である．この導体球の外側に半径 r の球面を想定し，この球面にガウスの法則 (2.6) を適用すると，直ちに $4\pi r^2 E = Q/\varepsilon_0$ が得られ，

$$E = \frac{Q}{4\pi\varepsilon_0 r^2} \tag{2.19}$$

であることがわかる．これは球の中心に電荷 Q が集中しているときの電場に等しい．ただし，導体球の場合には球内の電場はゼロであり，導体球の内外の電場は同じ球であっても例題4ではなくて，問題4の球殻の場合に一致することに注意しよう．

問題 6 上の例題5で球のすぐ外側の表面での電場の値が (2.18) と一致することを示せ．

例題 6

外径が a，内径が b の導体球殻に電荷 Q が帯電しているとき，この球殻内外の電場の大きさ $E(r)$ を求めよ．

解 球殻の外では，いままでどおり，半径 $r\ (>a)$ の球面を想定してガウスの法則 (2.6) を適用すればよい．これは容易に計算できて

$$E(r) = \frac{Q}{4\pi\varepsilon_0 r^2} \qquad (r > a) \tag{1}$$

である．球殻そのものは導体なので，(2.14) より

$$E(r) = 0 \qquad (a > r > b) \tag{2}$$

となる．

最後に，球殻内の空洞での電場が問題である．導体である球殻そのものの中には電荷がないとしても，球殻の内面も表面であり，そこに電荷が一様に分布しているかもしれないからである．そこで，球殻そのものの中に球面を想定して，この球面

にガウスの法則 (2.6) を適用してみよう.

この球面の半径 r は $b < r < a$ の範囲にあり，その表面での電場は (2) よりゼロである．したがって，(2.6) の左辺はゼロとなり，内面にある電荷 Q もゼロでなければならない．したがって，球殻内の空洞では

$$E(r) = 0 \qquad (r < b) \tag{3}$$

である.

以上により，球殻の場合も電荷は外側の表面だけに分布し，内面にはない．そして，電場はその外部だけにつくられることがわかる.

問 題 7 上の例題 6 で，帯電していない導体球殻が静電場の中に置かれた場合，空洞内の電場はどうなるか.

ところで，例題 5 や 6 でみてきたように，導体球を帯電させたときに電荷が球面に一様に分布することは，問題の球対称性から理解できる．それでは図 2.11(a) に示した，ラグビー・ボールのような球対称ではない導体を帯電させると，電荷はどのように分布するであろうか.

線状の導体を考えると，電荷は反発し合って両端の方に集まるはずである．このことを考えると，図 2.11(a) のラグビー・ボールのような導体では，とがった方に電荷が集まることは理解できるであろう．とがった部分では曲率半径が小さくて，(2.19) よりその部分では電場が強く，(2.18) よりそこでの電荷密度が高いことからもわかる．また，同符号の電荷は反発するので，導体にへこんだところがあると，電荷は一層その部分から離れようとする．こうして，図 2.11(b) のような凹凸のある導体を帯電させると，電荷はとがっ

ここは ポイント!

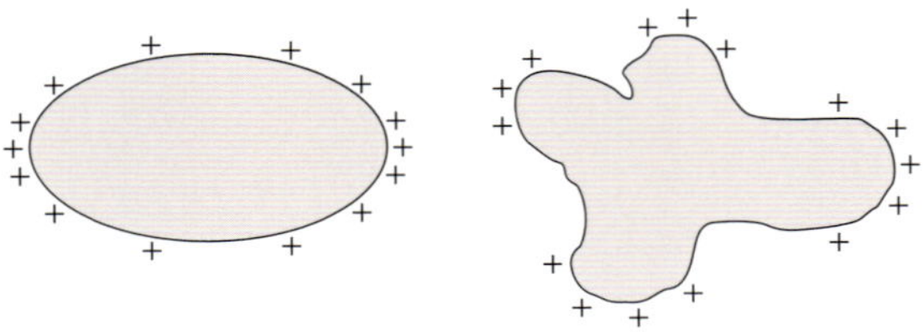

(a) 回転楕円体　(b) 凹凸のある導体

図 2.11 球形でない導体の帯電の様子

た部分ばかりに多く集まる傾向を示す．

ここはポイント!

以上の考察より，針状電極に電場がかかると，その先端部分に電場が集中することがわかる．針状電極の一種である避雷針は，上空の雷雲との間の電場が周囲より強くなるようにとがった先を上空に向けて設置されており，落雷による電荷の流れを地球内に導く．避雷針は雷を避けるのではなく，それに誘うものなのである．また，樹木や私たちの身体は周囲の空気より導体に近いので，平らなところで孤立していると避雷針の役割を果たしかねない．ゴルフ場で人に雷の被害が出たり，よく大きな木に落雷するのはそのためである．「寄らば大樹の陰」というが，自分で学び，自分で考えて判断することが一番である．

2.4 積分形の渦なしの法則

前章でみたように，電場は遠隔作用であるクーロンの法則を，より物理的な近接作用として表現するために導入された．(2.6) はその電場が満たさなければならない方程式として導かれたのである．したがって，(2.6) の積分形のガウスの法則はクーロンの法則と等価であり，電場が満たすべき基本法則である．

ここはポイント!

では，静電場の基本法則はこれで足りるであろうか．ここで，(2.6) の右辺は領域 V 内にある電荷の総量 Q であることに注意しよう．そのために，例えば V 内に電荷がたくさんあっても正負電荷が同数の場合には $Q = 0$ であり，V 内に全く電荷がない場合でも同じく $Q = 0$ であって，(2.6) の左辺の積分は，この区別がなくゼロでなければならない．ところが，前者では領域 V の表面 S 上では一般に電場はゼロではなく，後者では S 上のいたるところで電場がゼロとなり，状況が明らかに異なる．このことは図 1.6(a) の正負 2 つの電荷を囲む閉曲面をイメージすれば，電荷が全くない場合との違いが明らかであろう．すなわち，静電場の基本法則は (2.6) だけでは足りない．それでは，追加すべき基本法則は何であろうか．

前章でみたように，電場は遠隔作用的なクーロンの法則の代わりに電荷間を近接作用的に媒介するものとして導入され，電気力線は電場の様子を視覚的に表すために導入された．したがって，電気力線は正電荷から出て負電荷に入るか，無限のかなたにいくのであって，図 2.12 のように 1 本の電気力線だけで閉じることはあり得ない．これは物理的には強い制限であって，例えば流体の流線（流れの速度ベクトルを滑らかにつないだ曲線）では渦（流れがぐるぐる回る状態）が明らかに存在するのに，静電場の電気力線ではそれがないことを意味する．すなわち，静電場は渦なしであると特徴づけることができる．

図 2.12　静電場には，この図のような閉じた電気力線は存在しない．

ここはポイント!

そこで，この渦なしの状況を数式的に表現してみよう．図 2.13 のように，静電場の中に任意の閉曲線 C を考える．ただし，この閉曲線は電気力線とは限らない．そのため，図 2.13 のように，閉曲線 C 上の点 P での電場ベクトル $\boldsymbol{E}$ は，その点での C の接線ベクトル $\boldsymbol{t}$ と平行とは限らない．図 2.2 で導入した法線ベクトル $\boldsymbol{n}$ が空間内の曲面の向きを与えたのに対して，ここでの接線ベクトル $\boldsymbol{t}$ は空間内の曲線の向きを与える重要な単位ベクトル（$|\boldsymbol{t}| = 1$）である．こうして，点 P での電場 $\boldsymbol{E}$ の曲線 C に沿った成分（接線成分）は $\boldsymbol{E}\cdot\boldsymbol{t}$ で与えられる．

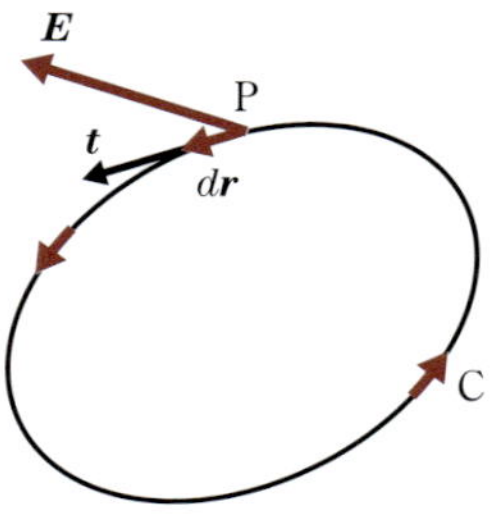

図 2.13　閉曲線 C の周りの静電場の循環

また，点 P での曲線 C に沿った線要素（微小な線分の長さ）を ds，線要素ベクトルを $d\boldsymbol{r}$ とすると，ds が微小なので $\boldsymbol{t}$ と $d\boldsymbol{r}$ は同じ向きにあると見なすことができ，$d\boldsymbol{r} = \boldsymbol{t}\,ds$（$|d\boldsymbol{r}| = ds$）と表される．これは，(2.7) や図 2.4 で曲

面の面積要素 dS に対して面積要素ベクトル $d\boldsymbol{\sigma} = \boldsymbol{n}\, dS$ ($|d\boldsymbol{\sigma}| = dS$) を導入したことに相当する.

次に，この曲線に沿った電場の成分 $\boldsymbol{E} \cdot \boldsymbol{t}$ を閉曲線Cに沿って1周ぐるりと線積分してみよう．この線積分は $\oint_{\mathrm{C}} \boldsymbol{E}(\boldsymbol{r}) \cdot \boldsymbol{t}\, ds = \oint_{\mathrm{C}} \boldsymbol{E}(\boldsymbol{r}) \cdot d\boldsymbol{r}$ と表される．ここで，この積分が正の値をもつと仮定すると，一般には閉曲線Cのある部分で $\boldsymbol{E}(\boldsymbol{r}) \cdot \boldsymbol{t}$ が負になるかもしれないが，必ず別の部分で正にならなければならない．そうでないと，閉曲線Cに沿った線積分全体が正の値になれないからである．そこで，線積分が正の値になるような領域で改めて閉曲線Cをとると，このCではどの部分をとっても常に $\boldsymbol{E}(\boldsymbol{r}) \cdot \boldsymbol{t}$ は正の値をとることになる．すなわち，電場 $\boldsymbol{E}$ はCに沿って常に前向きでなければならず，このようなことは，その領域に渦状の電気力線がない限りあり得ない.

$\oint_{\mathrm{C}} \boldsymbol{E}(\boldsymbol{r}) \cdot \boldsymbol{t}\, ds$ が負の値をもつ場合も同様であり，結局，この積分の値がゼロでなければ，静電場が渦なしだということと矛盾する．こうして，静電場が渦をもたないという条件は任意の閉曲線Cに対して

$$\oint_{\mathrm{C}} \boldsymbol{E}(\boldsymbol{r}) \cdot \boldsymbol{t}\, ds = \oint_{\mathrm{C}} \boldsymbol{E}(\boldsymbol{r}) \cdot d\boldsymbol{r} = 0 \qquad (2.20)$$

と表される．これを本書では，静電場の**渦なしの法則**とよぼう.

ここで，この渦なしの法則 (2.20) の威力を1つ考えてみよう．前節の例題6で，帯電した導体球殻の空洞内で電場がゼロであることをみた．しかし，そこでの議論には球殻の球対称性が使われていることに注意しよう．では，球対称性をもたない図2.14のような形のいびつな空洞をもつ導体殻ではどうなるであろうか.

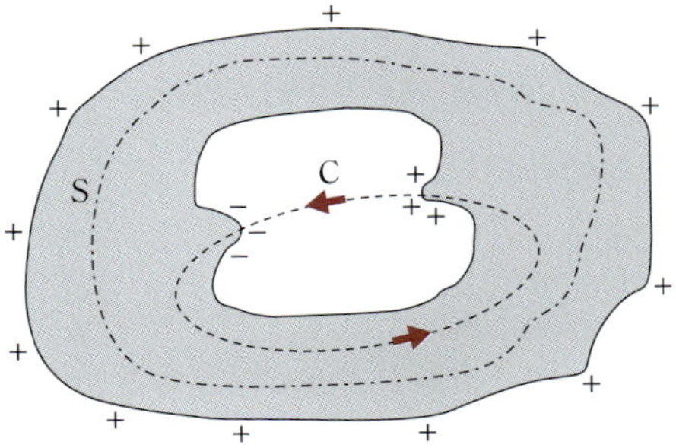

図 2.14 形のいびつな空洞をもつ導体殻

図 2.14 の S は導体そのものの内部に想定した閉曲面で，その面上ではどこでも電場はゼロである．そのために，ガウスの法則 (2.6) よりこの閉曲面内の電荷の総量 Q はゼロでなければならない．問題は，(2.16) より導体内に電荷がないのはいいとしても，図のように空洞に突起があってそこに正負電荷が同量だけ誘起されている場合も $Q=0$ であって，ガウスの法則 (2.6) とは矛盾しないことである．しかも正負電荷だから，お互いに引き合って安定に存在するかもしれない．ガウスの法則 (2.6) だけでは，このような場合を否定できないのである．

そこで，図 2.14 のように正負の電荷が突起に集まっていると仮定してみよう．この突起を結んで空洞内を横切り，あとは導体そのものの中を通る閉曲線 C を想定し，これについて (2.20) を適用してみる．電気力線は正電荷から負電荷に向かうので，C に沿って正電荷が集まる突起から負電荷が集まる突起に向かう部分では，電場の接線成分 $E_{\mathrm{t}} = \boldsymbol{E}(\boldsymbol{r})\cdot\boldsymbol{t}$ は常に正である．C の残りの部分は導体内にあるので，この部分では電場がゼロで $\boldsymbol{E}(\boldsymbol{r})\cdot\boldsymbol{t}=0$ である．こうして，この場合には (2.20) の左辺の C に沿っての線積分が正になってしまい，(2.20) が成立しない．

一般に，もし空洞内に正負電荷が分布していると，適当な閉曲線 C をとることで (2.20) の左辺がゼロにならないようにすることができ，これは静電場の渦なしの法則 (2.20) に矛盾する．すなわち，最初の仮定は誤りであることがわかり，導体の空洞がどんな形をしていてもその表面には電荷は誘起されず，空洞内では電場は必ずゼロである．

ここはポイント!

前節の例題 6 では，導体球殻の中で電場がゼロになることを球対称性を使って示したが，ここでは導体の空洞の形がどんな形をしていても静電場の渦なしの法則によって電場はゼロであることがわかった．このことは，ある繊細な電子機器があって外部の電場を避けたいときには，金属の箱の中に入れればよいということであり，実用的に大変重要である．このとき，外部電場の遮蔽には都合の良い形の金属箱を使えばよい．逆に，電荷を導体の空洞に閉じ込めると，この電荷による電場は導体外に現れず，電場を遮蔽することができる．

問題 8　導体でできた空洞の中に閉じ込められた電荷の電場は導体外に現れないことを示せ．

ここはポイント!

以上によって，静電場が満たすべき基本法則は，クーロンの法則と等価な (2.6) と静電場が渦なしであることを主張する (2.20) であることがわかった．ここでは，両方とも積分形で表されていることに注意しよう．そこで次に，これらの積分形の法則を，数学的にはより取り扱いやすい微分形で表してみよう．

2.5　微分形の静電場の基本法則

静電場は一般に空間的に変化しているため，この空間変化の様子を知る必要がある．物理量の空間変化は局所的には微分で表されるので，前節で得られた積分形の静電場の基本法則を頼りにして，静電場の空間微分が満たす関係式を求めることが本節の目標である．

2.5.1　ベクトル場に関する数学の定理

静電場 $\boldsymbol{E}(\boldsymbol{r})$ は空間の各位置 $\boldsymbol{r}$ でその大きさと向きが定義されているベクトルであり，このような量を**ベクトル場**という．いま，任意のベクトル場 $\boldsymbol{A}(\boldsymbol{r})$ があるとして，空間のある領域 V とその表面（閉曲面）S を考える．具体的には図 2.2 で静電場 $\boldsymbol{E}(\boldsymbol{r})$ の代わりに任意のベクトル場 $\boldsymbol{A}(\boldsymbol{r})$ をイメージすればよい．このとき，V の中の体積積分とその閉曲面 S にわたる表面積分との間に

$$\int_{\mathrm{V}} \nabla \cdot \boldsymbol{A}(\boldsymbol{r})\, dV = \int_{\mathrm{S}} \boldsymbol{A}(\boldsymbol{r}) \cdot d\boldsymbol{\sigma} \tag{2.21}$$

が成り立ち，このベクトル場についての積分関係を**ガウスの定理**という．ここで，$\int_{\mathrm{V}} dV$ は空間中の領域 V での体積積分であり，$\int_{\mathrm{S}} d\boldsymbol{\sigma}$ は V の表面 S についての面積積分である．

(2.21) の左辺の被積分関数 $\boldsymbol{\nabla}\cdot\boldsymbol{A}(\boldsymbol{r})$ はベクトル場 $\boldsymbol{A}(\boldsymbol{r})$ の**発散**とよばれ，

$$\boldsymbol{\nabla}\cdot\boldsymbol{A}(\boldsymbol{r}) = \mathrm{div}\,\boldsymbol{A}(\boldsymbol{r}) \equiv \frac{\partial A_x}{\partial x} + \frac{\partial A_y}{\partial y} + \frac{\partial A_z}{\partial z} \tag{2.22}$$

で定義される．上式の div は発散の英語 divergence のはじめの 3 字をとった表記である．また，$\boldsymbol{\nabla}$ は次にくるベクトルを空間微分する記号であり，ベクトル的に

$$\boldsymbol{\nabla} = \left(\frac{\partial}{\partial x},\ \frac{\partial}{\partial y},\ \frac{\partial}{\partial z}\right) \tag{2.23}$$

と表される．したがって，ベクトル場 $\boldsymbol{A}(\boldsymbol{r})$ の発散 $\boldsymbol{\nabla}\cdot\boldsymbol{A}(\boldsymbol{r})$ は 2 つのベクトル $\boldsymbol{\nabla}$ と $\boldsymbol{A}(\boldsymbol{r})$ の内積と見なすことができる．ただし，この場合，通常の内積とは違って，ベクトルの順序を逆にすることはできないことに注意しなければならない．

ここはポイント!

(2.21) のガウスの定理は純粋に数学の定理であって，物理的な法則ではないことに注意しておく．ここで重要なことは，ガウスの定理がベクトル場に関する体積積分と面積積分を関係づけている点である．そこで，ここではこの便利な定理を道具として使うことにして，わずらわしい定理の証明は巻末の付録 B に譲ることにしよう．また，発散 $\boldsymbol{\nabla}\cdot\boldsymbol{A}(\boldsymbol{r})$ は空間中のベクトル場 $\boldsymbol{A}(\boldsymbol{r})$ の位置 $\boldsymbol{r}$ での広がりの傾向や発散の度合いを局所的に抜き出す量であり，その視覚的な様子は付録 A で示す．

次に図 2.15 のように，ベクトル場 $\boldsymbol{A}(\boldsymbol{r})$ がある空間の中に任意の曲面 S をつくり，その縁を閉曲線 C とする．C には図のように向きをつけておく．また，曲面 S 上の点 P (位置ベクトル $\boldsymbol{r}$) での面積要素 (微小面) を dS，面積要素ベクトルを $d\boldsymbol{\sigma} = \boldsymbol{n}\,dS$ ($|d\boldsymbol{\sigma}| = dS$) とする．このとき，面の法線ベクトルは 2 つあるが，ここでの法線ベクトル $\boldsymbol{n}$ は図 2.15 に示したように，右ね

じをCと同じ向きに回転したときにそれが進む向きにとるものと約束する．また，図で $d\boldsymbol{r}$ は閉曲線Cの線要素ベクトルである．このとき，ベクトル場 $\boldsymbol{A}(\boldsymbol{r})$ に関して，曲面S上での面積積分と閉曲線Cに沿っての線積分との間に

$$\int_{\mathrm{S}} \{\nabla \times \boldsymbol{A}(\boldsymbol{r})\} \cdot d\boldsymbol{\sigma} = \oint_{\mathrm{C}} \boldsymbol{A}(\boldsymbol{r}) \cdot d\boldsymbol{r} \tag{2.24}$$

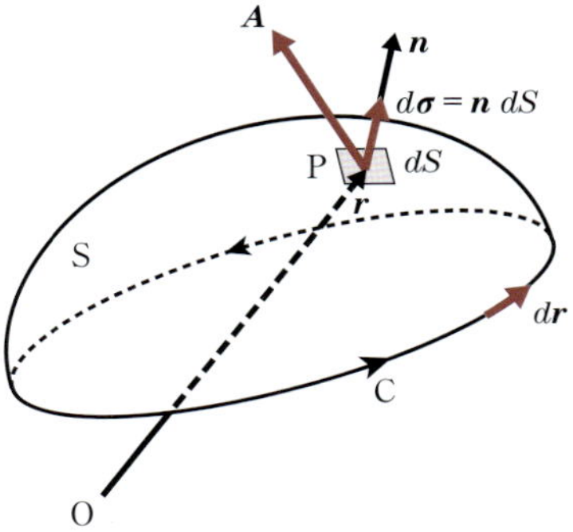

図 2.15　空間中の曲面Sとその縁（閉曲線）C

が成り立ち，この関係を**ストークスの定理**という．

(2.24) の右辺の線積分は図 2.13 に示してあるのと全く同じである．また，左辺の $\nabla \times \boldsymbol{A}$ はベクトル場 $\boldsymbol{A}$ の**回転**とよばれ，$\mathrm{rot}\,\boldsymbol{A}$ や $\mathrm{curl}\,\boldsymbol{A}$ と記されることもある．ここで rot は回転の英語 rotation のはじめの3字をとったものであることはすぐにわかるであろう．回転 $\nabla \times \boldsymbol{A}(\boldsymbol{r})$ もベクトルであり，

$$\nabla \times \boldsymbol{A} = \mathrm{rot}\,\boldsymbol{A} \equiv \left(\frac{\partial A_z}{\partial y} - \frac{\partial A_y}{\partial z},\ \frac{\partial A_x}{\partial z} - \frac{\partial A_z}{\partial x},\ \frac{\partial A_y}{\partial x} - \frac{\partial A_x}{\partial y}\right) \tag{2.25}$$

と定義される．少々厄介な形をしているが，よくみると $x \to y \to z \to x$ のように循環的になっていることがわかり，使い慣れてくると気にならなくなる．

(2.21) のガウスの定理と同様に，(2.24) のストークスの定理も純粋に数学の定理であって，物理学の法則ではない．ここで重要なことは，ガウスの定理と違って，ストークスの定理の方はベクトル場に関する面積積分と線積分とを関係づけていることである．やはりガウスの定理と同様に，ストークスの定理の証明は巻末の付録Cに譲り，ここでは便利な数学的道具として使っていくことにする．また，回転 $\nabla \times \boldsymbol{A}(\boldsymbol{r})$ は空間中のベクトル場 $\boldsymbol{A}(\boldsymbol{r})$

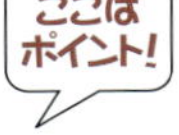

の位置 $\boldsymbol{r}$ での曲がり具合いや回転の度合いを局所的に抜き出す量であり，その視覚的な様子は付録 A で示す．

論理的には，ガウスの定理 (2.21) は 3 次元的な体積積分を 2 次元的な面積積分に結び付け，ストークスの定理 (2.24) は 2 次元的な面積積分を 1 次元的な線積分に結び付けている．これらのことから，1 次元的な線積分を空間のある点 (0 次元) での数値に結び付ける定理もあることが予想される．実際にそのような定理があり，次章で出会うことになる．

2.5.2 微分形の静電場の基本法則

ガウスの定理 (2.21) は数学的な関係式なので，ベクトル場 $\boldsymbol{A}(\boldsymbol{r})$ の代わりに電場 $\boldsymbol{E}(\boldsymbol{r})$ を代入しても成り立つ．実際に代入してみると，この面積積分がガウスの法則 (2.6) の左辺とぴったり一致することがわかり，ガウスの法則が体積積分だけで表される：

$$\int_{\mathrm{V}} \boldsymbol{\nabla} \cdot \boldsymbol{E}(\boldsymbol{r})\, dV = \frac{1}{\varepsilon_0}\int_{\mathrm{V}} \rho(\boldsymbol{r})\, dV, \qquad \therefore \quad \int_{\mathrm{V}} \left\{ \boldsymbol{\nabla} \cdot \boldsymbol{E}(\boldsymbol{r}) - \frac{1}{\varepsilon_0}\rho(\boldsymbol{r}) \right\} dV = 0$$

ここで，空間の領域 V が全く任意であったことを思い出そう．すなわち，領域 V が大きかろうが小さかろうが，常に上式が成り立たなければならず，そのためには｛　｝の中が恒等的にゼロでなければならない．こうして，

$$\boldsymbol{\nabla} \cdot \boldsymbol{E}(\boldsymbol{r}) = \frac{1}{\varepsilon_0}\rho(\boldsymbol{r}) \tag{2.26}$$

という関係式が導かれる．これが**微分形のガウスの法則**であり，空間の各点で電場が満たさなければならない重要な微分方程式である．なお，(2.8) で導入した電束密度 $\boldsymbol{D}$ を使うと (2.26) はさらにコンパクトに

$$\boldsymbol{\nabla} \cdot \boldsymbol{D}(\boldsymbol{r}) = \rho(\boldsymbol{r}) \tag{2.27}$$

と表される．

積分形のガウスの法則 (2.6) で記したように，この法則の出所がクーロンの法則であることに再度注意しておく．また，(2.26) や (2.27) は局所的な

ここはポイント!

電荷の有無だけによるので，電場 $\boldsymbol{E}$，電束密度 $\boldsymbol{D}$ や電荷密度 ρ が時間に依存する場合にも成り立つ．この (2.27) が電磁気学の基礎をなす 4 つのマクスウェル方程式の第 1 方程式である．このことも後の章で詳しく議論する．

全く同様にして，ストークスの定理 (2.24) を渦なしの法則 (2.20) に適用して線積分を面積積分に直すと，曲面 S が任意であることから

$$\nabla \times \boldsymbol{E}(\boldsymbol{r}) = \boldsymbol{0} \tag{2.28}$$

という関係式が得られる．これは静電場の**微分形の渦なしの法則**である．ここで，上式左辺がベクトルなので，右辺もゼロ・ベクトル $\boldsymbol{0} = (0, 0, 0)$ とおいた．なお，(2.26) と違って，この法則は電場 $\boldsymbol{E}$ が時間的に変化する場合には修正を受ける．電場が時間変化するような場合には，(2.20) の左辺のように閉曲線 C に沿ってぐるりと 1 周積分しても，それがゼロとなる保証がなくなるからである．このことは，後の章で詳しく議論する．

問題 9　ストークスの定理 (2.24) を使って (2.28) を導け．

以上により，静電場の基本法則が (2.26) と (2.28) のように微分方程式の形で表されることがわかった．このことは具体的な問題を議論する際にとても重要なことで，境界条件（力学では初期条件）を指定すれば，後は微分方程式を解くだけの問題に帰着されるのである．

2.6　まとめとポイントチェック

本章では静電場の基本法則であるガウスの法則を導き，議論した．特に，静電場を求める問題が球対称などの単純な対称性を満たす場合には，積分形のガウスの法則が非常に便利であることを学んだ．また，金属など，自由に動き回ることができる電荷のある導体の内部では電場がゼロであり，そのような電荷はすべて導体表面に存在することがわかった．さらに，流体の流線と電気力線が一見似ているようで，前者では渦があるのに後者では渦なしだ

という本質的な違いがあることも学び，静電場の渦なしの法則を積分形で定式化した．最後に，ベクトル場に関する数学の定理であるガウスの定理とストークスの定理を使って，ガウスの法則と渦なしの法則を微分形で表し，静電場の２つの基本法則を導いた．

ポイントチェック

- □ 積分形のガウスの法則の導き方が理解できた．
- □ 積分形のガウスの法則が静電場のいろいろな問題に適用できることがわかった．
- □ 導体の内部では電場がゼロであることが理解できた．
- □ 導体の内部には自由に動き回る電荷が存在せず，すべて導体表面に集まることがわかった．
- □ 流体と違って，静電場では渦なしであることが理解できた．
- □ 積分形の渦なしの法則の導き方が理解できた．
- □ 導体の空洞がどんな形をしていても，空洞内で電場がゼロであることが理解できた．
- □ ベクトル場に関するガウスの定理とストークスの定理の便利さがわかった．
- □ 微分形のガウスの法則と渦なしの法則の導き方が理解できた．

3 静電ポテンシャル

学習目標

- 静電場の2つの基本法則を1つにまとめることができるようになる.
- 静電ポテンシャルの導き方と意味を説明できるようになる.
- 静電場と静電ポテンシャルの関係を理解する.
- 点電荷の静電ポテンシャルを求めることができるようになる.
- 静電ポテンシャルの等電位面を説明できるようになる.
- ポアソン方程式, ラプラス方程式の意味を理解する.
- 静電ポテンシャルの計算の仕方を理解する.

前章で学んだ最も重要なことは, 静電場に関してガウスの法則と渦なしの法則という2つの基本法則があるということである. 本章ではまず, 渦なしの法則が自動的に満たされるように, 静電場を静電ポテンシャルで表す. このとき, 静電場は静電ポテンシャルの勾配で表されることがわかる. 静電ポテンシャルは静電場の中に置かれた点電荷の位置エネルギーという物理的な意味をもつ. 点電荷の静電ポテンシャルは容易に求められるので, それと重ね合わせの原理を使って, 点電荷が分布する場合の任意の位置における静電ポテンシャルの表式を求める.

静電ポテンシャルの空間的な様子をイメージするためには, それが指定された値をとる等電位面を描けばよい. 典型的な場合の等電位面を描き, それと電気力線との関係を調べる. 静電ポテンシャルの導入によって渦なしの法則を問題にする必要がなくなるので, もう1つの静電場の基本法則であるガウスの法則を静電ポテンシャルで表すと, それが静電場を決めるただ1つの基本方程式となる. これがポアソン方程式であり, 電荷のない空間中ではそれはラプラス方程式となる. そして, 代表的な静電ポテンシャルが電荷のないところではラプラス方程式を満たすことを確かめる.

3.1 渦なしの法則と勾配の場

前章でみたように，静電場の基本法則はガウスの法則 (2.26) と渦なしの法則 (2.28) の 2 つである．そのために，たとえ微分方程式 (2.26) を満たす解が求められたとしても，(2.28) を満たさないと物理的な静電場として認めることができない．これは手続きとして煩わしいことである．そこで，渦なしの法則

$$\nabla \times \boldsymbol{E}(\boldsymbol{r}) = \boldsymbol{0} \tag{2.28}$$

の右辺がゼロであることに注目する．ガウスの法則 (2.26) には右辺に電荷密度があり，それが量的に変わると，それに応じて静電場も量的に変化する．それに対して，渦なしの法則 (2.28) の方は「渦なし」という静電場の性質が問題なのであり，この特質が満たされるように静電場の関数形が限定される可能性があるからである．

(2.28) の左辺にあるベクトル演算の回転 ($\nabla\times$) は，付録 A でも強調しているように，任意のベクトル場から回転的な空間変化を抜き出す演算子である．それが (2.28) のようにゼロであるということは，静電場 $\boldsymbol{E}(\boldsymbol{r})$ に回転的な空間変化あるいは渦を巻くような空間的振舞いがないことを意味する．ベクトル解析では，そのような性質をもつ場が勾配の場として存在することがよく知られている．

いま，空間の位置 $\boldsymbol{r}$ を指定すると 1 つの値 $f(\boldsymbol{r})$ が決まるようなスカラー関数を考える．これは**スカラー場**であり，例えば電荷密度 $\rho(\boldsymbol{r})$ などもその例である．位置 $\boldsymbol{r}$ から微小量 $d\boldsymbol{r}$ だけ離れた近くの位置 $\boldsymbol{r}+d\boldsymbol{r}$ では，このスカラー場は $f(\boldsymbol{r}+d\boldsymbol{r})$ の値をもつ．そこで，この 2 点でのスカラー場の差 $df(\boldsymbol{r}) = f(\boldsymbol{r}+d\boldsymbol{r}) - f(\boldsymbol{r})$ を 2 点間の距離 $d\boldsymbol{r}$ で割ると，それは位置が $d\boldsymbol{r}$ だけ移動したことによるこのスカラー場の変化の割合であり，近似的に $f(\boldsymbol{r})$ の位置 $\boldsymbol{r}$ での傾きを与える．こうして，$d\boldsymbol{r}\to\boldsymbol{0}$ の極限をとることにより，

$$\lim_{d\boldsymbol{r}\to 0}\frac{f(\boldsymbol{r}+d\boldsymbol{r})-f(\boldsymbol{r})}{d\boldsymbol{r}}=\frac{\partial f(\boldsymbol{r})}{\partial \boldsymbol{r}} \tag{3.1}$$

という，スカラー場 $f(\boldsymbol{r})$ の空間中での勾配（傾き）を与えるベクトルを定義することができる．

(3.1) がベクトルである理由は，傾きにはその大きさと向きがあるためである．場が空間的に変化する割合が x, y, z の 3 方向に分けられることは明らかだから，この勾配ベクトルに対して微分演算の記号を定義して，

$$\frac{\partial f(\boldsymbol{r})}{\partial \boldsymbol{r}}=\nabla f(\boldsymbol{r})=\mathrm{grad}\,f(\boldsymbol{r})=\left(\frac{\partial f(\boldsymbol{r})}{\partial x},\ \frac{\partial f(\boldsymbol{r})}{\partial y},\ \frac{\partial f(\boldsymbol{r})}{\partial z}\right) \tag{3.2}$$

と表す．ここで (3.1) や (3.2) が意味することから明らかなように，$\nabla f(\boldsymbol{r})$ をスカラー関数 $f(\boldsymbol{r})$ の**傾き**または**勾配**という．(3.2) で微分演算の記号 ∇ の代わりに grad とも記したが，これは勾配や傾きの英語 gradient のはじめの 4 字をとったものであることは，**発散** (divergence) や**回転** (rotation) のときの div や rot と同様である．

今後の議論の便宜のために，スカラー場の微小な差 $df(\boldsymbol{r})$ を $\nabla f(\boldsymbol{r})$ で表しておこう．(3.1) の両辺に $d\boldsymbol{r}$ を掛けることにより，

$$df(\boldsymbol{r})=f(\boldsymbol{r}+d\boldsymbol{r})-f(\boldsymbol{r})=\frac{\partial f(\boldsymbol{r})}{\partial \boldsymbol{r}}\cdot d\boldsymbol{r}=\nabla f(\boldsymbol{r})\cdot d\boldsymbol{r} \qquad (d\boldsymbol{r}\to \boldsymbol{0}) \tag{3.3}$$

が得られる．これは微分が微小量の割り算であることを使って導いた結果に過ぎないが，納得がいかない場合には，姉妹書の『物理学講義 力学』の付録 A を参照していただきたい．

なお，(3.3) は任意のスカラー場 $f(\boldsymbol{r})$ について成り立つ関係式であり，これを空間の点 A から B まで線積分すると

$$\int_{\mathrm{A}}^{\mathrm{B}}\nabla f(\boldsymbol{r})\cdot d\boldsymbol{r}=\int_{f(\mathrm{A})}^{f(\mathrm{B})}df=f(\mathrm{B})-f(\mathrm{A}) \tag{3.4}$$

が得られる．上式で右辺は変数 f について 1 を $f(\mathrm{A})$ から $f(\mathrm{B})$ まで積分し

た自明の結果であり，左辺の線積分は途中の経路によらないので経路は記してない．2.5.1 節の最後に触れておいたが，これがベクトル場について体積積分 (3 次元) と面積積分 (2 次元) を関係づけるガウスの定理 (2.21)，面積積分 (2 次元) と線積分 (1 次元) とを関係づけるストークスの定理 (2.24) に対して，スカラー場について線積分 (1 次元) と両端点 (0 次元) での値を関係づける定理である．ただし，ガウスの定理やストークスの定理と違って，(3.4) は数学的にはほとんど自明なので，この定理に特に名前が付いているわけではない．

このようにして，スカラー関数 $f(\boldsymbol{r})$ からつくった勾配の場 $\boldsymbol{\nabla} f(\boldsymbol{r})$ が渦なしの場であることは容易に証明できる．すなわち，

$$\boldsymbol{\nabla} \times \{\boldsymbol{\nabla} f(\boldsymbol{r})\} = \boldsymbol{0} \tag{3.5}$$

が恒等的に成り立つのである．

問 題 1 回転の定義 (2.25) と勾配の定義 (3.2) を使って，(3.5) が恒等的に成り立つことを示せ．

例えば，日頃見慣れている山などの地形を考えてみよう．この地形が海抜 0 m の平面の上にあって，高度 h [m] で表されるとする．高度はスカラー量 (唯の数) であり，ここでは 2 次元平面上の位置 $\boldsymbol{r}$ での高さ $h(\boldsymbol{r})$ が地形を与える 2 次元スカラー場ということになる．このとき，位置 $\boldsymbol{r}$ での 2 次元勾配ベクトル $\boldsymbol{\nabla} h(\boldsymbol{r})$ がその点での地形の傾きを与える．

山登りを考えると，$\boldsymbol{\nabla} h(\boldsymbol{r})$ の大きさは位置 $\boldsymbol{r}$ での傾斜の強さを与えるし，向きは 2 次元平面で見渡してどの向きに傾斜が最も強いかを表す．地形を平面上に縮尺して表したのが地図であり，等高線の混み具合いから勾配ベクトルの大まかな様子がわかる．等高線が密なところでは傾斜が強く，勾配ベクトルは等高線に直角であることは直観的にも理解できるであろう．すなわち，地図上に勾配ベクトルの矢印を描くことができるが，この矢印を地図上で滑らかに辿っても低い所から高い所へ向かうだけで，頂上に辿り着くこと

はあっても決して渦を巻くことはない．これが，勾配ベクトルが渦なしであることの意味である．

以上の議論を基礎にして，スカラー場 $\phi(\boldsymbol{r})$ を導入し，その勾配ベクトル $\nabla\phi(\boldsymbol{r})$ を使って，静電場ベクトル $\boldsymbol{E}(\boldsymbol{r})$ を

$$\boldsymbol{E}(\boldsymbol{r}) = -\nabla\phi(\boldsymbol{r}) \tag{3.6}$$

と表してみよう．この静電場が渦なしの法則 (2.28) を満たすことは，(3.5) から明らかであり，ここで導入したスカラー場 $\phi(\boldsymbol{r})$ を**静電ポテンシャル**という．なお，(3.6) の右辺の負号については，この静電ポテンシャルの物理的な意味を議論する際に明らかとなる．本節のこれまでの議論は少々数学的で抽象的であるが，わかりにくい場合には，この地形をイメージしながら読み直してみるとよい．静電ポテンシャルの具体的なイメージが浮かんでくるであろう．

(3.6) を勾配の演算の定義 (3.2) に従って成分に分けて記すと，

$$\begin{cases} E_x(\boldsymbol{r}) = -\dfrac{\partial\phi(\boldsymbol{r})}{\partial x} \\[2ex] E_y(\boldsymbol{r}) = -\dfrac{\partial\phi(\boldsymbol{r})}{\partial y} \\[2ex] E_z(\boldsymbol{r}) = -\dfrac{\partial\phi(\boldsymbol{r})}{\partial z} \end{cases} \tag{3.7}$$

と表されることも明らかであろう．特に，一様な電場 $\boldsymbol{E}_0 = (E_{0x}, E_{0y}, E_{0z})$ がかかっている場合には，E_{0x}, E_{0y}, E_{0z} がいずれも場所によらず一定なので，これを与える静電ポテンシャルは，(3.7) を積分して

$$\phi(\boldsymbol{r}) = -\boldsymbol{E}_0 \cdot \boldsymbol{r} = -(E_{0x}x + E_{0y}y + E_{0z}z) \tag{3.8}$$

と表される．実際，上式を (3.7) に代入して微分すれば，容易に $\boldsymbol{E}_0$ が得られる．

ここはポイント!

このように，静電場 $\boldsymbol{E}(\boldsymbol{r})$ そのものを求める代わりに (3.6) で定義された静電ポテンシャル $\phi(\boldsymbol{r})$ を使うことにすると，静電場の基本法則の1つである渦なしの法則を気にする必要はなくなり，それを忘れてかまわない．もう

ここはポイント!

1つの静電場の基本法則はガウスの法則 (2.26) であるが，これに (3.6) を代入すれば，**ポアソン方程式**とよばれる静電ポテンシャル $\phi(\boldsymbol{r})$ を決める微分方程式が得られる．したがって，静電場の基本法則は唯一つのポアソン方程式にまとめられることになり，これが静電場の基本方程式である．

ポアソン方程式については後の節で議論することにして，次節以降では，まず静電ポテンシャルの物理的な意味づけと，点電荷の静電ポテンシャルを求めてみよう．また，静電場の電気力線に代わるものとして，静電ポテンシャルの等電位面も次節以降で導入する．これは地形の場合の等高線に相当するものである．

3.2 静電ポテンシャルの物理的意味

(1.5) や (1.6) からわかるように，電場は単位電荷にはたらく力と見なすことができる．そこで，単位電荷を試験電荷 (テストチャージ) として静電場の中でゆっくりと動かしてみる．そして，単位電荷を動かすためにしなければならない仕事から静電場がもつエネルギーの性質を考察し，静電ポテンシャルの物理的な意味を探る．したがって，ここでは力学で学んだことの復習も含まれる．

図 3.1 に示したように，静電場 $\boldsymbol{E}$ の中の点 P (位置ベクトル $\boldsymbol{r}$) に単位電荷をもつ荷電粒子をおくと，この荷電粒子には電場による力 $\boldsymbol{E}(\boldsymbol{r})$ がはたらく．電荷 q の荷電粒子にはたらく電場による力は $q\boldsymbol{E}$ であり，ここでは単位電荷をとっているので $q=1$ としていることに注意しよう．

この荷電粒子を経路 C に沿って $d\boldsymbol{r}$ だけゆっくりと (準静的に) 移動させることを考えてみる．このとき，力学 (姉妹書の『物理学講義 力学』

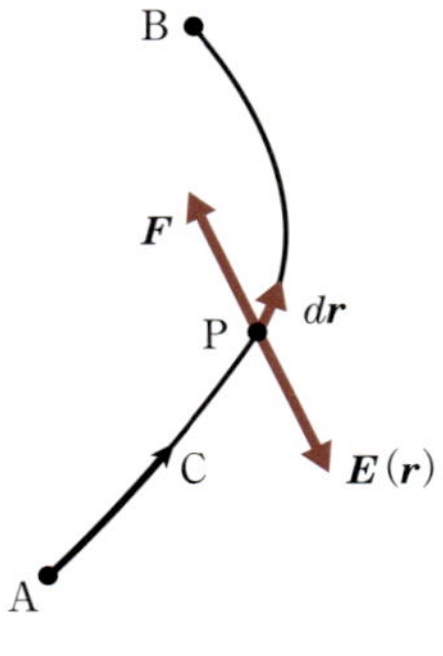

図 3.1 静電場 $\boldsymbol{E}$ の中で単位電荷の荷電粒子を $d\boldsymbol{r}$ だけ移動させる．

第4章を参照）で学んだように，電場による力につり合うように，この荷電粒子に外力 $\boldsymbol{F} = -\boldsymbol{E}(\boldsymbol{r})$ を加えなければならない．こうして $d\boldsymbol{r}$ だけゆっくり移動させると，この荷電粒子には外力により

$$dW = \boldsymbol{F} \cdot d\boldsymbol{r} = -\boldsymbol{E}(\boldsymbol{r}) \cdot d\boldsymbol{r} \tag{3.9}$$

の仕事がなされ，これがそのまま荷電粒子のエネルギーの増分となる．この最後の表式に (3.6) を代入し，さらに数学的な関係式 (3.3) を使うと，エネルギーの増分は

$$-\boldsymbol{E}(\boldsymbol{r}) \cdot d\boldsymbol{r} = \boldsymbol{\nabla}\phi(\boldsymbol{r}) \cdot d\boldsymbol{r} = d\phi(\boldsymbol{r}) \tag{3.10}$$

と表される．

ここはポイント!

したがって，(3.10) の $d\phi\,(\boldsymbol{r})$ は単位電荷をもつ荷電粒子である試験粒子が，静電場 $\boldsymbol{E}(\boldsymbol{r})$ の中を位置 $\boldsymbol{r}$ から $d\boldsymbol{r}$ だけ移動することによって得るエネルギーである．この意味で，$\phi(\boldsymbol{r})$ は静電場に付随する位置エネルギーあるいはポテンシャル・エネルギーだということができる．これが，$\phi(\boldsymbol{r})$ を静電ポテンシャルとよぶゆえんである．ここでの議論がわかりにくかったら，力学で学んだ重力場の位置エネルギーの議論を思い出すとよいであろう．

ここで，点A，Bでの静電ポテンシャルを，それぞれ $\phi(\mathrm{A})$，$\phi(\mathrm{B})$ としよう．図3.1に示したように，この荷電粒子を点Aから経路Cに沿ってゆっくりと点Bまで運んだときの荷電粒子のエネルギーの増分 W は (3.10) を経路Cに沿って線積分すればよいので，数学的な関係式 (3.3) より

$$W = \int_{\mathrm{A}:\mathrm{C}}^{\mathrm{B}} \boldsymbol{\nabla}\phi(\boldsymbol{r}) \cdot d\boldsymbol{r} = \int_{\phi(\mathrm{A})}^{\phi(\mathrm{B})} d\phi = \phi(\mathrm{B}) - \phi(\mathrm{A}) \tag{3.11}$$

となり，経路Cによらない．静電ポテンシャルが位置エネルギーであることを考えれば，力学で学んだように，これは当然のことである．

次に，図3.2のように，荷電粒子を点Aから閉曲線Cに沿って移動させてAに戻る場合を考えてみよう．このときの荷電粒子のエネルギーの増分 W がゼロとなることは，(3.11) から容易にわかる．他方で，(3.10) の1周積分は，静電ポテンシャルの定義 (3.6) とストークスの定理 (2.24) を使って変

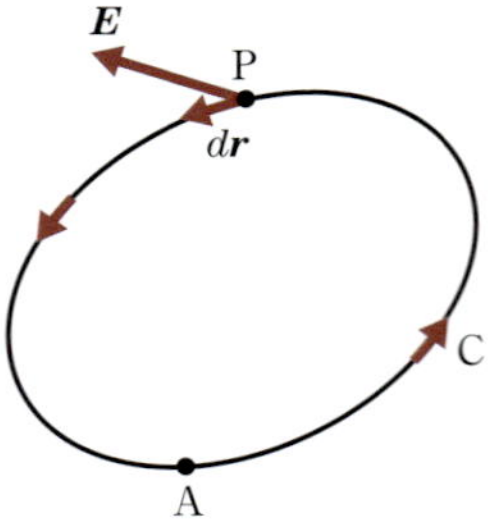

図 3.2 静電場 $\boldsymbol{E}$ の中で荷電粒子を閉曲線 C に沿ってぐるりと 1 周させる．

形し，最後に静電場の渦なしの法則 (2.28) を考慮すると，

$$\oint_{\mathrm{C}} \boldsymbol{\nabla}\phi(\boldsymbol{r}) \cdot d\boldsymbol{r} = -\oint_{\mathrm{C}} \boldsymbol{E}(\boldsymbol{r}) \cdot d\boldsymbol{r} = -\int_{\mathrm{S}} \{\boldsymbol{\nabla} \times \boldsymbol{E}(\boldsymbol{r})\} \cdot d\boldsymbol{\sigma} = 0 \tag{3.12}$$

となることも容易に示される．ここで，S はもちろん，閉曲線 C を縁とする任意の曲面である．すなわち，(3.11) が成り立つのは静電場の渦なしの法則のおかげであることが，このようにして再確認できる．

ここはポイント!

以上により，静電場 $\boldsymbol{E}(\boldsymbol{r})$ の渦なしの法則 (2.28) を自動的に満たすように (3.6) で導入された静電ポテンシャル $\phi(\boldsymbol{r})$ は，静電場の中に置かれた単位電荷をもつ荷電粒子の位置エネルギーであることがわかった．これは力学（姉妹書の『物理学講義 力学』第 4 章を参照）で重力や重力ポテンシャルなどについて学んだように，静電場による力が保存力であることを意味する．しかも以上の議論からわかるように，これはひとえに渦なしである静電場の性質からきていて，単位電荷の荷電粒子は単に試験電荷として使っただけなので，静電ポテンシャル $\phi(\boldsymbol{r})$ は静電場に付随した位置エネルギーと見なすことができる．なお，**静電ポテンシャル**は**静電位**，あるいは単に**電位**とよばれることもある．

3.3 点電荷の静電ポテンシャル

静電ポテンシャルの具体例として，原点Oに点電荷 q が1個だけある場合を考えてみよう．一般に，空間の2点A，Bでの静電ポテンシャルの差は，(3.11) に (3.6) を使って

$$\phi(\mathrm{B}) - \phi(\mathrm{A}) = \int_{\mathrm{A}}^{\mathrm{B}} \boldsymbol{\nabla}\phi(\boldsymbol{r}) \cdot d\boldsymbol{r} = -\int_{\mathrm{A}}^{\mathrm{B}} \boldsymbol{E}(\boldsymbol{r}) \cdot d\boldsymbol{r} \qquad (3.13)$$

と表され，点AからBまでの経路にはよらない．原点Oに点電荷がある場合の静電場 $\boldsymbol{E}(\boldsymbol{r})$ には，(1.9) を使えばよい．また，上式の線積分において，点AからBまでの経路は任意なので，計算が簡単になるように図3.3のようにする．すなわち，AからA′までは原点Oを中心とする円弧とし，A′からBまでは原点からの放射方向にとる．また，原点Oから2点A，Bまでの距離を，それぞれ r_{A}，r_{B} とする．

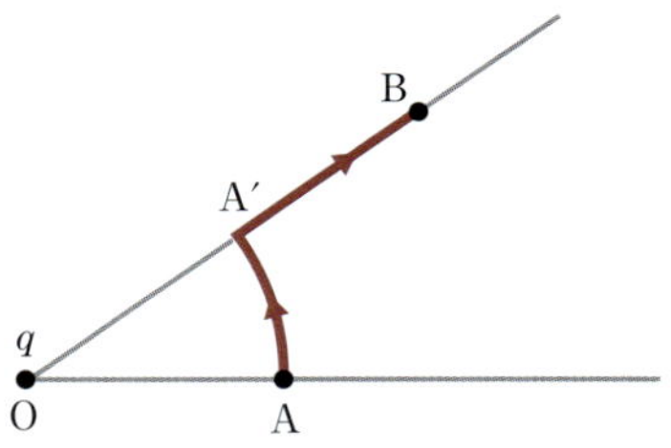

図 3.3 原点Oに点電荷 q を置いたときの点A, Bでの静電ポテンシャル

(1.9) より電場 $\boldsymbol{E}(\boldsymbol{r})$ は常に放射方向にあるので，円弧AA′の上では $\boldsymbol{E}(\boldsymbol{r})$ と $d\boldsymbol{r}$ は直交し，$\boldsymbol{E}(\boldsymbol{r}) \cdot d\boldsymbol{r} = 0$ となって線積分に寄与しない．線分A′B上では $\boldsymbol{E}(\boldsymbol{r})$ と $d\boldsymbol{r}$ は平行であり，$\boldsymbol{E}(\boldsymbol{r}) \cdot d\boldsymbol{r} = E(r)\,dr$ となる．このとき $E(r)$ には (1.5) の第2式を使えばよい．こうして，(3.13) の線積分は

$$\int_{\mathrm{A}}^{\mathrm{B}} \boldsymbol{E}(\boldsymbol{r}) \cdot d\boldsymbol{r} = \int_{\mathrm{A}'}^{\mathrm{B}} \boldsymbol{E}(\boldsymbol{r}) \cdot d\boldsymbol{r} = \int_{r_{\mathrm{A}}}^{r_{\mathrm{B}}} E(r)\,dr = \frac{q}{4\pi\varepsilon_0}\int_{r_{\mathrm{A}}}^{r_{\mathrm{B}}} \frac{1}{r^2}\,dr$$
$$= \frac{q}{4\pi\varepsilon_0}\left(\frac{1}{r_{\mathrm{A}}} - \frac{1}{r_{\mathrm{B}}}\right)$$

となる．これを (3.13) に代入して

$$\phi(\mathrm{B}) = \phi(\mathrm{A}) - \frac{q}{4\pi\varepsilon_0}\left(\frac{1}{r_\mathrm{A}} - \frac{1}{r_\mathrm{B}}\right) \tag{3.14}$$

が得られる．

(3.14) で 2 点 A，B の位置が任意であることに注意しよう．また，力学で学んだように，位置エネルギーの基準には任意性が残るので，重力ポテンシャルのときと同様に，ここでも無限遠方で静電ポテンシャルをゼロとする．(3.14) で点 A を無限遠方 ($r_\mathrm{A} \to \infty$) として $\phi(\mathrm{A}) = 0$ とおき，点 B の位置ベクトルを $\boldsymbol{r}$ ($|\boldsymbol{r}| = r$) とすると，そこでの静電ポテンシャルは

$$\phi(\boldsymbol{r}) = \frac{q}{4\pi\varepsilon_0}\frac{1}{r} \tag{3.15}$$

となる．これが原点に置かれた点電荷 q による位置 $\boldsymbol{r}$ での静電ポテンシャル $\phi(\boldsymbol{r})$ である．

例題 1

正負 2 つの電荷 $\pm q$ が間隔 d だけ離れて置かれているとき，任意の位置 P での静電ポテンシャルを求めよ．

解 図のように，z 軸上で原点を中心に電荷 q を $(0, 0, d/2)$ に，電荷 $-q$ を $(0, 0, -d/2)$ に置く．このとき，点 P (x, y, z) における静電ポテンシャルを求める．正負 2 つの電荷から点 P までの距離が，それぞれ，$\sqrt{x^2 + y^2 + (z - d/2)^2}$，$\sqrt{x^2 + y^2 + (z + d/2)^2}$ なので，(3.15) と重ね合わせの

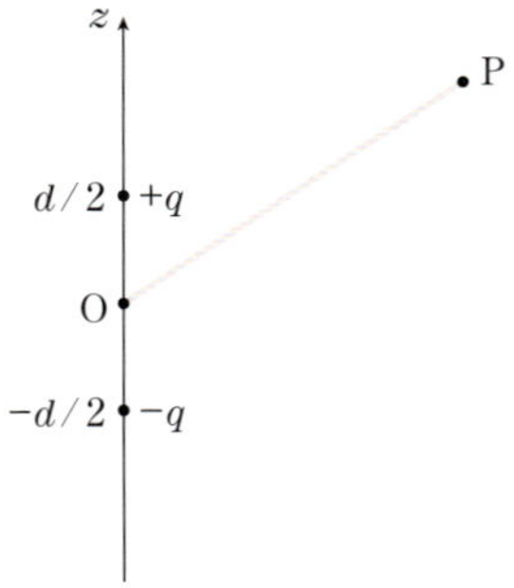

原理により，点 P (x, y, z) における静電ポテンシャルは

$$\phi(x, y, z) = \frac{q}{4\pi\varepsilon_0}\left\{\frac{1}{\sqrt{x^2+y^2+(z-d/2)^2}} - \frac{1}{\sqrt{x^2+y^2+(z+d/2)^2}}\right\} \tag{3.16}$$

で与えられる．

なお，この静電ポテンシャルの大まかな様子は，後に出てくる図 3.6 (b) の破線のようになる．ただし，この図 3.6 (b) では正負 2 つの電荷が水平に置かれているので，(3.16) と対応させるには，この図を反時計回りに 90° 回転しなければならない．

問題 2　上の例題 1 で点 P が十分遠方にあるとして，原点 O から P までの距離 $r = \sqrt{x^2+y^2+z^2}$ に比べて 2 つの電荷間の距離 d が十分小さいとき，点 P での静電ポテンシャルを d の 1 次までの近似で求めると

$$\phi(x, y, z) = \frac{p}{4\pi\varepsilon_0}\frac{z}{r^3} \qquad (p = qd) \tag{3.17}$$

となることを示せ．

上の問題 2 の結果はもう少し一般的な形に表される．電荷 $-q$ から $+q$ に向かう位置ベクトルを $\boldsymbol{d}$ とし，ベクトル $\boldsymbol{p} = q\boldsymbol{d}$ を定義する．ここで $\boldsymbol{d} = (0, 0, d)$ である．このとき，点 P の位置ベクトル $\boldsymbol{r} = (x, y, z)$ と $\boldsymbol{p}$ との内積をつくると，$\boldsymbol{p}\cdot\boldsymbol{r} = q\boldsymbol{d}\cdot\boldsymbol{r} = q\,dz = pz$ となる．これを (3.17) に代入すると，

$$\phi(\boldsymbol{r}) = \frac{1}{4\pi\varepsilon_0}\frac{\boldsymbol{p}\cdot\boldsymbol{r}}{r^3} \qquad (|\boldsymbol{p}| = p = qd) \tag{3.18}$$

が得られる．

ここで重要なことは，上式のように内積を使って表しておくと，例題 1 や問題 2 のように 2 つの電荷の対を z 軸上に置く必要はなく，$\boldsymbol{p}$ がどの向きにあっても (3.18) が成り立つことがわかる．内積の定義からわかるように，$\boldsymbol{p}\cdot\boldsymbol{r}$ は $\boldsymbol{p}$ と $\boldsymbol{r}$ の間の角度だけで決まるからである．このような接近した正

負2つの電荷の対を**電気双極子**といい，p を**双極子モーメント**，$\boldsymbol{p}$ を双極子モーメント・ベクトルという．

アンテナは，電子など自由に動き回ることのできる電荷が両端を往復して電磁波を送受信する装置である．電荷の往復がそれほど速くなければ，アンテナは遠くからは電気双極子と見なされる．また，ある種の分子は正負の電荷の対のように見なされ，これも電気双極子で近似できる．このような場合に，(3.18) は原点に電気双極子 $\boldsymbol{p}$ があるときの静電ポテンシャルを与えてくれるのである．

例題 2

電気双極子 $\boldsymbol{p}$ が原点にあって，z 軸の正方向に向いているとする．このとき，位置ベクトル $\boldsymbol{r} = (x, y, z)$ の点Pでの電場 $\boldsymbol{E}(x, y, z)$ を求めよ．

解 この場合の電気双極子の静電ポテンシャルは (3.17) で与えられるので，これを使って (3.7) を計算すればよい．その際，微分の計算に少し注意が必要なので，その説明から始める．

ある関数 $f(r)$ を x で微分するとき，この関数の x 軸方向の変化率を求めることになるので，y，z を定数と見なしてよい．このような微分を**偏微分**といい，$\partial f/\partial x$ と記すことは力学ですでに学んだことである．

こうして，$r = \sqrt{x^2 + y^2 + z^2} = (x^2 + y^2 + z^2)^{1/2}$ に注意して，まず，

$$\frac{\partial r}{\partial x} = \frac{1}{2}(x^2 + y^2 + z^2)^{-\frac{1}{2}} \cdot 2x = \frac{x}{r} \tag{3.19 a}$$

であることがわかる．同様にして，

$$\frac{\partial r}{\partial y} = \frac{y}{r}, \qquad \frac{\partial r}{\partial z} = \frac{z}{r} \tag{3.19 b}$$

が得られる．さらに，一般に

$$\frac{\partial f(r)}{\partial x} = \frac{df(r)}{dr}\frac{\partial r}{\partial x} = \frac{x}{r}\frac{df(r)}{dr}, \quad \frac{\partial f(r)}{\partial y} = \frac{y}{r}\frac{df(r)}{dr}, \quad \frac{\partial f(r)}{\partial z} = \frac{z}{r}\frac{df(r)}{dr} \tag{3.19 c}$$

となることもわかるであろう．ここで，$f(r)$ は r の関数なので，それを r で微分す

る場合には普通の微分で表してある．これらの公式を使って (3.7) を計算すると，

$$
\begin{cases}
E_x = -\dfrac{\partial \phi}{\partial x} = -\dfrac{p}{4\pi\varepsilon_0}\dfrac{\partial}{\partial x}(zr^{-3}) = -\dfrac{pz}{4\pi\varepsilon_0}(-3)\dfrac{x}{r}r^{-4} = \dfrac{p}{4\pi\varepsilon_0}\dfrac{3xz}{r^5} \\
E_y = -\dfrac{\partial \phi}{\partial y} = -\dfrac{p}{4\pi\varepsilon_0}\dfrac{\partial}{\partial y}(zr^{-3}) = \dfrac{p}{4\pi\varepsilon_0}\dfrac{3yz}{r^5} \\
E_z = -\dfrac{\partial \phi}{\partial z} = -\dfrac{p}{4\pi\varepsilon_0}\dfrac{\partial}{\partial z}(zr^{-3}) = -\dfrac{p}{4\pi\varepsilon_0}\left(r^{-3} - \dfrac{3z^2}{r^5}\right) = \dfrac{p}{4\pi\varepsilon_0}\dfrac{3z^2 - r^2}{r^5}
\end{cases}
\tag{3.20}
$$

が得られる．

これが電気双極子が周囲につくる電場であり，その大まかな様子は後に出てくる図 3.6 (b) の実線で示されている．ただし，この図を (3.20) と対応させるには正負の電荷をぐっと近づけ，さらに反時計回りに 90° 回転しなければならない．

この例題 2 で重要なことは，電気双極子の電場を求めるのに，まずその静電ポテンシャルを求めて，それからその静電場を求めるという手続きをとっていることである．これは一見遠回りをしているようであるが，3.1 節で強調したように，渦なしの法則を気にしなくてよいという意味で，むしろ合理的な手続きなのである．この注意はこれから扱うすべての問題に該当する．

次に，図 1.8 のように，n 個の点電荷 q_1，q_2，…，q_n が空間の領域 V の中の位置 $\boldsymbol{r}_1$，$\boldsymbol{r}_2$，…，$\boldsymbol{r}_n$ に分布しているとしよう．図 1.8 の場合と同様に，ここでも原点 O は空間の基準の点にすぎない．ここで重要なことは，電場 $\boldsymbol{E}(\boldsymbol{r})$ に対して重ね合わせの原理が成り立ったのと同様に，静電ポテンシャル $\phi(\boldsymbol{r})$ についても重ね合わせの原理が成り立つことである．これは両者が (3.6) より線形の関係にあることからわかる．こうして，空間の任意の点 $\boldsymbol{r}$ での静電ポテンシャル $\phi(\boldsymbol{r})$ は，重ね合わせの原理により (3.15) を一般化して，

ここはポイント!

$$
\phi(\boldsymbol{r}) = \frac{q_1}{4\pi\varepsilon_0}\frac{1}{|\boldsymbol{r}-\boldsymbol{r}_1|} + \frac{q_2}{4\pi\varepsilon_0}\frac{1}{|\boldsymbol{r}-\boldsymbol{r}_2|} + \cdots + \frac{q_n}{4\pi\varepsilon_0}\frac{1}{|\boldsymbol{r}-\boldsymbol{r}_n|} = \frac{1}{4\pi\varepsilon_0}\sum_{i=1}^{n}\frac{q_i}{|\boldsymbol{r}-\boldsymbol{r}_i|}
\tag{3.21}
$$

と表される．

(1.11) と同様にここで重要なことは，$\boldsymbol{r}_1, \boldsymbol{r}_2, \cdots, \boldsymbol{r}_n$ は領域 V の中の点電荷の位置であるが，$\boldsymbol{r}$ は空間の任意の位置を表し，V の中にある必要もないことである．さらに，1.5.3 節で議論したように，電荷が領域 V の中で密に分布していて点電荷密度 $\rho(\boldsymbol{r}')$ が定義できるような場合には，電場 $\boldsymbol{E}(\boldsymbol{r})$ が (1.14) で与えられるのに対して，静電ポテンシャル $\phi(\boldsymbol{r})$ は

$$\phi(\boldsymbol{r}) = \frac{1}{4\pi\varepsilon_0}\int_{\mathrm{V}} \frac{\rho(\boldsymbol{r}')}{|\boldsymbol{r}-\boldsymbol{r}'|}\, d^3\boldsymbol{r}' \tag{3.22}$$

と表されることも理解できるであろう．

例 題 3

半径 a の球内に電荷 Q が電荷密度 ρ $(Q = 4\pi\rho a^3/3)$ で一様に分布しているとき，中心からの距離 r での静電ポテンシャル $\phi(r)$ を求めよ．

解 問題の性質上，この場合の静電ポテンシャルが球対称性を満たし，中心からの距離 r だけによることは理解できるであろう．しかし，(3.22) より，位置 $\boldsymbol{r}$ から電荷の分布する位置 $\boldsymbol{r}'$ をみたときに球対称性があるわけではないので，(3.22) の計算はそれほど容易ではない．そこで，図 3.4 のように 3 次元極座標系 (r, θ, φ)

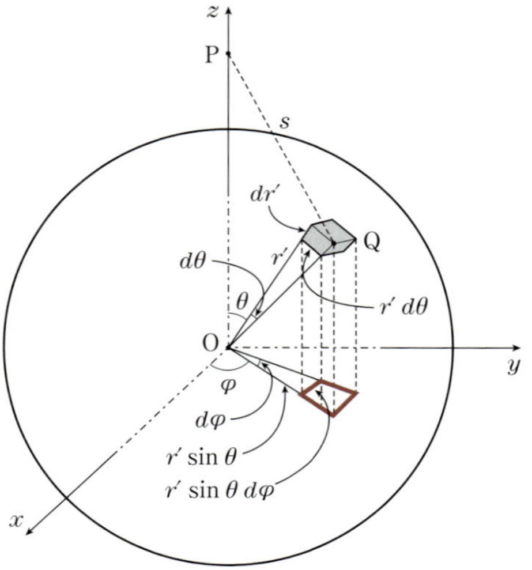

図 3.4　半径 a の球とその中の点 Q の近くの体積要素 $r'^2 \sin\theta\, dr'\, d\theta\, d\varphi$

を使うことにし，静電ポテンシャルを計算する位置 $\boldsymbol{r}$ を z 軸上の点 P とする．(3 次元極座標系での計算に慣れていない読者は，姉妹書の『物理学講義 力学』の付録 B 及び 10.6.2 項を参照せよ．)

球内の点 Q (位置 $\boldsymbol{r}'$) での体積要素は図 3.4 より $r'^2 \sin\theta\, dr'\, d\theta\, d\varphi$ なので，この体積要素がもつ電荷量は

$$\rho r'^2 \sin\theta\, dr'\, d\theta\, d\varphi \tag{1}$$

で与えられる．また，2 点 PQ 間の距離 s は三角公式より

$$s = |\boldsymbol{r} - \boldsymbol{r}'| = \sqrt{r^2 + r'^2 - 2rr'\cos\theta} \tag{2}$$

である．こうして，(1) と (2) を (3.22) に代入することにより，静電ポテンシャル $\phi(r)$ は

$$\begin{aligned}
\phi(r) &= \frac{1}{4\pi\varepsilon_0}\iiint \frac{\rho r'^2 \sin\theta\, dr'\, d\theta\, d\varphi}{\sqrt{r^2 + r'^2 - 2rr'\cos\theta}} \\
&= \frac{\rho}{4\pi\varepsilon_0}\int_0^a r'^2\, dr' \int_0^{2\pi} d\varphi \int_0^{\pi} \frac{\sin\theta}{\sqrt{r^2 + r'^2 - 2rr'\cos\theta}}\, d\theta \\
&= \frac{\rho}{2\varepsilon_0}\int_0^a r'^2\, dr' \int_0^{\pi} \frac{\sin\theta}{\sqrt{r^2 + r'^2 - 2rr'\cos\theta}}\, d\theta
\end{aligned} \tag{3}$$

となることがわかる．ここで最後の等式は，被積分関数が φ によらないことからその積分が直ちにできることを使った．

問題は θ の積分であるが，これは見掛けより容易にできて，

$$\begin{aligned}
\int_0^{\pi} \frac{\sin\theta}{\sqrt{r^2 + r'^2 - 2rr'\cos\theta}}\, d\theta &= \frac{1}{rr'}\left[\sqrt{r^2 + r'^2 - 2rr'\cos\theta}\right]_0^{\pi} \\
&= \frac{1}{rr'}\{(r + r') - |r - r'|\}
\end{aligned} \tag{4}$$

となる．これは第 2 式を微分すると第 1 式の被積分関数になることからわかる．(4) を (3) に代入すると，

$$\phi(r) = \frac{\rho}{2\varepsilon_0 r}\int_0^a r'\{(r + r') - |r - r'|\}\, dr' \tag{5}$$

となるが，上式は (i) $r > a$ と (ii) $r \leq a$ の 2 つの場合に分けて計算しなければならない．

(i) $r > a$ の場合：　このときは常に $r > r'$ なので，$(r + r') - |r - r'| = 2r'$．これを (5) に代入して

$$\phi(r) = \frac{\rho}{\varepsilon_0 r}\int_0^a r'^2\, dr' = \frac{\rho a^3}{3\varepsilon_0}\frac{1}{r} = \frac{Q}{4\pi\varepsilon_0}\frac{1}{r}. \tag{6}$$

(ii)　$r \leq a$ の場合：　(5) の積分を $0 < r' < r$ と $r < r' < a$ の 2 つの領域に分けて，

$$\phi(r) = \frac{\rho}{2\varepsilon_0 r}\left[\int_0^r r'\{(r+r') - |r-r'|\}\,dr' + \int_r^a r'\{(r+r') - |r-r'|\}\,dr'\right]$$
$$= \frac{\rho}{2\varepsilon_0 r}\left[2\int_0^r r'^2\,dr' + 2r\int_r^a r'\,dr'\right]$$
$$= \frac{\rho}{\varepsilon_0 r}\left[\frac{1}{3}r^3 + \frac{1}{2}r(a^2 - r^2)\right] = \frac{\rho}{2\varepsilon_0}\left(a^2 - \frac{1}{3}r^2\right) \tag{7}$$

よって，(i) と (ii) の結果をまとめると，求める静電ポテンシャルは

$$\phi(r) = \begin{cases} \dfrac{\rho}{2\varepsilon_0}\left(a^2 - \dfrac{1}{3}r^2\right) = \dfrac{3Q}{8\pi\varepsilon_0 a^3}\left(a^2 - \dfrac{1}{3}r^2\right) & (r \leq a) \\ \dfrac{\rho a^3}{3\varepsilon_0}\dfrac{1}{r} = \dfrac{Q}{4\pi\varepsilon_0}\dfrac{1}{r} & (r > a) \end{cases} \tag{3.23}$$

となる．特に，$r > a$ のとき，球内の全電荷が原点に集中している場合の静電ポテンシャルと同じであることに注意しよう．

問題 3　(3.23) の大まかな様子を，$\phi(r)$ を縦軸に，r を横軸に描いてみよ．

問題 4　(3.23) を使って，例題 3 の場合の電場を求め，それが (2.13) に一致することを確かめよ．[ヒント：問題の球対称性から電場は放射 r 方向にあり，(3.6) より $E(r) = -d\phi(r)/dr$ を計算すればよい．]

例題 4

半径 a の薄い球殻に電荷 Q が面密度 σ $(Q = 4\pi\sigma a^2)$ で一様に分布しているとき，中心からの距離 r での静電ポテンシャル $\phi(r)$ を求めよ．

解　例題 3 と同様に，3 次元極座標系 (r, θ, φ) を使って計算する．ただし，この場合には電荷は半径 a の球面上だけにあるので，図 3.4 の点 Q はこの球面上にあり，(3.22) の積分は半径 $|\boldsymbol{r}'| = r' = a$ の球面に限られる．この球面上の面積要素は，図 3.4 における体積要素の放射 r' 方向に垂直な面の面積より，$a^2 \sin\theta\,d\theta\,d\varphi$ なので，その上にある微小電荷は

$$\sigma a^2 \sin\theta\,d\theta\,d\varphi \tag{1}$$

と表される．これを (3.22) の微小電荷 $\rho(\boldsymbol{r}')\,d^3\boldsymbol{r}'$ の代わりに代入すればよい．

また，2点PQ間の距離 s は三角公式より

$$s = |\boldsymbol{r} - \boldsymbol{r}'| = \sqrt{r^2 + a^2 - 2ar\cos\theta} \tag{2}$$

である．

(1) と (2) を (3.22) に代入して

$$\begin{aligned}\phi(r) &= \frac{1}{4\pi\varepsilon_0}\iint \frac{\sigma a^2 \sin\theta\, d\theta\, d\varphi}{\sqrt{r^2 + a^2 - 2ar\cos\theta}} = \frac{\sigma a^2}{2\varepsilon_0}\int_0^\pi \frac{\sin\theta\, d\theta}{\sqrt{r^2 + a^2 - 2ar\cos\theta}} \\ &= \frac{\sigma a^2}{2\varepsilon_0}\frac{1}{ar}\left[\sqrt{r^2 + a^2 - 2ar\cos\theta}\right]_0^\pi = \frac{\sigma a}{2\varepsilon_0 r}\{(r+a) - |r-a|\}\end{aligned} \tag{3}$$

となる．ここでも例題3と同様，被積分関数が φ によらないことからその積分が直ちにできること，および θ の積分も例題3の式 (4) をそのまま使った．

(3) を2つの場合に分けると，

$$\phi(r) = \begin{cases} \dfrac{\sigma a}{\varepsilon_0} = \dfrac{Q}{4\pi\varepsilon_0 a} & (r \leq a) \\ \dfrac{\sigma a^2}{\varepsilon_0}\dfrac{1}{r} = \dfrac{Q}{4\pi\varepsilon_0}\dfrac{1}{r} & (r > a) \end{cases} \tag{3.24}$$

と表される．この場合も，$r > a$ のとき，球殻にある全電荷が原点に集中している場合の静電ポテンシャルと同じであることに注意しておく．

問題5 (3.24) の大まかな様子を，$\phi(r)$ を縦軸に，r を横軸に描いてみよ．

問題6 (3.24) を使って，例題4の場合の電場を求め，それが (2.14) に一致することを確かめよ．［ヒント：問題4と同じように考えればよい．］

3.4 等電位面

静電ポテンシャルの空間的な変化をイメージするには，それがある指定された値をとる点が描くパターンを考えればよい．静電ポテンシャルが3次元空間中を滑らかに変化する場合には，このパターンは面となる．これは空間が2次元 xy 平面の場合を考えればよくわかる．このとき，静電ポテンシャルの値の変化を z 軸にとれば，それは高低の変化のある地形のようなパターンとなることが容易に想像できよう．また，この場合の静電ポテンシャルが

ある指定された値をとるパターンが，地形の場合の等高線に相当する曲線となることもわかるはずである．このように，静電ポテンシャルが3次元空間中で指定された値をとることで描く面を**等電位面**という．

いま，図3.5のように，点A(位置ベクトル $\boldsymbol{r}$)と同じ等電位面上でそのごく近くに点B(位置ベクトル $\boldsymbol{r}+d\boldsymbol{r}$)をとる．図では原点Oを含む断面を示しているので，等電位面は破線で示した曲線として描いてある．今後も等電位面を同じように示すので，予め注意しておく．

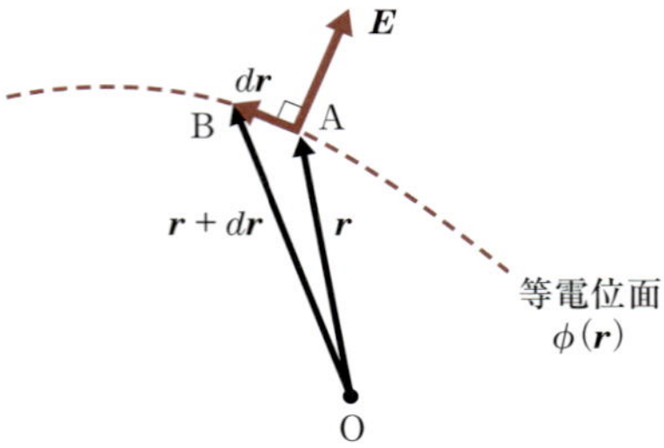

図 3.5　等電位面($\phi(\boldsymbol{r})$：一定)と電場 $\boldsymbol{E}(\boldsymbol{r})$

2点A，Bは同じ等電位面上にあるので，この2点で静電ポテンシャルの差はなく，(3.10)で

$$d\phi(\boldsymbol{r}) = \phi(\boldsymbol{r}+d\boldsymbol{r}) - \phi(\boldsymbol{r}) = -\boldsymbol{E}(\boldsymbol{r})\cdot d\boldsymbol{r} = 0 \qquad (d\boldsymbol{r}\to\boldsymbol{0}) \tag{3.25}$$

が成り立つ．これは図3.5において $d\boldsymbol{r}$ と電場 $\boldsymbol{E}(\boldsymbol{r})$ が直交することを表している．ところが，$d\boldsymbol{r}$ は等電位面上にある微小な変位ベクトルなので，これは電場が等電位面に垂直であることを意味する．すなわち，電気力線は常に等電位面に直交するのである．

ここはポイント!

図3.6に，典型的な例として，正の点電荷が1個だけある場合(a)と大きさが等しい正負2つの電荷がある場合(b)の，それらの周囲での電気力線(実線)と等電位面(破線)の概要を示した．図から明らかなように，電気力線と等電位面は直交するように描かれていることに注意しよう．

また，x 軸方向を向く一様な静電場 $\boldsymbol{E}_0 = (E_0, 0, 0)$ に対する静電ポテンシャルは，(3.8)より $\phi(\boldsymbol{r}) = -E_0 x$ で与えられる．したがって，この場合の等電位面は x 軸に垂直で yz 平面に平行な平面であって，大まかには

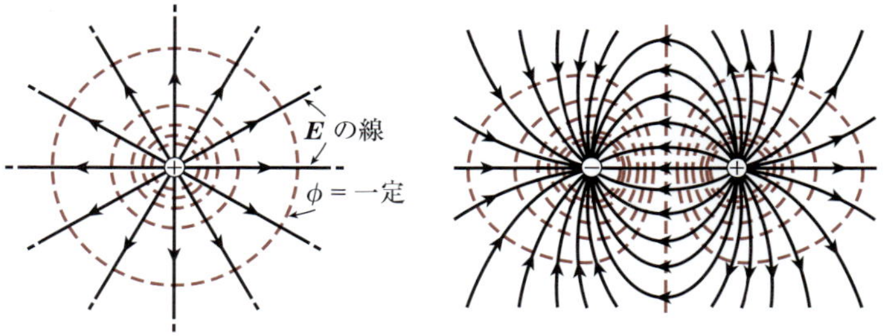

（a） 正の点電荷1個の場合　　（b） 大きさが等しい正負2つの電荷の場合

図 3.6 点電荷の周囲の電気力線（実線）と等電位面（破線）

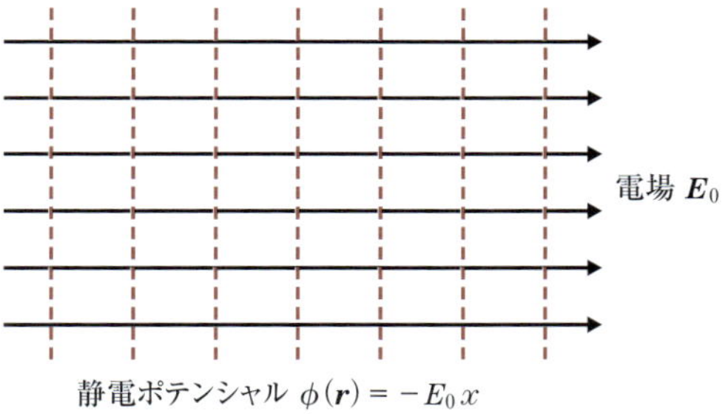

図 3.7 一様な静電場の等電位面（破線）

図3.7のように表される．

3.5 ポアソン方程式

第2章でみたように，静電場の基本法則はガウスの法則と渦なしの法則の2つであった．それを微分形で表したのがそれぞれ，(2.26) と (2.28) である．ところで，3.1節で詳しく議論したように，静電場を静電ポテンシャルの勾配の場として (3.6) のように表すと，渦なしの法則が自動的に満たされる．ということは，静電場の代わりに静電ポテンシャルを使うと渦なしの法則 (2.28) は気にする必要がなく，ガウスの法則 (2.26) だけで議論すればよい

ここはポイント!

ことを意味する．これはまた，静電場では電場そのものより静電ポテンシャルが本質的な物理量であることも暗示する．実際，第 10 章以降で電場と磁場を一緒にして電磁場として議論するときに，一層このような感想をもつことになるであろう．さらに，原子・分子などのミクロな世界を議論する量子力学では，静電場そのものではなく，静電ポテンシャルがごく自然に表れることにも触れておこう．

そこで，これからはガウスの法則 (2.26) を出発点にして，静電ポテンシャル $\phi(\boldsymbol{r})$ が満たす方程式を議論する．静電場 $\boldsymbol{E}(\boldsymbol{r})$ が必要であれば，得られた静電ポテンシャルを (3.6) または (3.7) に代入して求めればよい．前節までは点電荷の静電ポテンシャルと重ね合わせの原理を基礎に議論してきたが，これからは，より一般的にガウスの法則から出発して，静電ポテンシャルが満たすべき方程式を議論しようというわけである．

静電場 $\boldsymbol{E}(\boldsymbol{r})$ と静電ポテンシャル $\phi(\boldsymbol{r})$ の間の関係 (3.6) を微分形のガウスの法則 (2.26) に代入すると，

$$\boldsymbol{\nabla}\cdot\boldsymbol{E}(\boldsymbol{r}) = -\boldsymbol{\nabla}\cdot\boldsymbol{\nabla}\phi(\boldsymbol{r}) = \frac{1}{\varepsilon_0}\rho(\boldsymbol{r}) \tag{3.26}$$

が得られる．ここで発散の定義 (2.22) と勾配の定義 (3.2) を使うと，上式の $\boldsymbol{\nabla}\cdot\boldsymbol{\nabla}\phi(\boldsymbol{r})$ は

$$\boldsymbol{\nabla}\cdot\boldsymbol{\nabla}\phi(\boldsymbol{r}) = \boldsymbol{\nabla}\cdot\left(\frac{\partial\phi(\boldsymbol{r})}{\partial x}, \frac{\partial\phi(\boldsymbol{r})}{\partial y}, \frac{\partial\phi(\boldsymbol{r})}{\partial z}\right) = \frac{\partial^2\phi(\boldsymbol{r})}{\partial x^2} + \frac{\partial^2\phi(\boldsymbol{r})}{\partial y^2} + \frac{\partial^2\phi(\boldsymbol{r})}{\partial z^2}$$

となる．この 2 階微分の演算子 $\boldsymbol{\nabla}\cdot\boldsymbol{\nabla}$ は自然科学・工学にしばしば現れ，

$$\boldsymbol{\nabla}\cdot\boldsymbol{\nabla} \equiv \boldsymbol{\nabla}^2 = \Delta = \frac{\partial^2}{\partial x^2} + \frac{\partial^2}{\partial y^2} + \frac{\partial^2}{\partial z^2} \tag{3.27}$$

と定義する．これは**ラプラス演算子**または**ラプラシアン**とよばれる微分演算子である．これを (3.26) に代入すると，静電ポテンシャルが満たすべき方程式

$$\nabla^2\phi(\boldsymbol{r}) = -\frac{1}{\varepsilon_0}\rho(\boldsymbol{r}) \tag{3.28}$$

が得られ，これを**ポアソン方程式**という．

ポアソン方程式 (3.28) は与えられた電荷分布 $\rho(\boldsymbol{r})$ から静電ポテンシャル $\phi(\boldsymbol{r})$ を求めるための微分方程式であり，そのような場合の静電ポテンシャルがすでに (3.22) で得られている．したがって，(3.22) はポアソン方程式 (3.28) の解である．微分方程式の立場では，電荷分布 $\rho(\boldsymbol{r})$ が与えられている場合には，(3.28) の右辺はその非同次項であり，(3.22) は微分方程式 (3.28) の特解ということができる．ガウスの法則は電荷と電場の関係を与えるが，求めたい電場が積分や微分の中にあるために，電荷分布が対称性のよい場合を除いて電場を求めるのには必ずしも便利ではない．その上に，微分方程式の解が求められたとしても，それが渦なしの法則を満たすという保証もない．その点，電荷分布がどのようであれ，ポアソン方程式 (3.28) の解 (3.22) を静電ポテンシャルと静電場の関係式 (3.6) に代入すれば，直ちに静電場が求められる．

ここはポイント!

特に，電荷がない空間中では，上のポアソン方程式は

$$\nabla^2\phi(\boldsymbol{r}) = 0 \tag{3.29}$$

となる．これは**ラプラス方程式**とよばれ，やはり自然科学・工学に非常によく現れる有名な方程式である．例えば，一様電場 $\boldsymbol{E}_0 = (E_{0x}, E_{0y}, E_{0z})$ を与える静電ポテンシャル (3.8) がこのラプラス方程式を満たすことは，$\partial\phi(\boldsymbol{r})/\partial x = -E_{0x}$ (一定)，$\partial^2\phi(\boldsymbol{r})/\partial x^2 = 0$ などから明らかであろう．

例題 5

原点に置かれた点電荷 q の静電ポテンシャルは (3.15) 式で

$$\phi(r) = \frac{q}{4\pi\varepsilon_0}\frac{1}{r}$$

と与えられている．これが原点以外でラプラス方程式を満たすことを示せ．

解 微分公式 (3.19) を使って，

$$\frac{\partial\phi(r)}{\partial x} = \frac{\partial r}{\partial x}\frac{d\phi(r)}{dr} = \frac{x}{r}\left(-\frac{q}{4\pi\varepsilon_0}\frac{1}{r^2}\right) = -\frac{q}{4\pi\varepsilon_0}\frac{x}{r^3}$$

$$\frac{\partial^2\phi(r)}{\partial x^2} = -\frac{q}{4\pi\varepsilon_0}\frac{\partial}{\partial x}\left(\frac{x}{r^3}\right) = -\frac{q}{4\pi\varepsilon_0}\left(\frac{1}{r^3} - \frac{3x^2}{r^5}\right)$$

同様にして，

$$\frac{\partial^2\phi(r)}{\partial y^2} = -\frac{q}{4\pi\varepsilon_0}\left(\frac{1}{r^3} - \frac{3y^2}{r^5}\right), \qquad \frac{\partial^2\phi(r)}{\partial z^2} = -\frac{q}{4\pi\varepsilon_0}\left(\frac{1}{r^3} - \frac{3z^2}{r^5}\right)$$

これらの結果を使うと，

$$\boldsymbol{\nabla}^2\phi(\boldsymbol{r}) = \frac{\partial^2\phi(\boldsymbol{r})}{\partial x^2} + \frac{\partial^2\phi(\boldsymbol{r})}{\partial y^2} + \frac{\partial^2\phi(\boldsymbol{r})}{\partial z^2} = -\frac{3q}{4\pi\varepsilon_0}\left(\frac{1}{r^3} - \frac{x^2+y^2+z^2}{r^5}\right) = 0$$

以上によって，点電荷の静電ポテンシャル (3.15) は原点以外でラプラス方程式の解であることが示された．原点では $\phi(r)$ が発散し，微分が定義できない．

問題 7 原点にある電気双極子の静電ポテンシャル (3.18) が原点以外でラプラス方程式を満たすことを示せ．

例題 6

静電ポテンシャルが

$$\phi(r) = \frac{q}{4\pi\varepsilon_0}\frac{e^{-\kappa r}}{r} \tag{3.30}$$

で与えられるとき，これを**遮蔽されたクーロン・ポテンシャル**（あるいはデバイの遮蔽ポテンシャル，湯川ポテンシャル）という．定数 κ の逆数 κ^{-1} は**遮蔽距離**とよばれ，このポテンシャルが作用する大まかな距離を与える．ポアソン方程式 (3.28) を使って，空間の電荷密度 $\rho(\boldsymbol{r})$ を求めよ．

解 微分公式 (3.19) を使って，(3.28) の左辺を計算すればよい．

$$\frac{\partial\phi(r)}{\partial x} = \frac{\partial r}{\partial x}\frac{d\phi(r)}{dr} = \frac{q}{4\pi\varepsilon_0}\frac{x}{r}\frac{d}{dr}(r^{-1}e^{-\kappa r}) = -\frac{q}{4\pi\varepsilon_0}x(r^{-3} + \kappa r^{-2})e^{-\kappa r}$$

$$
\begin{aligned}
\frac{\partial^2\phi(r)}{\partial x^2} &= -\frac{q}{4\pi\varepsilon_0}\frac{\partial}{\partial x}\left[x(r^{-3}+\kappa r^{-2})e^{-\kappa r}\right] \\
&= -\frac{q}{4\pi\varepsilon_0}\left[(r^{-3}+\kappa r^{-2})+x\frac{x}{r}(-3r^{-4}-2\kappa r^{-3})+x(r^{-3}+\kappa r^{-2})\frac{x}{r}(-\kappa)\right]e^{-\kappa r} \\
&= -\frac{q}{4\pi\varepsilon_0}\left[(r^{-3}+\kappa r^{-2})-x^2(3r^{-5}+3\kappa r^{-4}+\kappa^2 r^{-3})\right]e^{-\kappa r}
\end{aligned}
$$

同様に計算して，

$$
\begin{aligned}
\frac{\partial^2\phi(r)}{\partial y^2} &= -\frac{q}{4\pi\varepsilon_0}\left[(r^{-3}+\kappa r^{-2})-y^2(3r^{-5}+3\kappa r^{-4}+\kappa^2 r^{-3})\right]e^{-\kappa r} \\
\frac{\partial^2\phi(r)}{\partial z^2} &= -\frac{q}{4\pi\varepsilon_0}\left[(r^{-3}+\kappa r^{-2})-z^2(3r^{-5}+3\kappa r^{-4}+\kappa^2 r^{-3})\right]e^{-\kappa r}
\end{aligned}
$$

これらを加えて，

$$
\begin{aligned}
\nabla^2\phi(\boldsymbol{r}) &= \frac{\partial^2\phi(\boldsymbol{r})}{\partial x^2}+\frac{\partial^2\phi(\boldsymbol{r})}{\partial y^2}+\frac{\partial^2\phi(\boldsymbol{r})}{\partial z^2} \\
&= -\frac{q}{4\pi\varepsilon_0}\left[3(r^{-3}+\kappa r^{-2})-r^2(3r^{-5}+3\kappa r^{-4}+\kappa^2 r^{-3})\right]e^{-\kappa r} = \frac{q\kappa^2}{4\pi\varepsilon_0}\frac{e^{-\kappa r}}{r}
\end{aligned}
$$

これが (3.28) の右辺に等しくなければならないことから，空間の電荷密度 $\rho(\boldsymbol{r})$ は

$$
\rho(\boldsymbol{r}) = -\frac{q\kappa^2}{4\pi}\frac{e^{-\kappa r}}{r}
$$

で与えられる．

問題 8 上の例題 6 で求めた電荷密度が与える全電荷がちょうど $-q$ になることを示せ．［ヒント：この電荷密度は球対称性をもつので，例題 3 と同じように 3 次元極座標系 (r,θ,φ) を使い，体積要素は $r^2\sin\theta\,dr\,d\theta\,d\varphi$ としてよい．しかし，この場合は被積分関数の電荷密度が r だけにしかよらないので，θ と φ について予め積分して体積要素を $4\pi r^2\,dr$ とすれば，さらに計算が容易になる．これは体積要素を半径 r，厚さ dr の球殻にすることに相当する．］

例題 6 の静電ポテンシャル (3.30) は，原点には点電荷 q があるが，通常のクーロン・ポテンシャル $(q/4\pi\varepsilon_0)\,1/r$ に比べて，点電荷から離れるにつれて指数関数 $e^{-\kappa r}$ によって急激に（指数関数的に）減衰するポテンシャルである

ことを意味する．例題6の結果は，そのためには周囲に反対符号の電荷が分布していなければならないことを示しており，問題8の結果は，周囲にある電荷の総量が原点にある電荷と符号が反対で等量の電荷であることを示す．すなわち，遠くから見ると，両者がちょうど打ち消し合って原点にある電荷の効果がないように振舞うのである．これが，静電ポテンシャル(3.30)が遮蔽されたクーロン・ポテンシャルとよばれるゆえんである．

塩などを溶かした電解質溶液や正負の電荷が気体状で動き回るプラズマなどでは，点電荷の周囲に反対符号の電荷が集まってその電荷を遮蔽する傾向があり，静電ポテンシャル(3.30)が実現することが知られている．

3.6 まとめとポイントチェック

本章では，第2章で導いた静電場の2つの基本法則であるガウスの法則と渦なしの法則を基に，静電場が静電ポテンシャルで表されることを示した．このとき，静電場は静電ポテンシャルのマイナスの勾配に等しい．点電荷の静電ポテンシャルは容易に求められるので，それと重ね合わせの原理を使って，点電荷が分布する場合の任意の点での静電ポテンシャルの表式が得られる．静電ポテンシャルの空間的な様子を知るためには，それが指定された値をとる等電位面を描けばよい．

静電ポテンシャルを決める最も一般的な方程式は，それと静電場の関係をガウスの法則に代入すれば得られる．それがポアソン方程式であり，電荷のない空間中ではラプラス方程式となる．実際，これまでに議論してきた静電ポテンシャルはどれも電荷のないところではラプラス方程式を満たすし，逆に静電ポテンシャルがわかっていれば，電荷分布がわかる．

ポイントチェック

- □ スカラー場の勾配の意味がわかった.
- □ 静電場を静電ポテンシャルの勾配で表すと，渦なしの法則が自動的に満たされることがわかった.
- □ 点電荷の静電ポテンシャルの表式がわかった.
- □ 点電荷が分布する場合の静電ポテンシャルの表式が理解できた.
- □ 静電ポテンシャルの等電位面がわかり，大体の様子がイメージできた.
- □ ポアソン方程式の導き方が理解できた.
- □ 電荷のないところではラプラス方程式が成り立つことがわかった.
- □ 代表的な静電ポテンシャルが実際にラプラス方程式を満たすことがわかった.
- □ 偏微分の計算の仕方がわかった.

4 静電ポテンシャルと導体

学習目標

- 電荷を配置するための仕事としての静電エネルギーを理解する.
- 導体の表面は等電位であることを理解する.
- 導体周辺の静電ポテンシャルは，その表面で等電位という境界条件のもとで，ラプラス方程式を満たすことを理解する.
- 導体の電気容量を理解する.
- コンデンサーとはどのようなものかが説明できるようになる.
- 電場もエネルギーをもつことを理解する.

電荷同士の間にはクーロン力がはたらくので，空間にいくつかの電荷を配置するには，それらに仕事をしなければならない．電荷の立場からすると，仕事をされた分だけのエネルギーを得たことになる．このエネルギーを電荷の静電エネルギーという．

導体に電荷を与えた場合には，電荷がその表面にしか存在できないことはすでにみた．電荷分布や電場に時間的変動がない静電気の問題では，導体内部の電場はゼロである．したがって，導体の静電ポテンシャルは一定であり，導体の表面が等電位面となる．導体の周辺の静電ポテンシャルは，この条件のもとで決まるのである．導体のもつ静電エネルギーも同じように求められる．

ある一定の静電ポテンシャルのもとで導体に蓄えられる電荷の量は，その導体の大きさや形で決まり，蓄えられる電荷量の目安が導体の電気容量なのである．コンデンサーとは，導体を近づけてなるべく多くの正負電荷を蓄えるように工夫された装置である．静電エネルギーでは電荷がもつ位置エネルギーという見方をしているが，より物理的な見方である近接作用の立場では，電荷が電場をつくり，その電場自体が電場のない真空とは違ってエネルギーをもつということもできる．これが静電場のエネルギーであり，このようにみても矛盾がない．

4.1 点電荷の静電エネルギー

図 4.1 のように，2 つの点電荷 q_1，q_2 が位置 $\boldsymbol{r}_1$，$\boldsymbol{r}_2$ にあるとしよう．2 つの電荷はお互いにクーロン力をおよぼし合うので，この位置に配置するまでに，互いに電荷を動かす仕事をしなければならない．したがって，この 2 つの電荷は，この配置にあることによる位置エネルギーをもっていることになる．このときの位置エネルギーを，両者が無限のかなたにあったときの値を基準のゼロにして求めてみよう．

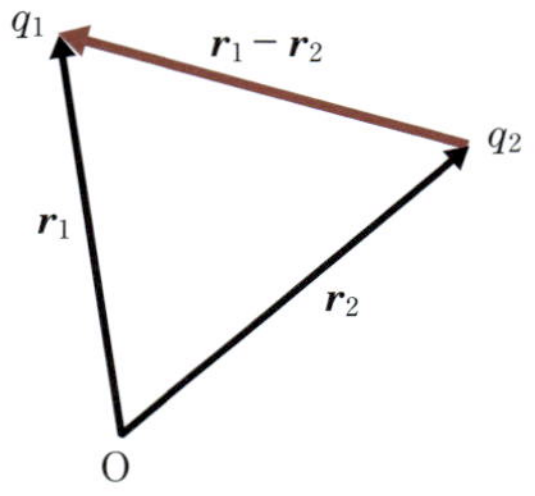

図 4.1 2 つの点電荷 q_1，q_2 の静電エネルギー

まず，点電荷 q_1 だけを位置 $\boldsymbol{r}_1$ まで運ぶのに仕事はいらない．しかし，2 つ目の電荷 q_2 を位置 $\boldsymbol{r}_2$ に運ぶには，電荷 q_1 がつくる電場の中を動かさなければならないので，そのための仕事が必要となる．ここで前章において議論した静電ポテンシャルを思い出そう．原点に置かれた点電荷 q による位置 $\boldsymbol{r}$ での静電ポテンシャル (3.15) は，単位電荷を無限のかなたから距離 r の所までもってくるのに必要な仕事であった．したがって，点電荷 q_2 を運ぶ場合には，これに q_2 を掛けなければならない．こうして，先に点電荷 q_1 が位置 $\boldsymbol{r}_1$ にあるときに，点電荷 q_2 を位置 $\boldsymbol{r}_2$ に運ぶには，仕事

$$U(\boldsymbol{r}_1, \boldsymbol{r}_2) = q_2\,\phi(|\boldsymbol{r}_1 - \boldsymbol{r}_2|) = \frac{q_1 q_2}{4\pi\varepsilon_0}\frac{1}{|\boldsymbol{r}_1 - \boldsymbol{r}_2|} \qquad (4.1)$$

をしなければならない．ここで $\phi(r)$ は原点に置かれた点電荷 q_1 による位置 $\boldsymbol{r}$ での静電ポテンシャルである．

(4.1) は 2 つの電荷を図 4.1 のように配置した際に蓄えられるエネルギーとみなされ，$U(\boldsymbol{r}_1, \boldsymbol{r}_2)$ を 2 つの電荷 q_1，q_2 が位置 $\boldsymbol{r}_1$，$\boldsymbol{r}_2$ にあるときの**静電エネルギー**という．

次に，3 つの電荷 q_1，q_2，q_3 が位置 $\boldsymbol{r}_1$，$\boldsymbol{r}_2$，$\boldsymbol{r}_3$ にあるときの静電エネルギー

を考えてみよう．すでに2つの電荷 q_1, q_2 が位置 $\boldsymbol{r}_1$, $\boldsymbol{r}_2$ にあるとして，第3の電荷 q_3 を位置 $\boldsymbol{r}_3$ に運ぶには，2つの電荷 q_1, q_2 がつくる静電場の中を移動させなければならない．そのために必要な仕事は，電場の重ね合わせの原理から，それぞれの電荷に対する仕事の和 $U(\boldsymbol{r}_1, \boldsymbol{r}_3)+U(\boldsymbol{r}_2, \boldsymbol{r}_3)$ となる．これに，はじめに2つの電荷 q_1, q_2 を $\boldsymbol{r}_1$, $\boldsymbol{r}_2$ に配置する仕事 (4.1) を加えて，3つの電荷 q_1, q_2, q_3 が位置 $\boldsymbol{r}_1$, $\boldsymbol{r}_2$, $\boldsymbol{r}_3$ にあるときの静電エネルギー $U(\boldsymbol{r}_1, \boldsymbol{r}_2, \boldsymbol{r}_3)$ は

$$\begin{aligned} U(\boldsymbol{r}_1, \boldsymbol{r}_2, \boldsymbol{r}_3) &= U(\boldsymbol{r}_1, \boldsymbol{r}_2)+U(\boldsymbol{r}_1, \boldsymbol{r}_3)+U(\boldsymbol{r}_2, \boldsymbol{r}_3) \\ &= \frac{q_1 q_2}{4\pi\varepsilon_0}\frac{1}{|\boldsymbol{r}_1-\boldsymbol{r}_2|}+\frac{q_1 q_3}{4\pi\varepsilon_0}\frac{1}{|\boldsymbol{r}_1-\boldsymbol{r}_3|}+\frac{q_2 q_3}{4\pi\varepsilon_0}\frac{1}{|\boldsymbol{r}_2-\boldsymbol{r}_3|} \end{aligned} \tag{4.2}$$

と表される．

以上の議論を一般化して，n 個の点電荷 $q_1, q_2, \cdots, q_n$ が位置 $\boldsymbol{r}_1, \boldsymbol{r}_2, \cdots, \boldsymbol{r}_n$ にあるときの静電エネルギー $U(\boldsymbol{r}_1, \boldsymbol{r}_2, \cdots, \boldsymbol{r}_n)$ は，すべての電荷のペアの静電エネルギーの和で与えられることは容易にわかるであろう．すなわち，このときの静電エネルギーは

$$U(\boldsymbol{r}_1, \boldsymbol{r}_2, \cdots, \boldsymbol{r}_n) = \sum_{<i,j>}^{n} U(\boldsymbol{r}_i, \boldsymbol{r}_j) = \frac{1}{4\pi\varepsilon_0}\sum_{<i,j>}^{n}\frac{q_i q_j}{|\boldsymbol{r}_i-\boldsymbol{r}_j|} \tag{4.3}$$

で与えられる．ここで和の記号 $\sum_{<i,j>}^{n}$ は，すべての電荷のペア $<i, j>$ について和をとることを意味する．

ここで注意しなければならないことは，(4.3) で $i=j$ を除いてすべての i と j について和をとると，どの電荷のペアに対しても必ず2重に和をとることになってしまうことである．したがって，このような和のとり方をした場合には，2で割らなければならない：

$$U(\boldsymbol{r}_1, \boldsymbol{r}_2, \cdots, \boldsymbol{r}_n) = \frac{1}{2}\sum_{i\neq j}^{n} U(\boldsymbol{r}_i, \boldsymbol{r}_j) = \frac{1}{8\pi\varepsilon_0}\sum_{i\neq j}^{n}\frac{q_i q_j}{|\boldsymbol{r}_i-\boldsymbol{r}_j|} \tag{4.4}$$

ここで和の記号 $\sum_{i\neq j}^{n}$ は，$i=j$ を除いてすべての i と j について和をとること

を意味し，和の計算は単純になる．

(4.4) で i を固定して j だけについての和を抜き出してみると，

$$\frac{1}{8\pi\varepsilon_0}\sum_{j(\neq i)}^{n}\frac{q_i q_j}{|\boldsymbol{r}_i-\boldsymbol{r}_j|}=\frac{q_i}{2}\frac{1}{4\pi\varepsilon_0}\sum_{j(\neq i)}^{n}\frac{q_j}{|\boldsymbol{r}_i-\boldsymbol{r}_j|}=\frac{q_i}{2}\phi'(\boldsymbol{r}_i)$$

と表される．ここで，$\phi'(\boldsymbol{r}_i)$ は点電荷 q_i 以外のすべての電荷による位置 $\boldsymbol{r}_i$ における静電ポテンシャルである．これを (4.4) に代入すると，全電荷の静電エネルギーは

$$U(\boldsymbol{r}_1,\boldsymbol{r}_2,\cdots,\boldsymbol{r}_n)=\frac{1}{2}\sum_{i\neq j}^{n}q_i\,\phi'(\boldsymbol{r}_i) \tag{4.5 a}$$

$$\phi'(\boldsymbol{r}_i)=\frac{1}{4\pi\varepsilon_0}\sum_{j(\neq i)}^{n}\frac{q_j}{|\boldsymbol{r}_i-\boldsymbol{r}_j|} \tag{4.5 b}$$

とも表される．

電荷が密に分布していて電荷密度が定義できるような場合には，位置 $\boldsymbol{r}$ の近くの体積要素 $d^3\boldsymbol{r}$ がもつ電荷は，(1.12) により $\rho(\boldsymbol{r})\,d^3\boldsymbol{r}$ と表される．式 (4.4) において，位置 $\boldsymbol{r}$ にある電荷 q_i を $\rho(\boldsymbol{r})\,d^3\boldsymbol{r}$，位置 $\boldsymbol{r}'$ にある電荷 q_j を $\rho(\boldsymbol{r}')\,d^3\boldsymbol{r}'$ とおき，i と j の和を，それぞれ $\boldsymbol{r}$ と $\boldsymbol{r}'$ についての体積積分に置き換えると，この場合の静電エネルギー U は

$$U=\frac{1}{8\pi\varepsilon_0}\iint\frac{\rho(\boldsymbol{r})\,\rho(\boldsymbol{r}')}{|\boldsymbol{r}-\boldsymbol{r}'|}\,d^3\boldsymbol{r}\,d^3\boldsymbol{r}' \tag{4.6}$$

であり，電荷密度が定義できるときの静電ポテンシャル (3.22) を使って，

$$U=\frac{1}{2}\int\rho(\boldsymbol{r})\,\phi(\boldsymbol{r})\,d^3\boldsymbol{r} \tag{4.7 a}$$

$$\phi(\boldsymbol{r})=\frac{1}{4\pi\varepsilon_0}\int\frac{\rho(\boldsymbol{r}')}{|\boldsymbol{r}-\boldsymbol{r}'|}\,d^3\boldsymbol{r}' \tag{4.7 b}$$

のようにも表される．なお，以上の積分は，問題とする電荷の分布領域で行なうことはいうまでもない．

例題 1

半径 a の球内に電荷 Q が電荷密度 ρ ($Q = 4\pi\rho a^3/3$) で一様に分布しているときの静電エネルギー U を求めよ.

解 (4.6) や (4.7) を直接計算してもよいが, 見方を変えて, 電荷分布が球対称性を満たすことに注意しながら, 無限の遠くから電荷を運んで半径 a の球状の電荷分布にするための仕事を求める方が, 計算が容易である.

いま, 半径 r の球にまで電荷を集めたとすると, その球がもつ全電荷は $Q_r = \rho \cdot 4\pi r^3/3$ である. ところで, 第3章の例題3, 式 (3.23) でみたように, この場合, 球外の静電ポテンシャルは全電荷 Q_r が球の中心に集中している場合の (3.15) と同じである. したがって, この球の表面に微小な電荷 dQ を運ぶのに必要な仕事 dU は, (4.1) を導いたのと同じように考えて,

$$dU = \frac{Q_r\,dQ}{4\pi\varepsilon_0}\frac{1}{r} \tag{1}$$

となる. ここで, 問題の球対称性を考慮して, 半径 r の球の表面に電荷密度 ρ, 厚さ dr の薄い球殻を付け加えると, その体積は $4\pi r^2\,dr$ なので, この薄い球殻にある電荷は

$$dQ = \rho \cdot 4\pi r^2\,dr \tag{2}$$

である. これを (1) に代入し, r について 0 から a まで積分すれば, 半径 a の球にするためにしなければならない仕事として

$$U = \frac{1}{4\pi\varepsilon_0}\int_0^a \frac{\rho \cdot 4\pi r^3}{3}\rho \cdot 4\pi r^2\,dr\,\frac{1}{r} = \frac{4\pi\rho^2}{3\varepsilon_0}\int_0^a r^4\,dr = \frac{4\pi\rho^2 a^5}{15\varepsilon_0} = \frac{3}{5}\frac{Q^2}{4\pi\varepsilon_0 a} \tag{4.8}$$

が得られる. これが, この場合の静電エネルギーである.

問 題 1 上の例題1を (4.7) を使って直接解いてみよ. [ヒント:静電ポテンシャルはすでに前章の例題3, 式 (3.23) で求められている. それを使えばよい.]

4.2 導体の周りの静電ポテンシャル

導体が帯電したり静電場の中に置かれたときの, 周囲の静電ポテンシャルの様子を考えてみよう. 電荷分布や電場に時間的変動がない静電気の問題で

ここはポイント!

は，導体内部の電場がゼロで自由に動き回る電荷も存在しえないことは，すでに第2章の2.3節，特に(2.15)，(2.16)で明らかにしたことである．したがって，導体がもつ電荷はその表面にしか存在できず，導体が帯電したり静電場の中に置かれると，導体内の電場がちょうどゼロになるように電荷が表面上で分布するのである．このことも，すでに第2章で述べた．

ここはポイント!

ところで，導体内で電場がゼロということは，静電場と静電ポテンシャルの関係(3.6)より，導体内で静電ポテンシャルが一定であることを意味する．したがって，導体の表面でも静電ポテンシャルがある一定値をとり，導体表面は等電位面であるという重要な結論が得られる．式(3.25)のあたりで議論したように電場は等電位面に垂直なので，導体の外側表面での電場が表面に垂直であるという式(2.17)の結果も納得できるであろう．

前章の3.5節で述べたように，静電ポテンシャルはポアソン方程式(3.28)，特に電荷のないところではラプラス方程式(3.29)を満たす．したがって，上述のことを考慮すると，導体の周りの静電ポテンシャルを求めることは，導体表面で等電位であるという境界条件を満たすラプラス方程式(3.29)の解を求めることに帰着する．しかし，問題によっては微分方程式であるラプラス方程式を直接解かずに，対称性などを考慮して直観的に答えが得られる場合がある．それをいくつか考えてみよう．

例 題 2

広くて平らな導体表面から距離 d の位置に点電荷 q が置かれているときの静電ポテンシャル $\phi(x, y, z)$ を求めよ．

解 導体表面Sを yz 平面にとり，電荷 q を位置 $(d, 0, 0)$ に置く．このとき，電荷 q がつくる電場は，等電位面である導体表面Sに垂直でなければならないので，大まかな様子は図4.2(a)で表される．しかし，これは図3.6(b)に示した2つの電荷 $\pm q$ がつくる電場あるいは静電ポテンシャルのちょうど右半分である．すなわち，この場合の静電ポテンシャルは，図4.2(b)に示したように，2つの電荷 $\pm q$ が距離 $2d$ だけ離れて置かれている場合の静電ポテンシャルを計算し，最終的に，

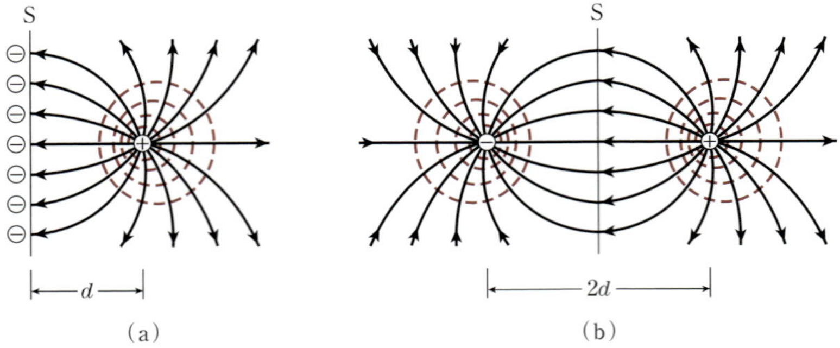

図 4.2 導体表面Sで垂直な（等電位の）電場 (a) は，負電荷がSの反対側にある場合 (b) と同じ

$x>0$ の部分だけをとればよいことがわかる．

この場合の2つの電荷による静電ポテンシャルは，(3.16) で電荷の位置に注意して

$$\phi(x,\ y,\ z)=\frac{q}{4\pi\varepsilon_0}\left[\frac{1}{\sqrt{(x-d)^2+y^2+z^2}}-\frac{1}{\sqrt{(x+d)^2+y^2+z^2}}\right]$$

となる．また，導体は等電位なので，静電ポテンシャルは一定値で，導体がアースされていると思えばゼロとおくことができる（アースとは接地ともいい，導線で地面と接続して，基準である地球の電位と等しくさせること）．

こうして，この場合の静電ポテンシャルは

$$\phi(x,\ y,\ z)=\begin{cases}\dfrac{q}{4\pi\varepsilon_0}\left[\dfrac{1}{\sqrt{(x-d)^2+y^2+z^2}}-\dfrac{1}{\sqrt{(x+d)^2+y^2+z^2}}\right] & (x\geq 0)\\ 0 & (x<0)\end{cases} \tag{4.9}$$

と表される．

これはちょうど導体表面を鏡にして，電荷の像のあるところに反対符号の電荷を置くのと同じことなので，このようにして静電場や静電ポテンシャルを求める方法は**鏡像法**とよばれている．

それにしても，このように直観的に静電ポテンシャルを求めてみると，

確かに導体表面で等電位であることは間違いないが，他にも同じように導体表面で等電位となる別の静電ポテンシャルもあるのではないかと釈然としない思いをもつ人がいるかもしれない．しかし，(4.9) は点電荷の静電ポテンシャルなので，間違いなくラプラス方程式を満たし，その上，導体表面で等電位だという境界条件も満たしている．このような場合には，微分方程式の解の存在と一意性の定理（境界条件を満たす微分方程式の解は1つあり，それだけしかないことを主張する定理）によって，(4.9) が唯一の解であることが数学的に保証されているのである．ただし，ここでも数学の詳しいことには立ち入らないで，あくまでも道具として使っていくことにしよう．

問 題 2　例題1で導体の周りの電場を求めよ．［ヒント：(3.6) に従って電場を計算すればよい.］

問 題 3　例題1で導体表面の電荷分布を求めよ．［ヒント：導体表面での電場と電荷分布密度の間に (2.18) が成り立つことを思い出すこと.］

問 題 4　問題3で導体表面に誘起される全電荷はちょうど $-q$ であることを示せ．［ヒント：問題3で求めた電荷分布密度を導体表面全体について積分すればよい．このとき，電荷分布は yz 平面で原点を中心に円対称なので2次元極座標を使うと便利であり，面積要素は微小な幅 dr のリング $2\pi r\,dr$ にすればよい.］

4.3　導体の電気容量

半径 a の孤立した導体球に電荷 q を帯電させたときの，導体の表面での静電ポテンシャルを考えてみよう．このとき，導体外の静電場は (2.19) より，電荷がその中心にあるとした場合の静電場と等しい．したがって，導体外の静電ポテンシャルも (3.15) で与えられる．こうして，無限遠方の静電ポテンシャルをゼロとしたとき，この導体の表面での静電ポテンシャルは

$$\phi = \frac{q}{4\pi\varepsilon_0 a} \tag{4.10}$$

であり，これは帯電した導体球がもつ電荷量とその静電ポテンシャルが比例することを表す．特に，上式は静電ポテンシャルが一定であっても，導体球が大きいと電荷量が増すことを示しており，比例係数が導体の大きさによることがわかる．

実は，帯電した導体がもつ電荷量 q とその静電ポテンシャル ϕ が比例するという関係は球状の導体に限らず，一般の孤立した導体の場合にも成り立つ．いま，ある孤立した導体の表面での静電ポテンシャルが ϕ_0 であるという境界条件のもとにラプラス方程式 (3.29) を解いたら，導体の外の位置 $\boldsymbol{r}$ での静電ポテンシャル $\phi(\boldsymbol{r})$ が得られたとしよう．もちろん，この $\phi(\boldsymbol{r})$ は導体表面で ϕ_0 になるというのが境界条件の意味である．このとき，導体表面での静電ポテンシャルを $2\phi_0$ とすれば，静電ポテンシャルも $2\phi(\boldsymbol{r})$ とならなければならないことは，重ね合わせの原理から明らかであろう．さらに，静電ポテンシャルの勾配に負号（−）を付けた電場も 2 倍になり，(2.18) より導体表面の電荷密度も 2 倍になって，導体がもつ電荷も 2 倍になる．

こうして，電荷量 q をもち，静電ポテンシャル ϕ の一般の孤立した導体について，比例関係

$$q = C\phi \tag{4.11}$$

が成り立つ．比例係数 C は導体の大きさや形によって決まる定数で，これを導体の**電気容量**という．特に，半径 a の導体球の場合には，(4.10) より

$$C = 4\pi\varepsilon_0 a \tag{4.12}$$

であることがわかる．

次に，電気容量の単位を考えてみよう．MKSA 単位系では，電位差（静電ポテンシャル）1 ボルト (V) で 1 クーロン (C) の電荷を与えたときの電気容量を 1 ファラッド (F) としている．いま，半径 1 m の導体球があったとして，その電気容量を計算すると，ε_0 の値が (1.2) より

$$\varepsilon_0 = \frac{10^7}{4\pi c^2} = 8.8541878\cdots \times 10^{-12} \left[\frac{\mathrm{C}^2}{\mathrm{N\cdot m^2}} = \frac{\mathrm{F}}{\mathrm{m}}\right]$$

なので，(4.12) より

$$C \cong 1.11 \times 10^{-10}\,[\mathrm{F}]$$

という小さな値にすぎない．これはクーロンの法則が発見された頃の経緯から定められた電荷の単位 C が大きすぎたためである．したがって，現在では，これよりずっと小さな単位である

$$1\,[\mu\mathrm{F}\ (\text{マイクロファラッド})] = 10^{-6}\,[\mathrm{F}]$$

$$1\,[\mathrm{pF}\ (\text{ピコファラッド})] = 10^{-12}\,[\mathrm{F}]$$

が実用的な用途に使われている．

問 題 5　地球が半径 6400 km の導体球であるとして，その電気容量を求めよ．

図 4.3 のように，導体が 2 つあって，それぞれの静電ポテンシャルが ϕ_1, ϕ_2 であり，電荷 q_1, q_2 をもつとしよう．このとき，1 つの導体の静電ポテンシャルの中に別の導体があるわけで，これら 2 つの導体は互いに影響をおよぼし合う．しかも，静電ポテンシャルは重ね合わせの原理に従う．このような場合に (4.11) を一般化すると，

$$\begin{cases} q_1 = C_{11}\phi_1 + C_{12}\phi_2 \\ q_2 = C_{21}\phi_1 + C_{22}\phi_2 \end{cases} \tag{4.13}$$

という線形関係が得られる．

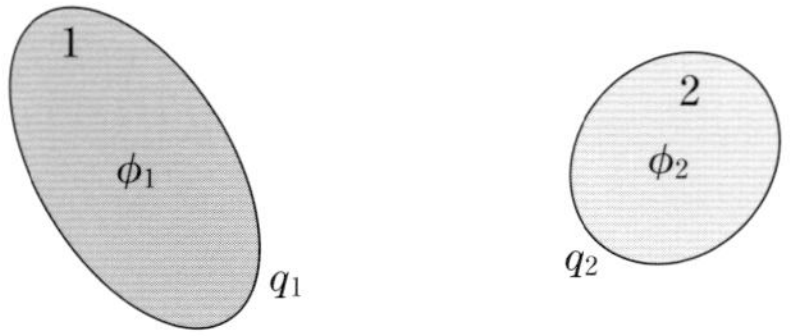

図 4.3　2 個の導体は互いに影響し合う．

(4.13) で例えば $C_{12}\phi_2$ という項は，導体 2 がもつ静電ポテンシャルによって導体 1 がもつ電荷を表しており，この式にある項ですべて尽くされている．さらに，静電ポテンシャルを 2 倍にすると電荷も 2 倍になるという，重ね合わせの原理の要請も満たされている．これは (4.13) が線形関係だからで

あって，もし ϕ_1^2 のような非線形な項が (4.13) の右辺に含まれていると，ϕ_1 を 2 倍にするとこの項は 4 倍になってしまい，重ね合わせの原理が成り立たないことがわかるであろう．

(4.13) で C_{11}，C_{12} などの係数を**電気容量係数**という．この電気容量係数には，C_{12} と C_{21} のように，下付きの数字を交換した係数は等しく，

$$C_{12} = C_{21} \tag{4.14}$$

が成り立つことが知られている．これを電気容量係数の**相反定理**という．その証明は付録 D に譲る．また，導体が 3 つ以上あるときの (4.13) の一般化は容易である．

問 題 6　導体が 3 つある場合の (4.13) に相当する式を記せ．

例 題 3

中心が同じである導体球（半径 a_1）と導体球殻（内径 a_2，外径 a_3；$a_1 < a_2 < a_3$）があり，導体球に電荷 q_1，導体球殻に電荷 q_2 を与えたときのそれぞれの静電ポテンシャルを ϕ_1，ϕ_2 として，電気容量係数を求めよ．

解　この場合，球対称性を満たすので，中心から距離 r の点での電場 $E(r)$ はガウスの法則 (2.6) より容易に求められる．$a_1 < r < a_2$ で球面を想定すると，その内部にある電荷は q_1 なので，(2.6) より $4\pi r^2 E(r) = q_1/\varepsilon_0$．同様に $a_3 < r$ で球面を想定すると，その内部にある電荷は $q_1 + q_2$ なので，(2.6) より $4\pi r^2 E(r) = (q_1 + q_2)/\varepsilon_0$ となる．導体球殻の静電ポテンシャル ϕ_2 は単位電荷を無限遠方から導体球殻の表面まで運ぶ仕事に等しいので，無限遠方の静電ポテンシャルをゼロとして，

$$\phi_2 = -\int_{\infty}^{a_3} E(r)\,dr = -\frac{q_1 + q_2}{4\pi\varepsilon_0}\int_{\infty}^{a_3}\frac{dr}{r^2} = \frac{q_1 + q_2}{4\pi\varepsilon_0 a_3} \tag{1}$$

となり，これはもちろん，中心に全電荷 $(q_1 + q_2)$ があるときの静電ポテンシャルと一致する．

次に，内部の導体球の静電ポテンシャル ϕ_1 は，導体球殻の静電ポテンシャルに加えて，単位電荷を導体球殻の内側の表面から導体球の表面まで運ぶ仕事なので，

$$\phi_1 = \phi_2 - \int_{a_2}^{a_1} E(r)\,dr = \frac{q_1+q_2}{4\pi\varepsilon_0 a_3} - \frac{q_1}{4\pi\varepsilon_0}\int_{a_2}^{a_1}\frac{dr}{r^2} = \frac{q_1+q_2}{4\pi\varepsilon_0 a_3} + \frac{q_1}{4\pi\varepsilon_0}\left(\frac{1}{a_1}-\frac{1}{a_2}\right) \tag{2}$$

となり，(1) と (2) を q_1, q_2 について解くと

$$q_1 = \frac{4\pi\varepsilon_0 a_1 a_2}{a_2-a_1}(\phi_1-\phi_2), \quad q_2 = -\frac{4\pi\varepsilon_0 a_1 a_2}{a_2-a_1}\phi_1 + 4\pi\varepsilon_0\left(\frac{a_1a_2}{a_2-a_1}+a_3\right)\phi_2 \tag{3}$$

となる．これと (4.13) を比較することにより，

$$C_{11} = \frac{4\pi\varepsilon_0 a_1 a_2}{a_2-a_1}, \quad C_{12} = C_{21} = -\frac{4\pi\varepsilon_0 a_1 a_2}{a_2-a_1}, \quad C_{22} = 4\pi\varepsilon_0\left(\frac{a_1a_2}{a_2-a_1}+a_3\right) \tag{4.15}$$

が得られる．この場合，確かに相反定理 (4.14) が成り立っていることがわかる．

問題 7 中心が同じである導体球（半径 a_1）と薄くて厚さが無視できる導体球殻（半径 a_2；$a_1 < a_2$）がある．この場合の電気容量係数を求めよ．

4.4 コンデンサー

1つの導体に電荷を与えると，電荷同士の反発のために，導体表面上で電荷はなるべく分散しようとする．ところが，図4.4のように2つの導体に $\pm q$ の電荷を与えると，一方の導体の電荷は他方の導体の反対符号の電荷を引き付けるようにして向かい合って集まる．この傾向は2つの導体が近づくほど強くなり，電荷は蓄えやすくなる．この性質を利用して電荷を蓄えるためにつくられた装置を**コンデンサー**あるいは**キャパシター**という．

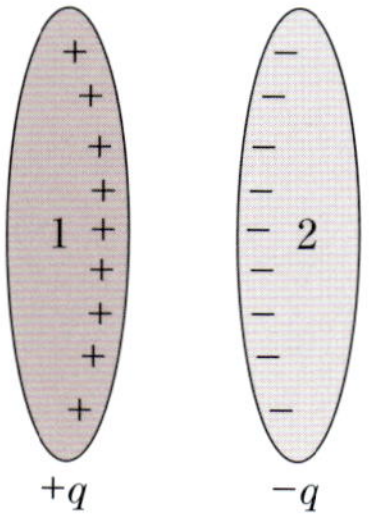

図 4.4 2つの向き合った導体1と2に $\pm q$ の電荷を与える．

図4.4のような場合について，電気容量係数がどうなるかを考えてみよう．(4.13) で $q_1 = q$, $q_2 = -q$ とおき，相反定理 (4.14) に注意して ϕ_1, ϕ_2 に

ついて解くと，

$$\phi_1 = \frac{C_{12} + C_{22}}{C_{11}C_{22} - C_{12}{}^2} q, \qquad \phi_2 = -\frac{C_{11} + C_{12}}{C_{11}C_{22} - C_{12}{}^2} q$$

が得られる．これより，2つの導体間の静電ポテンシャルの差である電位差 $\Delta\phi = \phi_1 - \phi_2$ は

$$\Delta\phi = \frac{C_{11} + 2C_{12} + C_{22}}{C_{11}C_{22} - C_{12}{}^2} q$$

となる．これが

$$q = C\,\Delta\phi \tag{4.16}$$

$$C = \frac{C_{11}C_{22} - C_{12}{}^2}{C_{11} + 2C_{12} + C_{22}} \tag{4.17}$$

と表されることは容易にわかるであろう．

(4.16) の係数 C のことをコンデンサーの**電気容量**という．高等学校で物理を学んだ人は $Q = CV$ (Q：電荷，V：電位差) を呪文のように覚え込んだかもしれないが，その関係はこのようにして導かれるのである．

例 題 4

導体でできた平行平板コンデンサーの電気容量を求めよ．ただし，平行平板の間隔を d，平板の面積を S とする．また，平行平板の間隔に比べて平板は十分大きくて，平板の縁の電場の乱れは無視してよいものとする．

解 この場合，蓄えられた電荷を $\pm q$ とすると，向かい合った平行平板の表面での電荷密度 σ は一様で，$\sigma = \pm q/S$ である．導体でできた平板の表面での電場は表面に垂直で，(2.18) より

$$E = \frac{\sigma}{\varepsilon_0} = \frac{q}{\varepsilon_0 S} \tag{4.18}$$

であり，これが平行平板間の一様な電場でもある．一様な電場の静電ポテンシャルは (3.8) で与えられるので，電場の向きを x 軸にとると，平行平板間の電位差は

$\Delta\phi = Ed$ となる．

したがって，(4.18) より

$$\Delta\phi = Ed = \frac{qd}{\varepsilon_0 S} \tag{4.19}$$

が得られる．これを (4.16) と比較して，平行平板コンデンサーの電気容量 C は

$$C = \frac{\varepsilon_0 S}{d} \tag{4.20}$$

であることがわかる．

平行平板コンデンサーでは，平板の面積が大きいほど蓄えられる電荷量が増えるのは明らかである．前に注意した，導体を近づけると電荷量が増えるという点は，(4.20) で平行平板間の距離 d を小さくすると電気容量 C が増えることからもわかるであろう．

問題 8　例題 3 で議論した導体球と導体球殻をコンデンサーと見なして，その電気容量を求めよ．[ヒント：$q_1 = q$, $q_2 = -q$ とおいて，q と電位差 $\Delta\phi = \phi_1 - \phi_2$ との間の関係を導けばよい．]

例題 5

電気容量 C_1 と C_2 の 2 つのコンデンサーを図 4.5 のように，並列接続 (a) と直列接続 (b) した場合，それぞれを 1 つのコンデンサーと見なして合成したときの電気容量を求めよ．

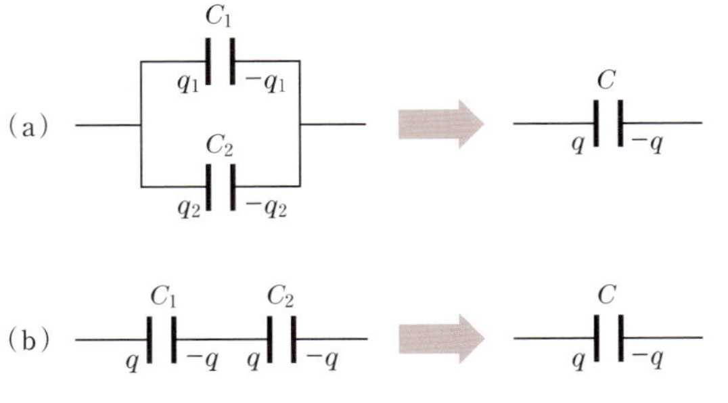

図 4.5　コンデンサーの並列接続 (a) と直列接続 (b)

解 (a) 並列接続の場合，電位差を $\varDelta\phi$ として，$q_1 = C_1\varDelta\phi$，$q_2 = C_2\varDelta\phi$ であり，$q = q_1 + q_2 = (C_1 + C_2)\varDelta\phi$．これが合成したコンデンサーでは $q = C\varDelta\phi$ となるので，

$$C = C_1 + C_2 \tag{4.21}$$

となる．

(b) 直列接続の場合，それぞれのコンデンサーの電位差を $\varDelta\phi_1$，$\varDelta\phi_2$ とすると，$q = C_1\varDelta\phi_1$，$q = C_2\varDelta\phi_2$ が成り立つので，$\varDelta\phi_1 = q/C_1$，$\varDelta\phi_2 = q/C_2$．この場合，合成したコンデンサーの電位差は $\varDelta\phi = \varDelta\phi_1 + \varDelta\phi_2 = (1/C_1 + 1/C_2)\,q$ であり，これが $\varDelta\phi = q/C$ に等しいとおいて，

$$\frac{1}{C} = \frac{1}{C_1} + \frac{1}{C_2} \tag{4.22}$$

となる．

問題 9 極板の面積 S，間隔 d の平行平板コンデンサーの極板間に厚さ $d/2$ の導体を極板に平行に挿入したとき，電気容量が 2 倍になることを示せ．

4.5 静電場のエネルギー

前節で議論した平行平板コンデンサーの両極板に $\pm q$ の電荷を与えたときの静電エネルギー U を考えてみよう．このとき，両極板のそれぞれの静電ポテンシャルを ϕ_1，ϕ_2 とすると，それらは電荷のある極板表面上で一定なので，(4.5 a) より，

$$U = \frac{1}{2}(q\phi_1 - q\phi_2) = \frac{1}{2}q\,\varDelta\phi \tag{4.23}$$

と表される．また，(4.16) を上式に代入すると，

$$U = \frac{1}{2}C\,\varDelta\phi^2 = \frac{1}{2C}q^2 \tag{4.24}$$

とも表されることがわかる．

ところで，(4.23) の静電エネルギーは (4.5 a) をもとに導かれていること

からわかるように，電荷間のクーロン力による位置エネルギーの立場から求められている．ところが，例題4でみたように，平行平板コンデンサーの極板間には (4.18) で与えられる電場 E が存在している．しかも，この電場 E はコンデンサーの両極板に $\pm q$ の電荷を与えたことによって生じたのである．したがって，(4.23) や (4.24) の静電エネルギーは，この電場が担っていると見なすこともできるはずである．そこで，(4.18) より $q = \varepsilon_0 SE$ として，これを (4.24) に代入し，(4.20) を使って C を消去すると，

$$U = \frac{d}{2\varepsilon_0 S}(\varepsilon_0 SE)^2 = \frac{1}{2}\varepsilon_0 E^2 Sd$$

となり，これは

$$U = \frac{1}{2}\varepsilon_0 E^2 V \tag{4.25}$$

と表される．ここで，$V = Sd$ は電場 E が生じているコンデンサーの両極板間の体積である．

(4.23) が電荷間にはたらくクーロン力の位置エネルギーとしての静電エネルギーであるのに対して，(4.25) は確かに静電場のエネルギーとして表されている．さらに，(4.25) の両辺を体積 V で割ることにより，単位体積当たりの静電場のエネルギー $u_{\mathrm{e}} = U/V$（静電場のエネルギー密度）が定義できて，

$$u_{\mathrm{e}} = \frac{1}{2}\varepsilon_0 E^2 \tag{4.26}$$

と表される．これは後の章で電磁場を議論する際に便利な量である．

例題 6

平行平板コンデンサーの場合にはその両極板間の電場は一様であり，(4.26) はその場合の静電場のエネルギー密度である．実は，(4.26) は電場が空間的に変化して $E(\boldsymbol{r})$ と表されるような場合にも拡張でき，空間的に変化する静電場のエネルギー密度 $u_{\mathrm{e}}(\boldsymbol{r})$ は一般的に，

$$u_e(\boldsymbol{r}) = \frac{1}{2}\varepsilon_0 E(\boldsymbol{r})^2 \tag{4.27}$$

と表されることが知られている．電荷 q をもつ半径 a の導体球の場合について，(4.27) が成り立つことを確かめよ．

解 この場合の静電ポテンシャル ϕ は (4.10) で与えられるので，静電エネルギー U は (4.5 a) より

$$U = \frac{1}{2}q\phi = \frac{q^2}{8\pi\varepsilon_0 a} \tag{1}$$

となる．なお，孤立した導体球の電気容量は (4.12) であり，これを (4.24) に代入すれば上式が直ちに得られることに注意しよう．

導体球の外部では，その中心から距離 r の電場は $E(r) = q/4\pi\varepsilon_0 r^2$ だから，この場合の静電場のエネルギーは導体球の外のすべての空間について (4.27) を積分すればよい．球対称性を使って，積分の際の体積要素として半径 r，厚さ dr の球殻（体積 $4\pi r^2\,dr$）をとると，静電場のエネルギー U_e は

$$U_e = \int_a^\infty u_e(r)\cdot 4\pi r^2\,dr = 2\pi\varepsilon_0\left(\frac{q}{4\pi\varepsilon_0}\right)^2\int_a^\infty \frac{1}{r^2}\,dr = \frac{q^2}{8\pi\varepsilon_0 a} \tag{2}$$

となり，これは確かに (1) と一致する．すなわち，帯電した導体球の場合には，(4.27) は正しい静電場のエネルギー密度であることがわかる．

これまでのところ，(4.27) が静電場のエネルギー密度を与えることは，2つの特別な場合について示しただけである．(4.27) が一般的に成り立つことは，静電エネルギーの一般式 (4.7 a) にガウスの法則 (2.26) を代入して数学的に証明できる．ここでも数学に深入りしないことにし，興味ある読者のために，その証明は付録 E に示すことにする．ここで重要なことは，電荷を離れて，電場自体が空間の中でエネルギーをもち，その密度が (4.27) で与えられると解釈できることである．

ここはポイント!

問 題 10 極板の面積 S，間隔 d の平行平板コンデンサーに $\pm q$ の電荷を与えたときに，極板が引き合う力 F を求めよ．［ヒント：極板を $\varDelta d$ だけ引き離すには

$F\varDelta d$ だけの仕事をしなければならない．これが，コンデンサーに蓄えられた静電エネルギーの増分 $\varDelta U$ に等しい．]

4.6　まとめとポイントチェック

本章ではまず，電荷の配置に仕事が必要なことから電荷の静電エネルギーを定義し，多くの電荷を配置した場合の静電エネルギーを求めた．導体に電荷を与えると，電荷はその表面にしか存在できないが，これも配置された電荷の問題と見なすことができる．すなわち，導体のもつ静電エネルギーも同じように求められるのである．

電荷分布や電場に時間的変動がない静電気の問題では，導体内部の電場はゼロであることは前章までに述べた．したがって，導体の静電ポテンシャルは一定であり，導体の表面が等電位面となる．こうして原理的には，導体の周辺の静電ポテンシャルは，この境界条件のもとでラプラス方程式の解を求めることによって決められるのである．

ある一定の電位差のもとで導体に蓄えられる電荷量は，その導体の大きさや形で決まる．そのときに蓄えられる電荷量の目安が導体の電気容量なのである．コンデンサーとは，導体を近づけてなるべく多くの正負の電荷を蓄えるように工夫された装置である．

静電エネルギーでは電荷がもつ位置エネルギーという見方をしているが，より物理的な見方である近接作用の立場では，電荷が電場をつくり，その電場自体が，電場のない真空とは違ってエネルギーをもつということもできる．これが静電場のエネルギーであり，このように考えても矛盾がないことが本章で示された．ともかく，電場自体がエネルギーをもつという考え方は，後の章で電磁場を物理的に実在するものとして議論する際に重要となる．

ポイントチェック

- □ 電荷を配置するのに必要な仕事の量がわかった．
- □ 電荷の静電エネルギーが理解できた．
- □ 導体の表面が等電位であることがわかった．
- □ 導体がもつ静電エネルギーの考え方が理解できた．
- □ 導体の周りの静電ポテンシャルが，その表面が等電位であるという境界条件のもとでのラプラス方程式の解で与えられることがわかった．
- □ 導体の電気容量が，その大きさや形で決まることが理解できた．
- □ コンデンサーとはどのようなものかを説明できるようになった．
- □ 静電場のエネルギーがわかった．
- □ 電荷の静電エネルギーと静電場のエネルギーは同等であることが理解できた．

5 電流の性質

学習目標

- 電荷が保存することを理解する.
- 電荷の保存則を方程式で表すことができるようになる.
- 定常電流の性質を理解する.
- オームの法則が説明できるようになる.
- 電気伝導度がどのような物性量によるかを理解する.

電流が電荷の流れであることは明らかであろう. 前章までにみたように, 孤立した導体の内部の電場は常にゼロであるが, その両端に電池などの電源を使って電位差をつけると, 導体内に電場が生じ, 電流が流れる. 一方, 電荷は決してどこかに突然現れたり, どこかで突然消えたりしないという, 電荷の保存則が成り立つ. 本章では, この保存則から議論を始める.

電荷保存則を方程式の形にすると, これは電荷密度と電流密度の間に成り立つ厳密な微分方程式になる. これを基に, 電荷密度が時間によらない定常状態の場合を考えると, 定常電流の性質が得られ, 電流に関するキルヒホッフの第1法則が容易に導かれる. 導体の両端にかける電位差が小さいと, 導体を流れる電流は かけた電位差に比例する. この比例係数は導体中の電荷の流れやすさを表し, それから電気伝導度が定義できる. 電気伝導度は導体を構成する物質, 例えば金属の種類によって異なる値をもち, 実用的に重要な物性量である. 金属の自由電子の力学的な振舞いから, 電気伝導度が金属のどのような微視的な物性量で表されるかがわかる.

前章までの流れからみて, 本章で電流が議論されることは, あるいは唐突に思われるかもしれない. しかし, 電荷が電場の源泉であったように, 電流が電磁気学のもう1つの主役である磁場の源泉であることが次章以降の議論で明らかとなる. この意味で, 電流及びそれに関連する基本的な性質を理解しておくことはとても重要なことなのである.

5.1 電 流

電流とは，任意の断面を通過する単位時間当たりの荷電粒子の流れである．前章までにみたように，空間に孤立した導体に電荷を与えたり，静電場を掛けても，電荷が瞬時のうちに導体表面に集まって，導体内部の電場がゼロになるように分布する．しかし，外部電源を導体につなぐと，定常的に電流が生じる．理科の実験か何かで豆電球に電池をつないで灯したことは，誰もが小学生の頃に経験しているであろう．あるいは中学生か高校生の頃に，電解質溶液に電極を入れて電池につなぎ，電流計の振れを観察したかもしれない．これらはいずれも基本的には，導体中の荷電粒子の流れである電流を見ていたのである．

前章までは，巨視的（マクロ）にみて電荷の流れのない静的な電場などを議論してきたが，本章では，この巨視的な電荷の流れである電流の性質を議論するわけである．

電流の強さ I は，単位時間当たりに導体の任意の断面を通過する電荷の量で定義される．MKSA 単位系では電荷の単位が C（クーロン）なので，電流の単位は C/s であり，これを A（アンペア）とよんでいる．すなわち，1 [A] = 1 [C/s] である．また，電荷の流れには強さだけでなく向きもあるので，電流はベクトル量である．電荷はごく細い電線だけでなく，導体中を広がって流れることもある．そこで，単位時間中に単位面積を垂直に通過する電荷の流れとして，**電流密度**ベクトル $\boldsymbol{i}$ を定義しておくと便利である．なお，電流密度の MKSA 単位は [A/m^2] = [C・s^{-1}・m^{-2}] である．

5.2 電荷の保存則

電荷は突然どこかで消えたり，どこかに現れたりしない．あるところで消えた電荷が別のところで現れても，広い領域で見たら保存することになるが，

ここはポイント!

そのようなことも起きない．すなわち，物質粒子と同様に，電荷は局所的に保存するのである．この経験事実を方程式で表現してみよう．なお，物理量の保存を議論するには，空間変化だけでなく，時間変化も考慮しなければならない．そのため，これまでは時間変化を無視してきたが，本章のこの節だけは時間変化も考慮することにしよう．

空間の電荷密度を ρ とし，図 5.1 のように空間に微小な直方体 $\varDelta V = \varDelta x\,\varDelta y\,\varDelta z$ をとる．この微小な直方体の中では ρ は空間的に一様と見なしてよいので，これが含む電荷量は $\rho\,\varDelta V$ である．いま，時刻 t から微小時間 $\varDelta t$ が経過する間に微小直方体がもつ電荷量が $\varDelta\rho\,\varDelta V$ だけ変化したとしよう．上にも記したように，電荷は決して勝手に発生・消滅しないので，この電荷の増減は，微小直方体への電荷の外からの流入と外への流出だけによるものである．

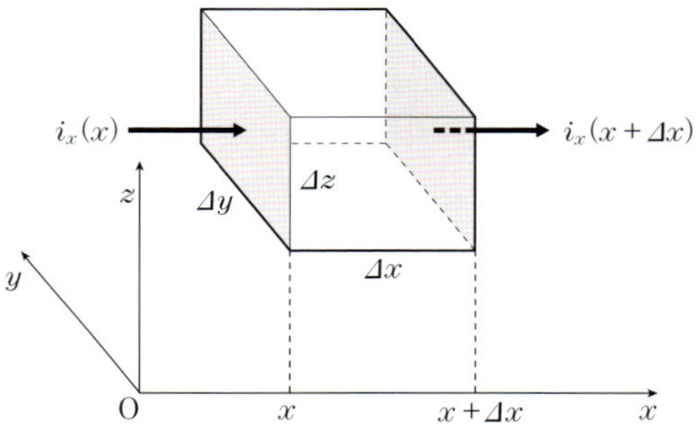

図 5.1 微小な直方体の中での電荷の増減

この電荷の流入と流出を，まず x 方向だけについて考えてみよう．図 5.1 をみてわかるように，x 方向の微小直方体への流入の電荷量は，電流密度の x 成分 $i_x(x)$ と流入する断面の面積 $\varDelta y\,\varDelta z$ の積 $i_x(x)\,\varDelta y\,\varDelta z$ である．同じように考えて，微小直方体からの流出の電荷量は $i_x(x+\varDelta x)\,\varDelta y\,\varDelta z$ と表される．こうして，微小な時間 $\varDelta t$ の間の電荷の流入と流出による増減は

$$[i_x(x) - i_x(x+\varDelta x)]\,\varDelta y\,\varDelta z\,\varDelta t \tag{5.1}$$

となる．ここで，カッコ内第 2 項にマイナスが付くのは，流出が電荷量の減少に当たるからである．また，$\varDelta x$ が微小量なので，その 1 次までの近似で

$$i_x(x+\varDelta x) \cong i_x(x) + \frac{\partial i_x}{\partial x}\varDelta x \tag{5.2}$$

とおくことができる．この近似式の意味がよくわからないときは，姉妹書の『物理学講義 力学』の付録 A を参照するとよい．上式で i_x に対する x の偏微分 $\partial i_x/\partial x$ が出てきたのは，i_x が x 方向の他に y, z 方向にも変化し得るからで，それらと区別するためにすぎない．

(5.2) を (5.1) に代入することによって，x 方向の流れによる微小直方体内での電荷量の増減は，

$$-\frac{\partial i_x}{\partial x}\varDelta x\,\varDelta y\,\varDelta z\,\varDelta t = -\frac{\partial i_x}{\partial x}\varDelta V\,\varDelta t \tag{5.3}$$

と表されることがわかる．同様にして，y, z 方向の流れによる微小直方体内での電荷量の増減も

$$-\frac{\partial i_y}{\partial y}\varDelta V\,\varDelta t, \qquad -\frac{\partial i_z}{\partial z}\varDelta V\,\varDelta t$$

となるので，微小直方体内における電荷量の流入と流出による増減の総量は

$$-\left(\frac{\partial i_x}{\partial x}+\frac{\partial i_y}{\partial y}+\frac{\partial i_z}{\partial z}\right)\varDelta V\,\varDelta t \tag{5.4}$$

となる．

ここで (2.22) を思い出すと，上式のカッコ内は電流の発散 $\nabla\cdot\boldsymbol{i}(\boldsymbol{r})$ であることがわかる．以上により，電荷の流れによる微小直方体内における電荷量の増減の総量は

$$-\nabla\cdot\boldsymbol{i}(\boldsymbol{r})\,\varDelta V\,\varDelta t \tag{5.5}$$

と表される．ところが，電荷が決して勝手に発生・消滅しないことから，これが微小時間 $\varDelta t$ の間に微小直方体内で増減した電荷量 $\varDelta\rho\,\varDelta V$ に等しくなければならない．すなわち，

$$\varDelta\rho\,\varDelta V = -\nabla\cdot\boldsymbol{i}(\boldsymbol{r})\,\varDelta V\,\varDelta t$$

である．この両辺を $\varDelta V\,\varDelta t$ で割り，$\varDelta t\to 0$ の極限をとると，左辺の $\varDelta\rho/\varDelta t$

は偏微分 $\partial\rho/\partial t$ になる．ここでも偏微分で表す理由は，電荷密度 ρ が一般に時間 t だけでなく，空間座標 $\boldsymbol{r} = (x, y, z)$ にもよるので，それと区別するためである．以上によって，

$$\frac{\partial\rho}{\partial t} + \nabla \cdot \boldsymbol{i}(\boldsymbol{r}) = 0 \tag{5.6}$$

という関係式が導かれる．

この式は，電荷が空間のどこにおいても決して勝手に発生・消滅しないことだけから導かれたので，**電荷の保存則**を表している重要な方程式である．

電荷と同様，物質粒子も勝手に発生・消滅しない．したがって，ρ を粒子密度，$\boldsymbol{i}$ を粒子の流れ密度とすれば，(5.6) は物質粒子の保存則を表し，流体力学では**連続の式**ともよばれ，とても重要な方程式である．

5.3 定常電流

大きさが一定で時間的に変化しない電流を**定常電流**という．このとき，電荷密度も時間的に変化しないので，(5.6) の左辺第1項はゼロであり，定常電流は

$$\nabla \cdot \boldsymbol{i}(\boldsymbol{r}) = 0 \tag{5.7}$$

の関係を満たす．この式の意味を，太さが必ずしも一様でない導線を流れる定常電流について考えてみよう．

図5.2のような導線があり，定常電流が流れているものとしよう．図のように，導線の断面1（断面積 S_1）を通る電流密度を $\boldsymbol{i}_1$，断面2（断面積 S_2）を

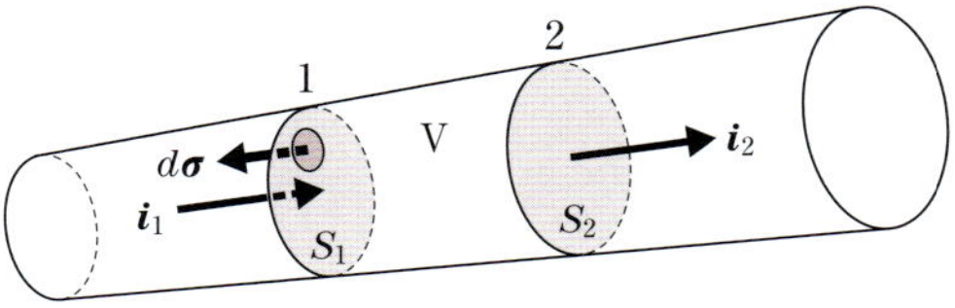

図 5.2 太さが一様でない導線を流れる定常電流

通る電流密度を $\boldsymbol{i}_2$ とし，両断面に区切られた導線部分を領域 V とする．この領域 V において電流密度 $\boldsymbol{i}$ に対してガウスの定理 (2.21) を適用すると，

$$\int_{\mathrm{V}} \nabla \cdot \boldsymbol{i}(\boldsymbol{r})\, dV = \int_{\mathrm{S}} \boldsymbol{i}(\boldsymbol{r}) \cdot d\boldsymbol{\sigma} \tag{5.8}$$

が成り立つ．ここで，導線の表面から出入りする電流はないので，右辺の面積積分のうち，導線の表面からの寄与はゼロである．また，断面 1 での電流密度の面積積分は，この断面を通過する電流 $-I_1$ に他ならない．ここでの負号は，図 5.2 でわかるように，断面 1 では面積要素ベクトル $d\boldsymbol{\sigma}$ と電流密度 $\boldsymbol{i}$ の向きが逆のためである．同様にして，残りの断面 2 での電流密度の面積積分は，断面 2 を通過する電流 I_2 である．こうして，(5.8) の右辺は $-I_1 + I_2$ となる．

他方で，(5.7) より (5.8) の左辺はゼロであり，その両辺の比較から

$$I_1 = I_2 \tag{5.9}$$

という単純な結果が得られる．しかし，これは直観的には明らかで，もし $I_1 > I_2$ だとすると，導線の断面 1 と 2 の間の部分で電荷がたまることになり，電荷密度が時間変化せず定常電流が流れているということと矛盾する．

(5.9) は，導線の太さが変化して電流密度が変わっても，その断面を通過する定常電流の大きさ I は変わらないことを示している．このことから，実用的には，電流密度より電流を使う方がはるかに便利であることがよくわかるであろう．しかし，電流密度を使うと電荷の保存則が (5.6) のように簡潔な式で表され，物理学的には電流密度の方がより重要である．

図 5.3 のように導線を線状に描くことにすると，(5.9) は図 5.3 (a) のように図示できる．これに対して，図 5.3 (b) の場合には導線が点 P で二又に分かれている．この場合にも点 P で電荷がたまらないための条件として，

$$I_1 = I_2 + I_3 \tag{5.10}$$

が導かれる．これは電流に関する**キルヒホッフの第 1 法則**に他ならない．

(5.10) はさらに一般化することができる．いま，導線が分岐したり融合し

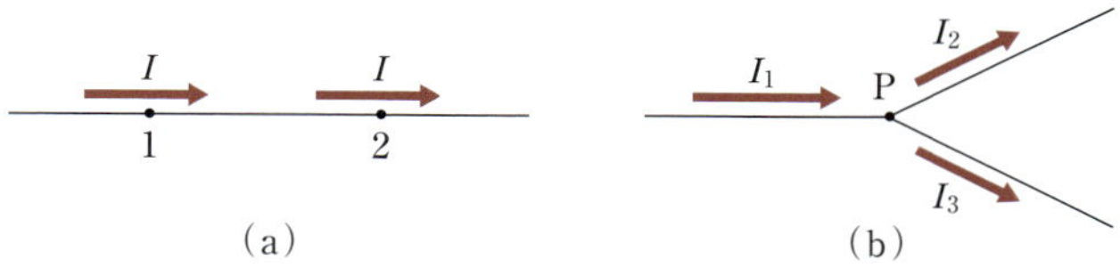

図 5.3　導線のどの点でも，出入りする電流の収支は変わらない．

たり交差していて，定常電流が流れているものとする．このような導線上のある点に出入りする電流 I_i ($i = 1, 2, \cdots, n$) があり，その点から流れ出る電流を正の量，流れ込む電流を負の量とすると，その点での電流の総和はゼロである：

$$\sum_{i=1}^{n} I_i = I_1 + I_2 + \cdots + I_n = 0 \tag{5.11}$$

ここはポイント!

以上の結果はすべて，電荷の保存則を定常電流に適用して導かれたことに注意しよう．

5.4　オームの法則

導体の両端に電池などの電源を使って電位差をつけると，導体に電流が流れることはよく知られている．導体に掛ける電位差 $\varDelta\phi$ が小さいときには，導体を流れる電流 I は $\varDelta\phi$ に比例し，

$$I = \frac{1}{R}\varDelta\phi \tag{5.12}$$

と表される．これを**オームの法則**といい，R は導体の電気抵抗である．電気抵抗の単位は，電流を A（アンペア），電位差を V（ボルト）とする MKSA 単位系では Ω（オーム）で表され，1 [Ω] = 1 [V/A] である．

いま，断面積 S，長さ l の一様な導線があり，その電気抵抗を R として，この導線の両端に電位差 $\varDelta\phi$ を掛けたところ，電流 I が流れたとしよう．ここ

で電位差 $\Delta\phi$ や導線の長さ l は変えないで，導線の断面積だけを 2 倍にすると，電流も 2 倍になる．(5.12) より，そのためには電気抵抗 R が半分にならなければならない．すなわち，電気抵抗 R は導線の断面積 S に反比例する．

次に，電位差と断面積は固定して，長さを 2 倍にしてみよう．すると，この場合にはもとの長さ l にかかる電位差は半分の $\Delta\phi/2$ になり，この長さ l の部分に流れる電流は半分になる．電流はどの部分でも変わらないので，長さを 2 倍にしたことで電流が半分になるが，(5.12) より，そのためには電気抵抗 R が 2 倍にならなければならない．すなわち，電気抵抗 R は導線の長さ l に比例することになる．

以上の考察から，導体の電気抵抗 R は導線の長さ l に比例し，その断面積 S に反比例することがわかる．この関係は

$$R = \rho\frac{l}{S} \tag{5.13}$$

と表される．ここで，比例係数 ρ は**抵抗率**とよばれ，導線の素材や温度による物理量であり，単位は (5.13) より [Ω・m] である．

抵抗率は導体の電流の通り難さを表すが，電流の通りやすさを表す量の方が実用的であろう．そのためには，抵抗率の逆数

$$\sigma = \frac{1}{\rho} \tag{5.14}$$

をとればよい．この σ [$\Omega^{-1}\cdot\mathrm{m}^{-1}$] は**電気伝導度**とよばれ，導線をなす物質の電流の流れやすさを表す重要な物理量である．

例えば，代表的な金属の電気伝導度のおおよその値は，温度 20℃で，

銅（Cu）	$5.8\times10^{7}\ \Omega^{-1}\cdot\mathrm{m}^{-1}$
アルミニウム（Al）	$3.6\times10^{7}\ \Omega^{-1}\cdot\mathrm{m}^{-1}$
鉄（Fe）	$1.0\times10^{7}\ \Omega^{-1}\cdot\mathrm{m}^{-1}$

である．それに対して，ガラスなどの普通の絶縁体の電気伝導度は

$10^{-15}\,\Omega^{-1}\cdot\mathrm{m}^{-1}$ 程度である．導体である金属と絶縁体の電気伝導度のこの極端に大きな差は，古典的な物理学では理解できそうにない．実際，これは1920年代の量子力学の発見により，物質の微視的（ミクロ）な構造と物質中の電子のエネルギー状態が理解できるようになって，ようやくわかってきたことである．

(5.12) は，断面積 S，長さ l の導線の両端に電位差 $\Delta\phi$ をかけたときに導線を流れる電流を与え，そのときの導線の電気抵抗は (5.13) であった．そこで (5.14) を (5.13) に代入し，その結果を (5.12) に代入して整理すると，

$$\frac{I}{S} = \sigma \frac{\Delta\phi}{l}$$

が得られる．この式の左辺は電流密度の大きさ i であり，右辺の $\Delta\phi/l$ は導線の中の電場の大きさ E である．したがって，上式は

$$i = \sigma E \tag{5.15}$$

と，簡潔に表現できる．

さらに，電流密度と電場はベクトル量であり，かつ空間の位置 $\boldsymbol{r}$ で局所的に定義できることを考慮すると，上式は

$$\boldsymbol{i}(\boldsymbol{r}) = \sigma\,\boldsymbol{E}(\boldsymbol{r}) \tag{5.16}$$

と一般化できる．これは空間の各位置で局所的に表現したオームの法則である．

問題 1 直径 0.5 mm の銅線に 10 A の電流が流れているとき，導線中の電場の強さを求めよ．

ちなみに，**キルヒホッフの第 2 法則**は閉じた回路（閉回路）についての静電ポテンシャルの保存則である．電源の起電力も含めて，回路の各部での電位差を $\Delta\phi_i$ $(i = 1, 2, \cdots, n)$ とすると，定常電流が流れている定常状態では，閉回路のどの部分から出発しても，もとのところに戻れば，はじめとの電位の差はあり得ない．すなわち，閉回路の各部の電位差の総和はゼロとなり，

$$\sum_{i=1}^{n} \varDelta\phi_i = \varDelta\phi_1 + \varDelta\phi_2 + \cdots + \varDelta\phi_n = 0 \tag{5.17}$$

が成り立つ.

例えば，起電力 V_{e} の電源に抵抗 R がつながれて電流 I が流れているとき，抵抗での電位差（電圧降下）は $-RI$ なので，$V_{\mathrm{e}} - RI = 0$，すなわち，$V_{\mathrm{e}} = RI$ というよく知られたオームの法則の式が得られる．定常電流ではあっても電流は流れているわけで，完全に静的ではないと思うかもしれないが，電源がする仕事は回路の各部でのジュール熱に変換され，静電ポテンシャルだけをみると保存していて，(5.17) が成り立っているのである.

キルヒホッフの第1法則と第2法則を使うと，抵抗からなる回路の各部分を流れる電流を決めることができる.

問 題 2 電池には，小さいが避けられない抵抗があり，これを内部抵抗という．起電力 1.50 V の電池を 1 Ω の抵抗につないだところ，1.43 A の電流が流れた．この電池の内部抵抗を求めよ．また，つないだ抵抗での電圧降下はいくらか.

5.5 電気伝導度の導出

孤立した導体に電荷を与えても電場をかけても，その表面に電荷が分布して導体内の電場がゼロになることは，これまで何度も述べた．しかし，導体に電池などの電源をつなぐと，導体中に電場が生じ，電荷が流れて電流が流れ続ける．銅などの金属では，それを構成する原子1個から1個程度の自由電子が放出され，それが電流を担うのである．本節では，この自由電子の金属中での振舞いを，すでに学んだ古典力学を使って少しばかりミクロな視点で議論し，金属の電気伝導度 σ がどのようなより基本的な量に依存するかを考えてみよう.

金属中には 1 cm^3 につき 10^{23} ほどの自由電子があり，それらが自分たち同士だけでなく，自由電子を失って正に帯電し，格子状に並んでいる金属原子ともクーロン相互作用をしている．それにもかかわらず，1個の自由電子だけを取り出してその振舞いを調べても有用な結果が得られるところが，物理学の面白さであろう．その大まかな理由は，1個の自由電子から大ざっぱに周りを見渡すと，たくさんある正負の電荷がすっかり塗りつぶされて電荷がないようにみえるからである．このような場合には，1個の電子の運動は力学的に容易に扱うことができる．

電子の質量を m，電荷を $-e$ とする．e は電荷の基本単位（電気素量）で，これらの大まかな数値は

$$m = 9.11 \times 10^{-31}\ [\mathrm{kg}], \qquad e = 1.60 \times 10^{-19}\ [\mathrm{C}]$$

である．

この電子が一様な静電場 $\boldsymbol{E}$ のかかった真空中にあり，速度 $\boldsymbol{v}$ で運動しているとしよう．このような状況は，実際に真空管やブラウン管の中の電極間でみられる．このとき，電子には $-e\boldsymbol{E}$ の力がはたらくので，電子の運動方程式は，力学で学んだように，

$$m\frac{d\boldsymbol{v}}{dt} = -e\boldsymbol{E} \tag{5.18}$$

で与えられる．この微分方程式の解は，時刻 $t=0$ での電子の速度（初速度）をゼロとすると，時刻 t で

$$\boldsymbol{v} = -e\boldsymbol{E}t \tag{5.19}$$

となり，これが等加速度運動を表していることは，力学で学んだであろう．

この (5.19) は，例えば，真空管やブラウン管の陰極から出た電子が電場で加速されて，等加速度運動しながら陽極に向かう運動を表している．このとき，単位体積当たりの電子数である電子密度を n とすると，電流密度 $\boldsymbol{i}$ は

$$\boldsymbol{i} = n(-e)\boldsymbol{v} \tag{5.20}$$

で与えられるので，(5.19) より

$$\boldsymbol{i} = ne^2\boldsymbol{E}t \tag{5.21}$$

となる．しかし，これでは電流は時間とともに増え続けることになるので，

定常電流ではない．

以上の議論から，定常電流になるためには，電場による電子の加速度運動を妨げる仕組みが必要であることがわかる．

考えてみると，金属は原子からなる格子でできており，金属中の自由電子は自由だといっても，そこらじゅうにある格子原子とぶつかることが考えられる．この衝突が金属中でランダムに起こるとすれば，これは一種の摩擦現象と見なすことができる．経験的には，摩擦力 $\boldsymbol{f}$ は，質量と速度が大きいほど強い．そこで，この場合の摩擦力 $\boldsymbol{f}$ も電子の質量 m と速度 $\boldsymbol{v}$ に比例すると仮定しよう．また，衝突と衝突の間の平均的な時間（衝突間時間）を τ とすると，τ が長ければ衝突の効果が小さくなり，摩擦力も弱くなるであろう．そこで，摩擦力 $\boldsymbol{f}$ は τ に反比例すると仮定する．

こうして，摩擦力が運動の向きとは逆向きにはたらくことを考慮して，粗い近似で

$$\boldsymbol{f} = -\frac{m\boldsymbol{v}}{\tau} \tag{5.22}$$

とおくことができる．ここで，右辺がちょうど力の次元をもつことに注意しておく．また，上式では比例係数を 1 としていることが気になるかもしれない．しかし，衝突間時間 τ というのはあいまいな量なので，ここではあまり厳密に構えないことにしよう．

電子には電場による力 $-e\boldsymbol{E}$ だけでなく，摩擦力 $\boldsymbol{f}$ もはたらくとして，(5.22) を (5.18) に付け加えると，電子の運動方程式は

$$m\frac{d\boldsymbol{v}}{dt} = -e\boldsymbol{E} - \frac{m\boldsymbol{v}}{\tau} \tag{5.23}$$

となる．これは $\boldsymbol{v}$ についての線形 1 階非同次微分方程式であり，力学で学んだように，その一般解は比較的容易に求められる．しかし，ここでは定常電流に注目しているので，一気に定常解を求めてみよう．

定常解では時間依存性がないので，(5.23) の左辺はゼロとおくことがで

き，定常的な速度 $\boldsymbol{v}$ は

$$\boldsymbol{v} = -\frac{\tau e \boldsymbol{E}}{m} \tag{5.24}$$

と容易に求められる．これを (5.20) に代入することにより，定常電流の電流密度は

$$\boldsymbol{i} = \frac{ne^2\tau}{m}\boldsymbol{E} \tag{5.25}$$

ここはポイント!

となる．これは電流が電場に比例することを表しており，自由電子の金属中での衝突を考慮することによってオームの法則を導いたことに相当する．(5.25) と (5.16) を比較することにより，金属中の自由電子の電気伝導度 σ は

$$\sigma = \frac{ne^2\tau}{m} \tag{5.26}$$

で与えられる．

問 題 3 銅の自由電子密度を $n = 8.4 \times 10^{28}$ [m^{-3}] として，断面積 2 mm^2 の銅線に 1 A の電流を流したときの自由電子の平均速度 v を求めよ．[ヒント：電流密度の大きさ i が (5.20) より $i = nev$ で与えられることを使えばよい．]

例 題

定常電流の場合には，電場は電子に力を加え，電子は電流の担い手として動いている．すなわち，電場はせっせと電子に仕事をしているが，電子は定常的に流れているだけなので，その運動エネルギーは増加しない．電場によるこの仕事は，単位時間，単位体積当たりに発生する熱エネルギーであるジュール熱

$$J = \boldsymbol{E}\cdot\boldsymbol{i} = \sigma E^2 = \frac{1}{\sigma}i^2 \tag{5.27}$$

となることを示せ．

解　電子は電場から $-e\boldsymbol{E}$ の力を受け，時間 $\varDelta t$ の間に $\boldsymbol{v}\varDelta t$ だけ動くので，電場は電子1個に対して仕事 $\varDelta w = -e\boldsymbol{E}\cdot\boldsymbol{v}\varDelta t$ をする．単位体積中のすべての電子にする仕事は $\varDelta W = n\varDelta w = -ne\boldsymbol{E}\cdot\boldsymbol{v}\varDelta t$ である．これに (5.24) を代入すると，

$$\varDelta W = \frac{ne^2\tau}{m}\boldsymbol{E}\cdot\boldsymbol{E}\varDelta t = \sigma\boldsymbol{E}\cdot\boldsymbol{E}\varDelta t = \boldsymbol{E}\cdot\boldsymbol{i}\varDelta t$$

となり，これが電子の熱運動である熱エネルギーに変換される．したがって，単位時間，単位体積当たりに発生する熱エネルギーであるジュール熱は $J = \varDelta W/\varDelta t$ で表され，確かに (5.27) の $J = \boldsymbol{E}\cdot\boldsymbol{i}$ が得られる．

問題 4　断面積 S，長さ l の抵抗 R に電圧 V がかかって電流 I が流れているとき，この抵抗に単位時間に発生するジュール熱を P と表すと

$$P = VI = RI^2 = \frac{V^2}{R} \tag{5.28}$$

となることを示せ．

ニクロム線でできている電熱器でお湯などを沸かすことができるのは，この例題にあるジュール熱のおかげである．単位時間，単位体積当たりのジュール熱 J の単位は $[\mathrm{V\cdot m^{-1}\cdot A\cdot m^{-2} = J\cdot s^{-1}\cdot m^{-3}}]$ であり，単位 [J] はエネルギーの MKSA 単位のジュールである．また，問題4で求めた，より実用的な単位時間当たりのジュール熱 P の単位は $[\mathrm{V\cdot A = J\cdot s^{-1}}]$ であり，これはワット [W] とよばれて日常的に使われている．

ところで，導体である銅などの金属に対して，電気伝導度 σ の測定値と n などの物理量を (5.26) に代入して衝突間時間 τ を求め，1つの衝突と次の衝突の間の距離 l (平均自由行程という) を計算すると，$l \approx 100$ [Å] (オングストローム；1 [Å] $= 10^{-10}$ [m]) という値が得られる．金属の原子間距離が大体1Åであることを考えると，こんなにも長い距離を衝突なしで電子が動くことは意外な結果である．実はこれも古典物理学では理解できないことで，量子力学によって，電子は粒子的に振舞うだけでなく波の性質も併せもつことがわかってはじめて理解できたことである．すなわち，金属中で電気伝導

を担う電子は格子の中を波動として伝わるというわけである．それがなぜかは別として，それなら格子間隔よりずっと長い距離を伝わってもよいことがわかる．

5.6 まとめとポイントチェック

電流は電荷の流れであり，電荷は決してどこかに突然現れたり，どこかで突然消えたりしない．本章ではまず，この電荷の保存則を電荷密度と電流密度の間に成り立つ厳密な微分方程式の形で表した．そして，これを基礎に，電荷密度が時間によらない定常状態の場合を考えることによって，定常電流が満たすべき関係式を得た．この関係式から電流に関するキルヒホッフの第1法則を導くことは容易である．すなわち，キルヒホッフの第1法則は電荷の保存則の結果なのである．

導体の両端にかける電位差が小さいと，導体を流れる電流は かけた電位差に比例する．これはオームの法則としてよく知られている．この比例係数は導体中の電荷の流れやすさを表し，それから電気伝導度が定義できる．電気伝導度は導体を構成する物質，例えば金属の種類に依存し，実用的に重要な物理量である．

金属の自由電子について運動方程式を立て，その定常解がオームの法則を再現することをみた．さらにこの結果より，電気伝導度がどのような物理量で表されるかがわかった．

ポイントチェック

- □ **導体が孤立している場合と定常電流が流れている場合の，導体内の電場の違いがわかった．**
- □ **電荷の保存則の物理的な意味がわかった．**

- □ 電荷の保存則が微分方程式で表されることが理解できた.
- □ 定常電流とはどのようなものかがわかった.
- □ キルヒホッフの第1法則がなぜ成り立つかが理解できた.
- □ オームの法則が理解できた.
- □ 物質の電気伝導度が説明できるようになった.
- □ 金属の電気伝導度の導き方がわかった.
- □ ジュール熱がなぜ発生するのかが理解できた.

6 静磁場

学習目標

- **磁荷がないことを理解する.**
- **磁力線は閉曲線であることを理解する.**
- **磁場に関するガウスの法則の導き方を理解する.**
- **電流が磁場をつくることを理解する.**
- **積分形と微分形のアンペールの法則の導き方を理解する.**
- **アンペールの法則を使って磁場の計算ができるようになる.**
- **静磁場の基本法則の意味を説明できるようになる.**
- **静電場と静磁場の基本法則の対比を説明できるようになる.**

本章では，電場とともに電磁気学のもう1つの主役である磁場の基本的な性質を調べ，静磁場の基本法則を導いて静電場のそれと対比してみる．電場の場合に活躍した正負の電荷と違って，磁場の場合には単独のN磁荷やS磁荷というものは見つかっていない．このことから，電荷と電場に関するガウスの法則に対応した磁場に関するガウスの法則が導かれる．それが静磁場の第1の基本法則である．電流がその周囲に磁場をつくり，2つの電流は磁場を介して力をおよぼし合う．これがちょうど，電荷が電場をつくり，2つの電荷が電場を介して力をおよぼすことに該当する．すなわち，静電場での電荷と電場の関係が，静磁場での電流と磁場の関係に対応するのである．

単独の磁荷がないことから，磁力線は閉曲線となる．これが電気力線と本質的に違う磁力線の特徴である．電流の周りに閉曲線をとり，その閉曲線に沿って磁場の線積分を計算すると，それはその閉曲線を通る電流に比例する（アンペールの法則）．これが静磁場の第2の基本法則である．

積分形のガウスの法則を使って静電場を計算したように，電流が単純な形をとる場合には，積分形のアンペールの法則を使って静磁場を計算できる場合がある．しかし，電流がちょっとでも複雑な形になると，アンペールの法則ではお手上げになる．一般的な電流に対する磁場の計算は次章に譲る．

静電場と静磁場は互いに独立で，結合していない．しかし，それぞれの基本法則は，静電場，静磁場の特徴を反映して，明白な物理的意味をもっており，両者の間には明らかな対応関係がある．

6.1 磁荷に関するクーロンの法則と磁場

子供の頃，2つの磁石を使って，N極とS極とは引き合うのに，N極同士，あるいはS極同士では反発し合うことを試してみた人は多いであろう．あるいは，紙を掲示するのに使うボタン状のマグネット2個を近づけるとパチッと強くくっ付くが，一方を持って他方を回転させると簡単にはがれる，などの経験をした人も多いかもしれない．

これらの現象は，明らかに正負電荷の振舞いと類似している．つまり，N極にはN磁荷が，S極にはS磁荷があり，N磁荷とS磁荷は引き合うが，N磁荷同士あるいはS磁荷同士は反発し合うというわけである．実際，電荷についてのクーロン力を発見したクーロンは磁荷の存在を仮定し，距離rだけ離れた磁荷q_{m}とQ_{m}との間に電荷の場合と同じ逆2乗則に従う力

$$f = \alpha \frac{q_{\mathrm{m}} Q_{\mathrm{m}}}{r^2} \tag{6.1}$$

がはたらくことを見出した．ここでαは，磁荷の単位を決めたときに決まる係数である．

(6.1) は，離れた磁荷同士が直接作用し合う形になっており，遠隔作用的である．しかし，近接作用の方がずっと物理的でもっともらしいことは，電荷の場合に電場$\boldsymbol{E}$を導入したときと同様である．すなわち，この場合にも磁荷の作用を遠くまで伝える媒介役として，磁場というもの（一般に$\boldsymbol{B}$で表す）を導入したくなる．実際，時間に依存する電磁気的な現象には，電場と同様，磁場も必要であることは以後の各章で議論する．日常的には，ラジオ，テレビ，携帯電話，スマートフォンなどで，電磁波としての電場，磁場に我々は毎日世話になっている．

磁場の空間的な変化の様子が磁力線で表されることも，電場に対する電気力線の場合と同様である．これも子供の頃に，磁石で砂をかき混ぜて砂鉄を集め，馬蹄型の磁石を垂直に立ててその上に水平に紙を載せておき，それに

砂鉄をばらまいて眺めたことがあるのではなかろうか．図 3.6 (b) の電気力線とそっくりのパターンが見られたはずである．

ここはポイント!

しかし実際には，(6.1) を出発点とするこの単純な電場と磁場の対応関係は成り立たない．(6.1) は磁石同士が引き合ったり反発したりする現象を記述しそうにみえるが，肝心の磁荷が単独ではどうしてもみつからず，物理的には本質的に正しくないのである．

6.2 磁力線の性質

(6.1) で表されるような電場 $\boldsymbol{E}$ と磁場 $\boldsymbol{B}$ の間の類似は見掛けのことで，両者の間には重要な差異がある．次に，それを議論しよう．

図 6.1 (a) のような孤立した細長い導体に対して平行に電場 $\boldsymbol{E}$ をかけると，図のように両端に正負の電荷が誘起される．これは，これまでにみてきたとおりである．この導体を 2 つに切断することで，図のように正負の電荷を別々に分けられる．すなわち，正と負の電荷はそれぞれ単独に存在する．これは電気の発見当初から知られていることで，何の不思議もない．

ところが，図 6.1 (b) のように，棒磁石を 2 つに切断しても，切断面のそれぞれに N 極と S 極が新たに現れて，長さが半分になった棒磁石ができるだけで，N 極と S 極を別々に分けることができない．できた棒磁石をさらに

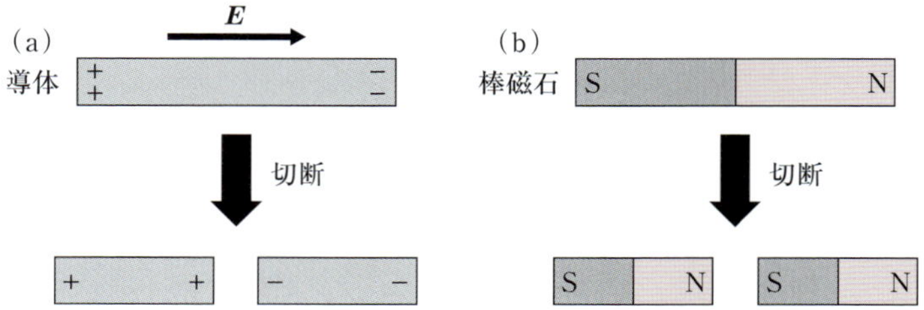

図 6.1 正負単独の電荷は分離できる (a) が，S と N 単独の磁極は分離できない (b).

半分に切断しても事情は同じで，棒磁石をどこまで短くしても，それぞれ単独のN極とS極をとり出すことはできない．これは経験的に知られていることであるが，この事実は，電荷と違って単独の磁荷は存在しないことを表す．したがって，磁荷の存在を前提にした (6.1) は見掛けの現象を表しているだけで，現在では歴史的な意味をもつにすぎない．

磁場が存在するのは間違いないとして，単独の磁荷がないとなると，磁力線はどうなるであろうか．電場の場合，電気力線は正電荷から出て負電荷に吸い込まれるので，静電場の電気力線は閉曲線にはなり得ない．この経験的な事実から，静電場の基本法則である電荷と電場についてのガウスの法則 (2.7) と，電場についての渦なしの法則 (2.20) が導かれたのであった．これに対して，磁場の場合には磁力線はN極から出てS極に入る．ところが，上に記したように，両極の間をどれだけ短くしてもN極とS極のペアは消えない．したがって，電気力線とは対照的に，磁力線は閉曲線になっていると考えざるを得ない．

この磁力線の特徴と静電場の基本法則が導かれた経緯を考慮すると，静磁場の基本法則は次のようになるであろう．まず，単独電荷の存在に関わるガウスの法則 (2.7) に対して，単独磁荷が存在しないことを表す法則が考えられる．次に，静電場の渦なしの法則 (2.20) に対して，静磁場の渦ありの法則が予想される．これらを順に議論していこう．

6.3 磁場に関するガウスの法則

図 6.2 のように，磁場中に任意の領域Vをとり，その表面（閉曲面）をSとする．図で磁場は磁力線で描かれている．表面S上の位置 $\boldsymbol{r}$ に面積要素 dS をとり，そこでの磁場を $\boldsymbol{B}(\boldsymbol{r})$，法線を $\boldsymbol{n}$ とする．このとき，面積要素ベクトルが $d\boldsymbol{\sigma} = \boldsymbol{n}\,dS$ であることはこれまでどおりである．前節で議論したように，磁力線は閉曲線なので，表面S上のある点を通って領域Vに入った

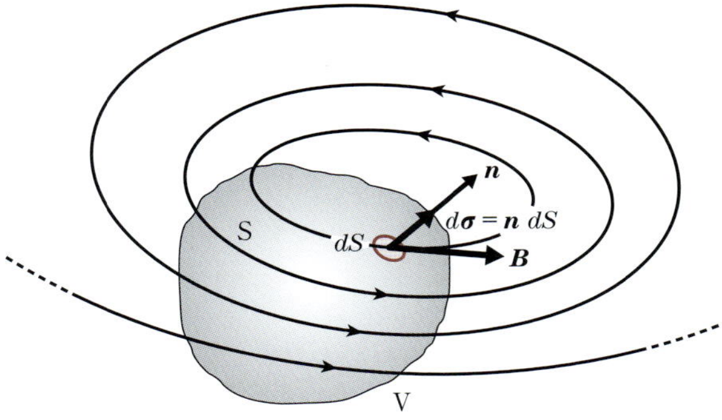

図 6.2　領域 V (表面 S) の面積要素 dS における磁場 $\boldsymbol{B}$

磁力線は，どれも必ず表面 S 上のどこか別の点から出て行くことになる．もちろん，領域 V の中で閉じている磁力線や外にあるものは，表面 S 上での出入りに関係しない．

ところで，電場の場合と同じように，磁場も磁力線の疎密に比例するので，任意の表面での磁場の面積積分は，その表面を通過する磁力線の数に比例する．ここでも電場の場合と同様に，領域 V から出る磁力線を正と数え，入り込む方を負と約束しておくと，

$$\int_S \boldsymbol{B}(\boldsymbol{r})\cdot d\boldsymbol{\sigma} = \int_S \boldsymbol{B}(\boldsymbol{r})\cdot \boldsymbol{n}\,dS$$

は，領域 V の表面 S を通過する磁力線の数の収支に比例することになる．上に記したように，領域 V に入った磁力線は必ず出ていくので，磁力線の出入りの収支はゼロでなければならない．したがって，常に

$$\int_S \boldsymbol{B}(\boldsymbol{r})\cdot d\boldsymbol{\sigma} = \int_S \boldsymbol{B}(\boldsymbol{r})\cdot \boldsymbol{n}\,dS = 0 \tag{6.2}$$

が成り立つことになる．これは電場と電荷の場合の積分形のガウスの法則 (2.7) に対応するもので，**磁場に関する積分形のガウスの法則**であり，物理的には**磁荷なしの法則**ということができる．

ここで，ベクトル解析の数学的な定理であるガウスの定理 (2.21) を思い

出そう．これはベクトル場の面積積分と体積積分を関係づける定理であった．それによると，(6.2) の左辺の磁場の面積積分は磁場の発散 $\nabla \cdot \boldsymbol{B}(\boldsymbol{r})$ の体積積分で表され，結局，

$$\int_{\mathrm{V}} \nabla \cdot \boldsymbol{B}(\boldsymbol{r})\, dV = 0 \tag{6.3}$$

が得られる．領域 V は磁場中に任意にとったので，それにもかかわらず (6.3) が常に成り立つためには，被積分関数がゼロでなければならず，

$$\nabla \cdot \boldsymbol{B}(\boldsymbol{r}) = 0 \tag{6.4}$$

が成り立つことになる．これは**磁場に関する微分形のガウスの法則**であり，空間の任意の位置 $\boldsymbol{r}$ で成り立たなければならず，局所的に表した磁荷なしの法則である．

ここはポイント!

(6.4) は物理的には単独の磁荷（磁気単極子，マグネティック・モノポールあるいは単にモノポールともよばれる）がこの世に存在しないことを表す重要な関係式である．また，これは空間の任意の位置で局所的にモノがあるかどうかを表している式なので，磁場が時間に依存する場合にも成り立つ普遍的な式でもある．そのために，(6.4) は電磁気学の基礎方程式で後に詳しく議論するマクスウェル方程式の第 2 方程式の地位にあり，電場（電束）と電荷に関するガウスの法則 (2.27) がマクスウェル方程式の第 1 方程式であることと対応する．

6.4 電流の磁気作用 ―エールステッドの発見―

磁鉄鉱が磁石になることは古くから知られていたが，この鉱物の何が磁場を生み出すのかは 20 世紀の初頭までわからなかった．原子・分子のミクロの世界を支配する量子力学の誕生によってようやく，電子がスピンをもち，ミクロな磁石のように振舞うことがわかってきた．鉄やニッケルなどの金属やそれらでできた鉱物では，この電子スピンが自発的にそろうことでマクロ

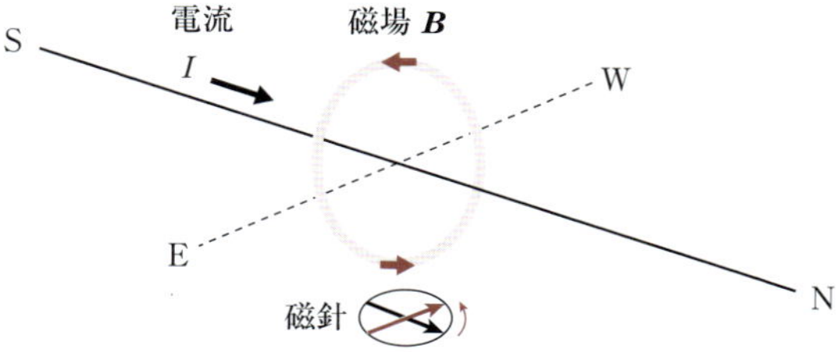

図 6.3 導線に電流を流すと，その周りに磁場が発生する．

ここはポイント!

な磁石になるのである．ところが，磁場を発生させるのは磁石だけではなかった．導線に電流を流すとその周囲の空間に磁場が発生することが，エールステッドによって 1820 年に発見されたのである．これは電流と磁場を結びつける，電磁気学にとって重大な発見であった．

小さい棒磁石である磁針を糸などで吊るして水平にすると，N 極が北を向く．これはもちろん，地球そのものが大きな磁石になっているせいである．エールステッドが見出したのは，図 6.3 のように，導線を南北に張って北向きに電流を流したとき，北を向いていた磁針が，導線の下では西に，上では東に，左右では上下に向きを変え，明らかに電流の周りにぐるりと磁場が発生していることである．さらに，電流の向きを変えると磁場の向きも変わり，電流の向きに右ねじを回して進めたときに，ねじの回転の向きに磁場が発生することもわかった．すなわち，電流が磁場を生み出すことがわかったのである．このとき，磁力線が閉曲線であることも，容易にわかるであろう．

6.5 電流の磁気作用 — アンペールの実験 —

1 本の導線に電流を流すとその周囲に磁場が発生するなら，その磁場は近くを流れる別の電流にきっと影響をおよぼすであろう．アンペールはエールステッドの実験のニュースを聞き，2 本の平行な電流の間に力がおよぼし合うことを直観して，直ちに実験を行なった．その結果は以下のとおりである．

図 6.4 のように，距離 r だけ離して 2 本の導線を平行に張り，それぞれの導線に電流 I_1, I_2 を流す．このとき，これらの電流が同じ向き（平行）だとそれらの間に引力がはたらき，逆向き（反平行）だと斥力がはたらく．これらの電流の単位長さ当たりにはたらく力の大きさ F は，電流の積 I_1I_2 に比例し，距離 r に反比例する．そして，この実験事実を MKSA 単位系で表すと，

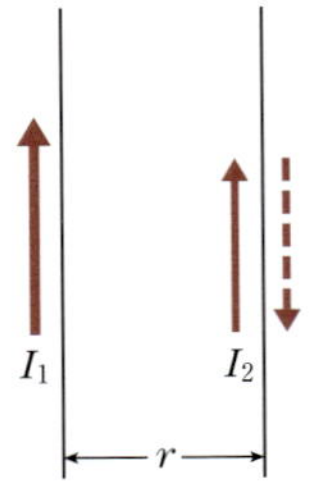

図 6.4 平行な電流には引力が，反平行な電流には斥力がはたらく．

$$F = \frac{\mu_0}{2\pi}\frac{I_1I_2}{r}\ [\mathrm{N/m}] \tag{6.5}$$

となったのである. ここで, 比例係数の中にある μ_0 は真空の透磁率とよばれ,

$$\mu_0 = 12.5664 \times 10^{-7}\ [\mathrm{N/A^2}] \tag{6.6}$$

である.

ちなみに，電流の MKSA 単位である A（アンペア）は，逆に (6.5) を基に決められている．その定義は，

「1 m 離れた 2 本の平行導線に同じ大きさの電流を平行に流したときにはたらく導線 1 m 当たりの引力の大きさが 2×10^{-7} N/m のとき，その電流の大きさを 1 A とする」

というものである.

(6.5) は離れたところにある電流同士が直接影響をおよぼし合うという意味で，遠隔作用的である．そこで，これを近接作用的に考えるために，

$$F = I_1B, \qquad B = \frac{\mu_0}{2\pi}\frac{I_2}{r} \tag{6.7}$$

とおいて，磁場 B を導入しよう．すなわち，電流 I_2 が距離 r だけ離れたところに磁場 B をつくり，それがそこを流れる電流 I_1 に作用すると考えるわけである．これは (1.5) で，遠隔作用である電荷間のクーロン力を近接作用的

ここはポイント!

に理解するために，電場を導入したのと全く同じ考え方であることは容易にわかるであろう．すなわち，静電場における電場と電荷の関係が，静磁場においては磁場と磁荷ではなく，磁場と電流なのである．この磁場と電流の関係が，これからのすべての議論に関わる重要なポイントである．

ここで導入した磁場 B は**磁束密度**ともよばれ，その単位は次のように定義される．(6.7) で電流 I_1 が 1 A のとき，それに作用する力が 1 m 当たり 1 N であるような磁束密度を 1 T（テスラ，tesla）とするのである．したがって，MKSA 単位系では

$$1\ [\mathrm{T}] = 1\ [\mathrm{N\cdot A^{-1}\cdot m^{-1}}] = 10^4\ [\mathrm{G}]$$

となる．最後の G は磁場の単位として通常よく使われるもので，ガウス (gauss) である．

例題 1

1 A の直線電流が距離 1 m 離れた所につくる磁束密度の大きさ B を求めよ．

解　(6.7) の第 2 式から直線電流 I が距離 r につくる磁束密度は $B = \dfrac{\mu_0}{2\pi}\dfrac{I}{r}$ だから，

$$B = \frac{\mu_0}{2\pi}\frac{I}{r} = \frac{4\pi\times 10^{-7}[\mathrm{N/A^2}]}{2\pi}\cdot\frac{1[\mathrm{A}]}{1[\mathrm{m}]} = 2\times 10^{-7}\left[\frac{\mathrm{N}}{\mathrm{A\cdot m}}\right] = 2\times 10^{-7}\ [\mathrm{T}]$$

となる．

問題 1　100 A の直線電流が距離 10 cm 離れた所につくる磁束密度は何ガウスか．

実は，(6.5) のアンペールの法則は，2 つの電流それぞれの中で動いている電荷の間のクーロン力として，特殊相対性理論を使って導くことができることがわかっており，(6.5) に現れる真空の透磁率 μ_0 は，クーロンの法則 (1.1) にある真空の誘電率 ε_0 を使って，

$$\mu_0 = \frac{1}{\varepsilon_0 c^2}, \qquad \therefore \quad \varepsilon_0 \mu_0 = \frac{1}{c^2} \tag{6.8}$$

と表される．ここで c は光速であり，電流の磁気的作用が相対論的な現象であることを表している．すなわち，磁場の本質は，運動する電荷（電流）による相対論的効果として理解できるのである．電磁気学を学ぶにつれて磁場の効果が電場に比べて弱いことがわかってくるのは，そのためなのである．

6.6 積分形のアンペールの法則

アンペールの法則を近接作用的な形にした (6.7) の第2式を改めてここに記すと，直線電流 I の周りには磁場 $\boldsymbol{B}$ が発生し，その大きさ B は直線電流からの距離 r に反比例して，

$$B(r) = \frac{\mu_0}{2\pi} \frac{I}{r} \tag{6.9}$$

と表される．磁場 $\boldsymbol{B}$ は直線電流を中心とする円周の接線方向にあり，その向きは右ねじを電流の向きに進むように回転させたときと同じ向きである．この様子を，半径 r の円周 C_0 に対して描いたのが図 6.5 である．点 H は C_0 上の 1 点 P から直線電流に下した垂線の足である．

図 6.5 のように，円周 C_0 上の点 P を通り，直線電流 I を囲む閉曲線 C を考える．この閉曲線 C は，点 P を固定したままで直線電流 I を横切らないという条件のもとで，円周 C_0 を変形したものである．特に，電流 I が閉曲線 C を貫いていることに注意しよう．点 P で図のように座標軸をとり，それぞれの軸の単位ベクトル（基本ベクトル）を $\boldsymbol{e}_x$, $\boldsymbol{e}_y$, $\boldsymbol{e}_z$ とすると，点 P での閉曲線 C に沿った線要素ベクトル $d\boldsymbol{r}$ は

$$d\boldsymbol{r} = (dx,\, dy,\, dz) = \boldsymbol{e}_x\, dx + \boldsymbol{e}_y\, dy + \boldsymbol{e}_z\, dz$$

と表される．ところが，磁場 $\boldsymbol{B}$ は図から y 軸方向にあるので，$\boldsymbol{B} = (0,\, B(r)\, ,0)$ である．したがって，

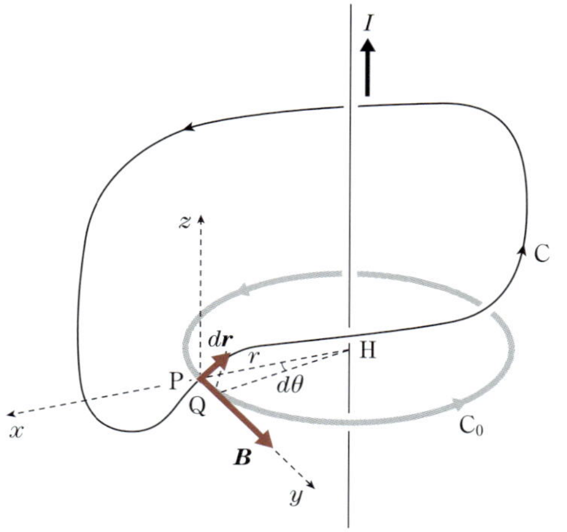

図 6.5 直線電流の周りの磁場と，それを中心とする半径 r の円周 C_0 およびそれを囲む任意の閉曲線 C.

$$\boldsymbol{B}\cdot d\boldsymbol{r} = B(r)\ dy = B(r)\ r\,d\theta \tag{6.10}$$

が得られる．上式で，点 H から dy を見込む角度を $d\theta$ としたとき，$dy \fallingdotseq r\,d\theta$ であることを使った．ここで，図 6.5 の $d\boldsymbol{r}$ を y 軸上に投影したのが微小線分 $\overline{\mathrm{PQ}} = dy$ であるが，この図で角 $\angle$ PHQ が $d\theta$ である．

(6.9) を (6.10) に代入すると，

$$\boldsymbol{B}\cdot d\boldsymbol{r} = \frac{\mu_0 I}{2\pi}\,d\theta \tag{6.11}$$

となることがわかる．ここで重要なことは，上式の右辺に直線電流から点 P までの距離 r が含まれていないことである．したがって，点 P が C 上のどこにあっても，(6.11) が成り立つことになる．そこで，(6.11) を閉曲線 C に沿ってぐるりと 1 周積分すると，

$$\oint_{\mathrm{C}} \boldsymbol{B}\cdot d\boldsymbol{r} = \frac{\mu_0 I}{2\pi}\int_0^{2\pi} d\theta = \mu_0 I \tag{6.12}$$

という簡潔な結果が得られる．繰り返しになるが，$\oint_{\mathrm{C}}$ は閉曲線 C に沿って 1 周する線積分を表す．

ここは ポイント!

(6.12) を導く過程で，閉曲線 C は直線電流 I を囲んでいる限り，形をどのように変えても (6.12) が成り立つことがわかった．それならば，C を変形する代わりに相対関係を変えないで電流のコースを変えても，(6.12) は成り立つはずである．すなわち，(6.12) の電流 I は直線電流である必要はない．さらに，閉曲線 C を貫く電流が何本あっても，重ね合わせの原理から，それらの寄与を単に加算すればよい．ただし，閉曲線を貫くときの電流の向きには注意が必要である．

こうして，閉曲線 C を貫く曲線電流を I_i $(i = 1, 2, \cdots, n)$，貫く全電流を $I_t = \sum_{i=1}^{n} I_i$ とすると，(6.12) は

$$\oint_C \boldsymbol{B} \cdot d\boldsymbol{r} = \mu_0 \sum_{i=1}^{n} I_i = \mu_0 I_t \tag{6.13}$$

という形に一般化できる．ただし，図 6.5 の場合と同様に，閉曲線 C の向きに右ねじを回転させたときにねじが進む向きの電流を正とする．(6.13) を**積分形のアンペールの法則**という．

例えば，図 6.6 のような閉曲線 C と曲線電流群 I_i $(i = 1, 2, \cdots, 5)$ があるとしよう．この場合，これらの曲線電流群が C 上でつくる磁場に関して

$$\oint_C \boldsymbol{B} \cdot d\boldsymbol{r} = \mu_0 (I_1 - I_2 + I_3 - I_4)$$

が成り立つ．上式で，I_2 と I_4 の前に負号が付いていること，および閉曲線 C を貫通しない電流 I_5 は含まれていないことに注意しよう．

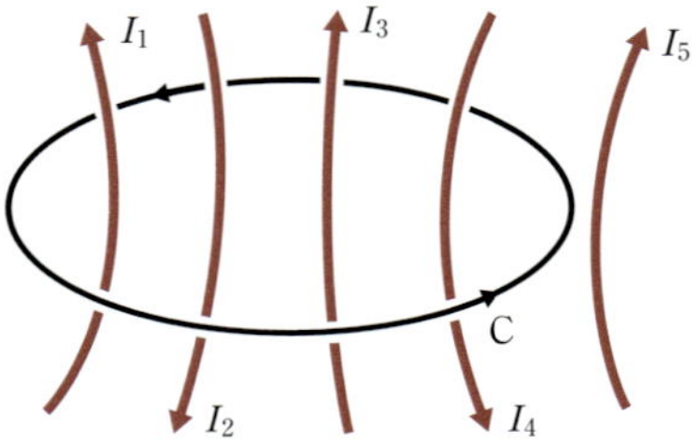

図 6.6　閉曲線 C と曲線電流群 I_i $(i = 1, 2, \cdots, 5)$

例題 2

導線を円筒形にびっしりと巻いたコイルをソレノイドといい，その断面が図 6.7 に示してある．ソレノイドの単位長さ当たりの導線の巻き数を N [巻き数/m] として，導線に定常電流 I [A] を流す．ソレノイドは十分長いとして，その内外の磁束密度 B [T] を求めよ．

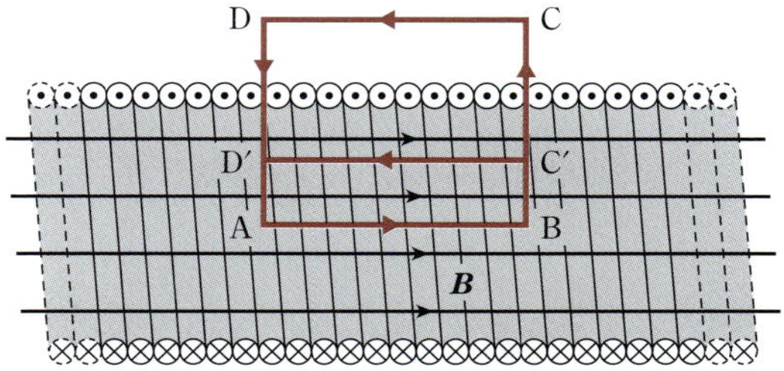

図 6.7 ソレノイドの断面．⊙は電流が紙面から手前に，⊗は紙面から背後に流れていることを示す．

解 ソレノイドは十分長いとしているので，磁場はソレノイドの軸方向を向き，一定値をとる．また，ソレノイドの中を貫く磁力線は，ソレノイドの外をぐるりと回ってもとに戻り，閉曲線をなす．ところが，ソレノイドが十分長いと，磁力線はソレノイドの外では非常にまばらになってしまい，$\boldsymbol{B} = \boldsymbol{0}$ となる．

まず，アンペールの法則 (6.13) の閉曲線 C として，図 6.7 の長方形 ABC′D′ の周辺をとってみよう．辺の長さは $\overline{\mathrm{AB}} = l$ としておく．辺 AB 上の磁場を $\boldsymbol{B}$, C′D′ 上の磁場を $\boldsymbol{B}'$ とする．辺 BC′ 上，および D′A 上では経路と磁場が直交するので，$\boldsymbol{B} \cdot d\boldsymbol{r} = 0$ となって (6.13) の左辺の線積分には効かない．こうして，この閉曲線では

$$\oint_{\mathrm{C}} \boldsymbol{B} \cdot d\boldsymbol{r} = Bl - B'l = (B - B')l \tag{1}$$

となる．

ところが，この閉曲線を横切る電流はないので $I_{\mathrm{t}} = 0$ であり，(6.13) より (1) がゼロとなって，$\boldsymbol{B} = \boldsymbol{B}'$ であることがわかる．すなわち，長いソレノイドの内部では，磁場は一定値をとるのである．同じ議論は，ソレノイドの外部でもできる．

次に，閉曲線 C として図 6.7 の長方形 ABCD の周辺をとってみる．このとき，この閉曲線はソレノイドを流れる電流を囲むので，$I_{\mathrm{t}} = NlI$ であり，(6.13) の左辺は上と同じように計算して Bl となる．これらを (6.13) に代入すると，ソレノイド

内の磁場 B [T] は

$$B = \mu_0 NI \tag{6.14}$$

であることがわかる．

問 題 2 長さ 1 m の円筒に導線を 4000 回巻いたソレノイドに 2 A の電流を流したとき，この円筒の内部の磁場の大きさ B を求めよ．ただし，円筒の直径は長さに比べて十分小さいとする．

問 題 3 直径 1 m のドーナツ形コイル（巻き数 $N = 5000$）に 10 A の電流を流したとき，コイルの中の磁束密度を求めよ．ただし，ドーナツ型コイルはその直径に比べて十分細いとする．

例 題 3

半径 a の無限に長い円柱状の導体内を電流 I が一様に流れているとき，円柱の内外に生じる磁束密度 B を求めよ．

解 この場合の電流は，円柱の中心軸に平行な直線電流の集まりと見なされるので，磁力線は円柱に垂直な平面内にある．しかも，円柱対称性から，磁力線は円柱の中心軸を中心とする円であり，中心軸からの距離を r とするとき，磁束密度は r だけの関数として $B(r)$ で表される．

円柱の中心軸を中心とする半径 r の円を閉曲線 C として，アンペールの法則 (6.13) を適用する．$r \geq a$ の場合，閉曲線 C を貫く電流は I であり，C に沿った磁束密度は $B(r)$ であって C 上で一定なので，(6.13) より，

$$\oint_C \boldsymbol{B} \cdot d\boldsymbol{r} = 2\pi r\, B(r) = \mu_0 I, \qquad \therefore \quad B(r) = \frac{\mu_0 I}{2\pi r} \tag{1}$$

$r < a$ の場合，円柱内の電流密度が $i = I/\pi a^2$ なので，閉曲線 C を貫く電流は $\pi r^2 i = r^2 I/a^2$ となり，(6.13) より，

$$\oint_C \boldsymbol{B} \cdot d\boldsymbol{r} = 2\pi r\, B(r) = \frac{\mu_0 r^2 I}{a^2}, \qquad \therefore \quad B(r) = \frac{\mu_0 I r}{2\pi a^2} \tag{2}$$

となる．

以上の結果をまとめると，

$$B(r) = \begin{cases} \dfrac{\mu_0 I}{2\pi a^2} r & (r < a) \\ \dfrac{\mu_0 I}{2\pi} \dfrac{1}{r} & (r \geq a) \end{cases} \tag{3}$$

という結果が得られる．特に，円柱の外では，その中心軸に直線電流 I が流れている場合の磁束密度 (6.9) と同じであることに注意しよう．また，電荷が無限に長い円柱に一様に分布するときの電場 (2.11) との類似にも注意しておく．

問 題 4 上の例題3の (3) の大まかな様子を，磁束密度 $B(r)$ を縦軸に，r を横軸にとって描いてみよ．

6.7 微分形のアンペールの法則

これまでは，直線にしろ曲線にしろ，線状の電流を考えてきたが，この場合にはその断面は点になる．そこでより一般的に，断面が面状であるような電流を考えてみよう．この場合には，単位断面積当たりの電流である電流密度を使って議論すればよい．

図6.8のように，閉曲線Cを縁とする曲面Sを考え，その上の任意の点Q（位置ベクトル $\boldsymbol{r}'$）での法線ベクトルを $\boldsymbol{n}(\boldsymbol{r}')$，そこでの微小面である面積要

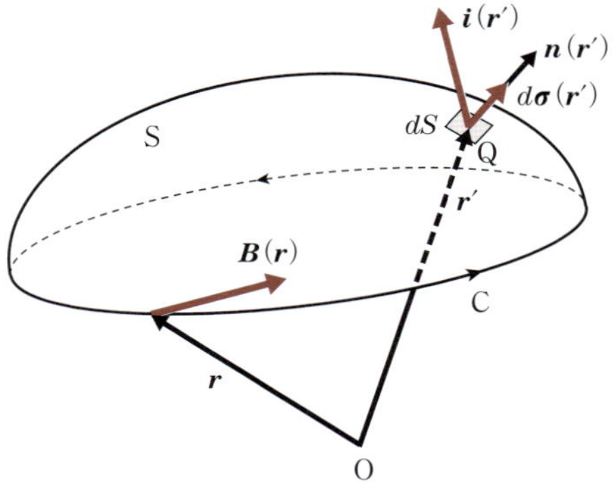

図 6.8 閉曲線Cを縁とする曲面Sと，それを貫く電流密度 $\boldsymbol{i}$.

素を dS，面積要素ベクトルを $d\boldsymbol{\sigma}(\boldsymbol{r}')$（$|d\boldsymbol{\sigma}(\boldsymbol{r}')| = dS$），電流密度ベクトルを $\boldsymbol{i}(\boldsymbol{r}')$ としよう．$\boldsymbol{n}(\boldsymbol{r}')$ と $d\boldsymbol{\sigma}(\boldsymbol{r}')$ は同じ向きにあるので，この面積要素を通過する電流は $\boldsymbol{i}(\boldsymbol{r}') \cdot d\boldsymbol{\sigma}(\boldsymbol{r}') = \boldsymbol{i}(\boldsymbol{r}') \cdot \boldsymbol{n}(\boldsymbol{r}')\, dS$ である．すると，閉曲線 C を縁とする曲面 S を貫く全電流 I_{t} は，これを面積積分すればよく，

$$I_{\mathrm{t}} = \int_{\mathrm{S}} \boldsymbol{i}(\boldsymbol{r}') \cdot d\boldsymbol{\sigma}(\boldsymbol{r}') = \int_{\mathrm{S}} \boldsymbol{i} \cdot d\boldsymbol{\sigma} = \int_{\mathrm{S}} \boldsymbol{i} \cdot \boldsymbol{n}\, dS \tag{6.15}$$

と表される．これを (6.13) に代入すると，

$$\oint_{\mathrm{C}} \boldsymbol{B} \cdot d\boldsymbol{r} = \mu_0 \int_{\mathrm{S}} \boldsymbol{i} \cdot \boldsymbol{n}\, dS \tag{6.16}$$

が得られる．これは，(6.13) をさらに一般化した，**積分形のアンペールの法則**である．

ここでベクトル解析でのストークスの定理 (2.24) を思い出し，それを (6.16) の左辺に適用して線積分を面積積分に変換すると，

$$\int_{\mathrm{S}} (\nabla \times \boldsymbol{B}) \cdot d\boldsymbol{\sigma} = \mu_0 \int_{\mathrm{S}} \boldsymbol{i} \cdot d\boldsymbol{\sigma} \tag{6.17}$$

が得られる．曲面 S は閉曲線 C を縁とする限り任意であるし，その閉曲線 C も任意なので，それでも上式が成り立つためには被積分関数が等しくなければならない．このことから

$$\nabla \times \boldsymbol{B} = \mu_0 \boldsymbol{i} \tag{6.18}$$

という簡潔な微分方程式が成り立つことがわかる．これが**微分形のアンペールの法則**である．

ここはポイント!

静電場の場合には渦状の閉じた電気力線がないので，(2.28) を標語的に静電場の渦なしの法則とよんだ．これに対して，静磁場の磁力線は渦状の閉曲線であり，明らかに渦がある．すなわち，(6.18) は渦ありの状態を定量的に表す，静磁場のもう 1 つの基本法則なのである．

ここで磁場（磁束密度）$\boldsymbol{B}$ の代わりに

$$\boldsymbol{B} = \mu_0 \boldsymbol{H} \tag{6.19}$$

として，**磁場の強さ** $\boldsymbol{H}$ を定義しておくと，便利なことがある．これは静電場のときに (2.7) で $\boldsymbol{D} = \varepsilon_0 \boldsymbol{E}$ として電束密度 $\boldsymbol{D}$ を導入したことに対応する．これを (6.18) に代入すると，μ_0 が両辺でキャンセルされて

$$\nabla \times \boldsymbol{H} = \boldsymbol{i} \tag{6.20}$$

となり，すっきりした形になるというわけである．

(6.4) は空間の局所的などの位置にも磁気単極子がないことを表しているのであって，そのために磁場が時間に依存する場合にも成り立つことは前にも述べた．それに比べ，(6.18) や (6.20) は，(6.16) からもわかるように，空間的にぐるりと回る閉曲線の存在が本質的である．そのような場合には，閉曲線上のある位置での電流や磁場の変化が，時間が経つと別の位置での電流や磁場に影響するであろう．そのために，磁場や電流が時間に依存する場合には (6.18) や (6.20) は修正を受けることになる．どのように修正されるかは後の章で詳しく議論するが，ともかく (6.18) や (6.20) は静磁場，定常電流の場合に限って成り立つ式であることを注意しておく．

ここはポイント!

6.8　静磁場の基本法則

静磁場の基本法則をまとめる前に，復習を兼ねて，もう一度静電場の基本法則を列挙してみよう．

まず，正負 2 種類の単独の電荷があってクーロン相互作用をするのであるが，それを近接作用的に電荷が電場を生み出すとして導かれるガウスの法則

$$\nabla \cdot \boldsymbol{D} = \rho \tag{2.27}$$

がある．ここで，$\boldsymbol{D} = \varepsilon_0 \boldsymbol{E}$ である．次に，静電場は渦なしであることを表す

$$\nabla \times \boldsymbol{E} = \boldsymbol{0} \tag{2.28}$$

がもう 1 つの基本法則であって，これは電気力線が電荷からしか出入りできないので，それ自体で閉曲線をつくらないことからきている．この 2 式が静電場の基本方程式である．

これに対応して，静磁場の基本法則はまず，この世に単独の磁荷がないことを主張する，磁場に関するガウスの法則

$$\nabla \cdot \boldsymbol{B} = 0 \tag{6.4}$$

がある．次に，電流が磁場をつくり，磁力線は常に渦を巻いていることからくるアンペールの法則

$$\nabla \times \boldsymbol{H} = \boldsymbol{i} \tag{6.20}$$

がもう1つの基本法則である．ここで，$\boldsymbol{B} = \mu_0 \boldsymbol{H}$ である．この2式が静磁場の基本方程式である．

ここはポイント!

このように列挙してみるとすぐにわかるように，静電場と静磁場の基本法則は見事な対応関係を示している．それにもかかわらず，静電場と静磁場は別々で，互いに結び付いていない．実際，磁石がそこにあって磁場をつくり出していても，それだけから電荷や電場をつくり出すことができるわけではないし，逆も同様である．しかし，電荷を動かして電場を時間的・空間的に変化させたり，磁石を振り回して磁場を時間的・空間的に変化させると，事情は一変して，電場と磁場が結び付くようになる．これは科学的にも工学的にも非常に重要なので，後の章で詳しく議論しよう．

6.9 まとめとポイントチェック

棒磁石は，切っても切っても，その断片はN極とS極に分かれる．これは，正負2種類の単独の電荷があるのと異なり，単独のN磁荷やS磁荷がないことを意味する．このことから，電荷と電場に関するガウスの法則に対応した，磁場に関するガウスの法則が導かれた．これが静磁場の第1の基本法則であった．

電流は，その周囲に磁場をつくる（エールステッドの実験）．さらに，2つの平行な導線に電流を流したとき，電流は磁場を介して力をおよぼし合う（アンペールの実験）．これがちょうど，電荷が電場をつくり，2つの電荷が

電場を介して力をおよぼすことに対応する．すなわち，静電場での電荷と電場の関係が，静磁場では電流と磁場の関係に対応することがわかった．

磁荷がないことから，磁力線は閉曲線でなければならない．これが電気力線と本質的に違う磁力線の特徴である．電流の周りに任意の閉曲線をとり，その閉曲線に沿って磁場の線積分を計算すると，それはその閉曲線を通る電流に比例する（アンペールの法則）．このアンペールの法則を，まず積分形で求め，次に微分形にした．これが静磁場の第2の基本法則であった．

積分形のガウスの法則を使っていくつかの静電場を計算したように，電流が単純な形をとる場合について，積分形のアンペールの法則を使って静磁場を計算した．しかし，電流がちょっとでも複雑な形になると，アンペールの法則ではお手上げになる．このときに便利なのが，ビオ－サバールの法則である．これは次章でみることにしよう．

静電場と静磁場は互いに独立で，結び付いてはいない．しかし，それぞれの基本法則は，静電場，静磁場の特徴と相違を反映して，明白な物理的意味をもっている．

ポイントチェック

- □ **単独の磁荷がないことがわかった．**
- □ **磁力線が閉曲線になることが理解できた．**
- □ **磁場に関するガウスの法則の導き方と意味がわかった．**
- □ **電流が磁場を生み出すこと（エールステッドの実験）を説明できるようになった．**
- □ **2つの平行な導線を流れる電流が力をおよぼし合うこと（アンペールの実験）を説明できるようになった．**
- □ **積分形のアンペールの法則の導き方が理解できた．**
- □ **微分形のアンペールの法則の導き方が理解できた．**

- □ **簡単な例について，積分形のアンペールの法則を使って磁場を求める計算ができた．**
- □ **静磁場の基本法則の意味を説明できるようになった．**

7 磁場とベクトル・ポテンシャル

学習目標

- 2つの静磁場の基本法則を1つにまとめることができるようになる.
- ベクトル・ポテンシャルを理解する.
- ベクトル・ポテンシャルが満たす方程式の導き方を理解する.
- ビオ－サバールの法則の導き方を理解する.
- ビオ－サバールの法則が使えるようになる.

静電ポテンシャルを導入することで, 静電場の2つの基本法則が1つのポアソン方程式で表されることは第3章で学んだ. 前章では静磁場の基本法則がやはり2つあることを知った. そこで静磁場の場合にも, ベクトル・ポテンシャルを導入して, 2つの基本法則を1つの方程式にまとめる. この方程式の解を求めることによって, 与えられた電流の分布から空間の任意の位置でのベクトル・ポテンシャルを得る表式を導く. これをベクトル・ポテンシャルの定義式に代入すれば, 与えられた電流の分布から空間の任意の位置での磁場を計算できる表式が導かれる. それがビオ－サバールの法則である.

アンペールの法則も電流と磁場の関係であるが, 求めたい磁場が積分や微分の中に入っていて, 電流分布の対称性がよい場合でないと使いにくい. その点, ビオ－サバールの法則は便利である. その便利さを具体例でみる.

7.1 ベクトル・ポテンシャル

前章の議論で磁場に関してわかったことは, 磁荷が単独では存在しないことと, 電流が磁場を生み出すことであった. このことを微分形で表現したのが, 静磁場の基本法則

$$\nabla \cdot \boldsymbol{B}(\boldsymbol{r}) = 0 \tag{6.4}$$

ここはポイント!

$$\nabla \times \boldsymbol{B}(\boldsymbol{r}) = \mu_0 \boldsymbol{i}(\boldsymbol{r}) \tag{6.18}$$

である．これは，具体的な境界条件のもとに電流の空間分布 $\boldsymbol{i}(\boldsymbol{r})$ が与えられると，これらの微分方程式を解くことで磁場の空間分布 $\boldsymbol{B}(\boldsymbol{r})$ が得られるという仕組みになっている．

ところで，第3章で学んだことは，同じく2つの基本法則で表される静電場 $\boldsymbol{E}(\boldsymbol{r})$ が，静電ポテンシャル $\phi(\boldsymbol{r})$ を使うことで1つのポアソン方程式

$$\nabla^2 \phi(\boldsymbol{r}) = -\frac{1}{\varepsilon_0}\rho(\boldsymbol{r}) \tag{3.28}$$

だけで議論できることであった．2つの微分方程式を扱うより，1つで済ますことができるなら，実用的にははるかに便利であろう．静電場の場合と同様に，磁場の場合にもこれが可能であることを，これから議論する．

静電場の場合には，静電場の基本法則の1つである (2.28) の $\nabla \times \boldsymbol{E} = \boldsymbol{0}$ が静電ポテンシャルを導入する根拠であった．(3.6) で示したように，$\boldsymbol{E} = -\nabla\phi$ とおくと，この渦なしの法則が自動的に満たされるからである．

磁場の場合について同じように考えると，右辺がゼロである (6.4) が候補に挙げられる．ベクトル解析の知識を使って，(6.4) の左辺が恒等的にゼロとなるような $\boldsymbol{B}(\boldsymbol{r})$ の表式が得られるかもしれないからである．実際，(6.4) が自動的に満たされるようにするには

$$\boldsymbol{B}(\boldsymbol{r}) = \nabla \times \boldsymbol{A}(\boldsymbol{r}) \tag{7.1}$$

とすればよいことがわかる．この $\boldsymbol{A}(\boldsymbol{r})$ はベクトルなので，**ベクトル・ポテンシャル**とよばれる．ベクトル解析に現れる回転演算子 $\nabla\times$ は，任意のベクトル場 $\boldsymbol{A}(\boldsymbol{r})$ に作用して渦状の特徴を抜き出す演算子であることは，付録AのA.2節で説明する．前章でみたように，磁力線は渦状なので，$\nabla \times \boldsymbol{A}(\boldsymbol{r})$ は確かに磁場の性質をもつ．

問題1 (7.1) が自動的に (6.4) を満たすことを示せ．［ヒント：ベクトル解析の発散の定義 (2.22) と回転の定義 (2.25) を使えばよい．］

静電ポテンシャルを導入する根拠であった静電場の渦なしの法則 (2.28) は，電場が時間に依存する場合には変更を受ける．電場が時間的に変化すると電場の渦が生じるからで，その場合には，電場は (3.6) のように静電ポテンシャルだけでは表すことができない．ところが，磁場の場合にベクトル・ポテンシャルの導入の根拠とした (6.4) は，単独の磁荷（磁気単極子）がこの世に存在しないことを表し，磁場が時間に依存する場合にも普遍的に成り立つ．すなわち，磁場に対してはいつでも (7.1) のようにおいてベクトル・ポテンシャルを使ってよい．その意味で，これは非常に重要だということができる．

ここはポイント!

例題 1

B を定数として，次のベクトル・ポテンシャル；

$$\boldsymbol{A}_1(\boldsymbol{r}) = (0,\ Bx,\ 0),\quad \boldsymbol{A}_2(\boldsymbol{r}) = (-By,\ 0,\ 0),\quad \boldsymbol{A}_3(\boldsymbol{r}) = \left(-\frac{1}{2}By,\ \frac{1}{2}Bx,\ 0\right)$$

はいずれも，z 軸方向の一様な静磁場 $\boldsymbol{B} = (0,\ 0,\ B)$ を与えることを示せ．

解 ベクトル解析の回転の定義 (2.25) を使って計算してみればよい．

$$\nabla \times \boldsymbol{A}_1 = \left(\frac{\partial A_{1z}}{\partial y} - \frac{\partial A_{1y}}{\partial z},\ \frac{\partial A_{1x}}{\partial z} - \frac{\partial A_{1z}}{\partial x},\ \frac{\partial A_{1y}}{\partial x} - \frac{\partial A_{1x}}{\partial y}\right) = (0,\ 0,\ B) = \boldsymbol{B}$$

同様にして，

$$\nabla \times \boldsymbol{A}_2 = (0,\ 0,\ -(-B)) = (0,\ 0,\ B) = \boldsymbol{B}$$

$$\nabla \times \boldsymbol{A}_3 = \left(0,\ 0,\ \frac{1}{2}B - \left(-\frac{1}{2}B\right)\right) = (0,\ 0,\ B) = \boldsymbol{B}$$

となり，いずれも z 軸方向の一様な静磁場 $\boldsymbol{B} = (0,\ 0,\ B)$ を与えることがわかる．ただ，どのベクトル・ポテンシャルも z 成分はゼロで，xy 平面内にあることに注意しよう．上の計算からわかるように，z 成分があって空間的に変化すると，磁場は z 軸からずれてしまう．

このように，ベクトル・ポテンシャルはいろいろな形にとることができて，一義的に決められないというあいまいさがある．これは，その定義 (7.1) の左辺がベクトル関数なのに対して，右辺がベクトル関数の微分になっていることからきている．

例えば，(7.1) の右辺で $\boldsymbol{A}(\boldsymbol{r})$ に何か定数のベクトルを加えても右辺全体が変わらないことはすぐにわかるであろう．それだけでなく，より本質的には，$\boldsymbol{A}(\boldsymbol{r})$ の代わりにそれにスカラー関数 $\chi(\boldsymbol{r})$ の勾配ベクトル $\boldsymbol{\nabla}\chi(\boldsymbol{r})$ を加えて

$$\boldsymbol{A}(\boldsymbol{r}) + \boldsymbol{\nabla}\chi(\boldsymbol{r}) \tag{7.2}$$

としても，(7.1) の右辺は変わらないことがわかる．それは，(3.2) に従って任意のスカラー関数 $\chi(\boldsymbol{r})$ に勾配演算子 $\boldsymbol{\nabla}$ を作用させて勾配ベクトルの場 $\boldsymbol{\nabla}\chi(\boldsymbol{r})$ にしてしまうと，渦的な性質が消えてしまい，$\boldsymbol{\nabla} \times \boldsymbol{\nabla}\chi(\boldsymbol{r}) = \boldsymbol{0}$ が恒等的に成り立つからである．すなわち，勾配の場は渦なしであり，それこそが，渦なしである静電場に対して静電ポテンシャルを導入した根拠でもあったのである．

ここはポイント!

しかし，このあいまいさはベクトル・ポテンシャルの欠点ではない．このあいまいさを逆手にとれば，自分の都合のよいようにベクトル・ポテンシャルを決められるという自由度があるということもできるのである．この自由度は今後しばしば使うことになるので，前もって注意しておく．

問 題 2　(7.1) の右辺で $\boldsymbol{A}(\boldsymbol{r})$ の代わりに (7.2) のようにしても，同じ磁場 $\boldsymbol{B}(\boldsymbol{r})$ が得られることを示せ．［ヒント：ベクトル解析の回転の定義 (2.25) と勾配の定義 (3.2) を使って，恒等的に $\boldsymbol{\nabla} \times \boldsymbol{\nabla}\chi(\boldsymbol{r}) = \boldsymbol{0}$ を示せばよい．］

7.2　ベクトル・ポテンシャルのポアソン方程式

(7.1) で導入したベクトル・ポテンシャル $\boldsymbol{A}(\boldsymbol{r})$ を使うと，静磁場の基本法則 (6.4) が自動的に満たされることが前節の議論でわかった．したがって，(7.1) を静磁場のもう 1 つの基本法則 (6.18) に代入すれば，$\boldsymbol{A}(\boldsymbol{r})$ が満たすべき方程式が得られ，それを解けば $\boldsymbol{A}(\boldsymbol{r})$ を求めることができる．磁場

$\boldsymbol{B}(\boldsymbol{r})$ が知りたければ，求めた $\boldsymbol{A}(\boldsymbol{r})$ を (7.1) に代入して微分の計算をするだけでいつでも得られる．$\boldsymbol{A}(\boldsymbol{r})$ を求めることの重要性がわかるであろう．そこで，次に $\boldsymbol{A}(\boldsymbol{r})$ の求め方を考えてみよう．

(7.1) を (6.18) に代入すると，

$$\nabla \times \{\nabla \times \boldsymbol{A}(\boldsymbol{r})\} = \mu_0 \, \boldsymbol{i}(\boldsymbol{r}) \tag{7.3}$$

が得られる．左辺の x 成分を回転の定義 (2.25) に従って計算すると，

$$\begin{aligned}
\Big[\nabla \times \{\nabla \times \boldsymbol{A}(\boldsymbol{r})\}\Big]_x &= \frac{\partial}{\partial y}\left(\frac{\partial A_y}{\partial x} - \frac{\partial A_x}{\partial y}\right) - \frac{\partial}{\partial z}\left(\frac{\partial A_x}{\partial z} - \frac{\partial A_z}{\partial x}\right) \\
&= \frac{\partial^2 A_y}{\partial y\,\partial x} - \frac{\partial^2 A_x}{\partial^2 y} - \frac{\partial^2 A_x}{\partial^2 z} + \frac{\partial^2 A_z}{\partial z\,\partial x} \\
&= \frac{\partial^2 A_x}{\partial^2 x} + \frac{\partial^2 A_y}{\partial y\,\partial x} + \frac{\partial^2 A_z}{\partial z\,\partial x} - \left(\frac{\partial^2 A_x}{\partial^2 x} + \frac{\partial^2 A_x}{\partial^2 y} + \frac{\partial^2 A_x}{\partial^2 z}\right) \\
&= \frac{\partial}{\partial x}\left(\frac{\partial A_x}{\partial x} + \frac{\partial A_y}{\partial y} + \frac{\partial A_z}{\partial z}\right) - \left(\frac{\partial^2 A_x}{\partial^2 x} + \frac{\partial^2 A_x}{\partial^2 y} + \frac{\partial^2 A_x}{\partial^2 z}\right) \\
&= \frac{\partial}{\partial x}\nabla \cdot \boldsymbol{A} - \nabla^2 A_x
\end{aligned}$$

となる．上式の計算では微分の順序を変えてもよいこと，および最後の変形で発散の定義 (2.22) とラプラシアンの定義 (3.27) を使った．(7.3) の左辺の y, z 成分も同様に計算でき，その結果を使って (7.3) をベクトルの形にまとめると，

$$\nabla\{\nabla \cdot \boldsymbol{A}(\boldsymbol{r})\} - \nabla^2 \boldsymbol{A}(\boldsymbol{r}) = \mu_0 \, \boldsymbol{i}(\boldsymbol{r}) \tag{7.4}$$

が得られる．

静電ポテンシャルが満たすポアソン方程式 (3.28) に比べて，(7.4) は複雑である．ここで，前節で議論したベクトル・ポテンシャルが一義的に決まらないあいまいさの利点を使って，(7.4) を単純な形にしてみよう．(7.4) の左辺第 1 項のカッコの中で

$$\nabla \cdot \boldsymbol{A}(\boldsymbol{r}) = 0 \tag{7.5}$$

としてよいならば，方程式の形が単純になることは明らかである．そんな勝

手なことができるのかと思われるかもしれないが，実は，この条件を付けることが常に可能なのである．

(7.4) を満たす一般の解を $\boldsymbol{A}'(\boldsymbol{r})$ として，これにベクトル・ポテンシャルの自由度 (7.2) を使って

$$\boldsymbol{A}(\boldsymbol{r}) = \boldsymbol{A}'(\boldsymbol{r}) + \boldsymbol{\nabla}\chi(\boldsymbol{r}) \tag{7.6}$$

とおいてみよう．このようにつくった $\boldsymbol{A}(\boldsymbol{r})$ も $\boldsymbol{A}'(\boldsymbol{r})$ と同じ微分方程式 (7.4) を満たすことは，(7.6) を (7.4) に代入することですぐにわかる．しかも，両者が磁場を与えることは，前節の議論から明らかである．この (7.6) を (7.5) に代入すると，スカラー関数 $\chi(\boldsymbol{r})$ が満たすべき微分方程式

$$\boldsymbol{\nabla}^2\chi(\boldsymbol{r}) = -\boldsymbol{\nabla}\cdot\boldsymbol{A}'(\boldsymbol{r}) \tag{7.7}$$

が得られる．ところが，上式の右辺の $\boldsymbol{A}'(\boldsymbol{r})$ は微分方程式 (7.4) の解として与えられているので，(7.7) は $\chi(\boldsymbol{r})$ を決める微分方程式である．したがって，(7.7) の解 $\chi(\boldsymbol{r})$ を求め，それを (7.6) に代入して得られる $\boldsymbol{A}(\boldsymbol{r})$ は必ず (7.5) を満たす．

以上の議論は幾分複雑だったので，もう一度整理してみる．ベクトル・ポテンシャルを決める微分方程式 (7.4) の解 $\boldsymbol{A}'(\boldsymbol{r})$ が得られたとする．この解 $\boldsymbol{A}'(\boldsymbol{r})$ を微分方程式 (7.7) の右辺に代入して解き，スカラー関数 $\chi(\boldsymbol{r})$ を求める．こうして求められた $\boldsymbol{A}'(\boldsymbol{r})$ と $\chi(\boldsymbol{r})$ を (7.6) に代入して得られる $\boldsymbol{A}(\boldsymbol{r})$ は (7.4) と (7.5) を同時に満たし，これを使っても，求めたい磁場は変更を受けない．

ここはポイント!

以上によって，磁場を求めるという目的のためには，(7.4) の左辺第 1 項をゼロとおいて得られるベクトル・ポテンシャルで十分である．こうして，ベクトル・ポテンシャル $\boldsymbol{A}(\boldsymbol{r})$ が従う微分方程式は

$$\nabla^2\boldsymbol{A}(\boldsymbol{r}) = -\mu_0\,\boldsymbol{i}(\boldsymbol{r}) \tag{7.8}$$

としてよいことがわかる．

ところで，上式の x 成分をとると，

$$\nabla^2 A_x(\boldsymbol{r}) = -\mu_0\, i_x(\boldsymbol{r}) \tag{7.9}$$

となって，これはポアソン方程式 (3.28) と全く同じ形である．ここで，(7.8) の右辺の電流密度 $\boldsymbol{i}(\boldsymbol{r})$ が与えられているものとすると，微分方程式の立場からは上式の右辺は非同次項である．したがって，(7.9) の特解は (3.22) と同じ形になり，

$$A_x(\boldsymbol{r}) = \frac{\mu_0}{4\pi}\int_{\mathrm{V}} \frac{i_x(\boldsymbol{r}')}{|\boldsymbol{r}-\boldsymbol{r}'|}\, d^3\boldsymbol{r}'$$

で与えられる．ここで，V は電流が流れている領域を表す．y，z 成分も一緒にしてベクトルの形にすると，(7.8) を満たすベクトル・ポテンシャル $\boldsymbol{A}(\boldsymbol{r})$ は

$$\boldsymbol{A}(\boldsymbol{r}) = \frac{\mu_0}{4\pi}\int_{\mathrm{V}} \frac{\boldsymbol{i}(\boldsymbol{r}')}{|\boldsymbol{r}-\boldsymbol{r}'|}\, d^3\boldsymbol{r}' \qquad (7.10)$$

と表される．

(7.8) はベクトル・ポテンシャル $\boldsymbol{A}(\boldsymbol{r})$ が従うべきポアソン方程式ということができる．こうして，静電場を決めるための静電ポテンシャル $\phi(\boldsymbol{r})$ の場合と同様に，静磁場の場合にも 1 つの微分方程式にまとめられた (7.8) を適当な境界条件のもとに解けばよいことがわかる．しかもそれがポアソン方程式と同形なので，静電ポテンシャルを計算して求めた表式 (3.22) において，真空の誘電率 ε_0 を真空の透磁率の逆数 $1/\mu_0$ に，電荷密度 ρ を電流密度 $\boldsymbol{i}$ に置き換えるだけでベクトル・ポテンシャルの表式 (7.10) が得られるのである．

ここはポイント!

例題 2

半径 a で単位長さ当たりの導線の巻き数 N の無限に長いソレノイドに定常電流 I を流したとき，このソレノイドの内外のベクトル・ポテンシャル $\boldsymbol{A}(\boldsymbol{r})$ を求めよ．

解 この場合の磁場 $\boldsymbol{B}(\boldsymbol{r})$ は，すでに第 6 章の例題 2 で求めている．それによると，ソレノイドの中では磁場は軸方向を向いていて，その大きさ B は (6.14) より $B = \mu_0 NI$ で一様であり，外ではゼロであることがわかっている．したがって，例題 1 の結果から，ベクトル・ポテンシャル $\boldsymbol{A}(\boldsymbol{r})$ は磁場に垂直な平面内のベクトル

であることがわかる．さらに，この問題では円柱の軸の周りで対称（円柱対称性）であり，$\boldsymbol{A}(\boldsymbol{r})$ の大きさ A はソレノイドの軸からの距離 r だけの関数 $A(r)$ である．また，その向きは (7.10) から電流の向き，すなわち，ソレノイドの垂直断面で，その軸を中心とする円周の向きにある．

ソレノイドの垂直断面上にその軸との交点を中心とする半径 r の円盤 S をとり，その縁の円周を C とする．円盤 S 上で磁場の面積積分を計算すると，

$$\int_{\mathrm{S}} \boldsymbol{B}(\boldsymbol{r}) \cdot d\boldsymbol{\sigma} = \int_{\mathrm{S}} \{\nabla \times \boldsymbol{A}(\boldsymbol{r})\} \cdot d\boldsymbol{\sigma} = \oint_{\mathrm{C}} \boldsymbol{A}(\boldsymbol{r}) \cdot d\boldsymbol{r} = 2\pi r A(r) \qquad (1)$$

となる．ここで，2 番目の式の変形にはストークスの定理 (2.24) を使った．円盤 S を図 7.1 の S_1 のようにソレノイドの内部にとると $r < a$ であり，(1) の最左辺の面積積分は，磁場が一定でこの円盤に垂直なので $\pi r^2 B = \pi r^2 \mu_0 NI$ となり，(1) から

$$A(r) = \frac{\mu_0 NI}{2} r \qquad (r < a) \qquad (2)$$

が得られる．

他方，円盤 S を図 7.1 の S_2 のようにソレノイドをはみ出すようにとると，$r > a$ であり，(1) の最左辺の面積積分は，磁場がソレノイドの中だけにあるので $\pi a^2 B = \pi a^2 \mu_0 NI$ となる．したがって，(1) より

$$A(r) = \frac{\mu_0 NIa^2}{2} \frac{1}{r} \qquad (r > a) \qquad (3)$$

となる．

(2) と (3) をまとめて表すと，ソレノイドの内外のベクトル・ポテンシャル $\boldsymbol{A}(\boldsymbol{r})$ の大きさ $A(r)$ は

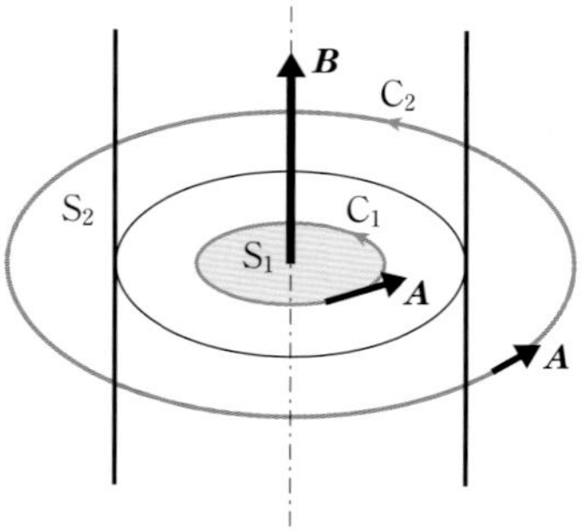

図 7.1 無限に長いソレノイドの内外のベクトル・ポテンシャル

$$A(r) = \begin{cases} \dfrac{\mu_0 NI}{2} r & (r \leq a) \\ \dfrac{\mu_0 NIa^2}{2} \dfrac{1}{r} & (r > a) \end{cases} \tag{7.11}$$

となり，その向きは円周 C の接線方向を向く．

この例題でわかるように，非常に長いソレノイドに定常電流が流れているとき，磁場は内部だけに発生して外部ではゼロであるが，ベクトル・ポテンシャルは外部にもちゃんとある．実際には物理量としての磁場が問題であり，その磁場を容易に計算する際の補助量としてベクトル・ポテンシャルがあるという立場をとると，このことはあまり気にしなくてもよいということになるかもしれない．しかし，非常に小さくて長いソレノイドを用意し，その外側の磁場がゼロのところを電子が通過するようなミクロの実験を行なうと，電子は間違いなく影響を受けることが観察されている．これは電子が磁場ではなくてベクトル・ポテンシャルを感じて運動することを意味し，アハラノフ-ボーム（AB）効果とよばれている．ミクロの世界を支配する量子力学によると，この現象がはっきりと説明できることを注意しておく．すなわち，ミクロの世界では，磁場よりベクトル・ポテンシャルが本質的であり，後に量子力学を学ぶとその重要性がわかってくるであろう．

7.3 ビオ－サバールの法則

実用的には，直線電流だけでなく，任意の曲線電流が空間のある点につくり出す磁場を知りたいことが多い．ところが，それは積分形のアンペールの法則 (6.13) や (6.16) から直接求めることができない．これらの表式では，求めたい磁場が積分の中に入っているからである．また，微分形のアンペールの法則 (6.18) で解が求められたとしても，それが (6.4) を満たさない限り，物理的な磁場とは認められない．これらの困難を解決してくれるのが，これから導こうとするビオ－サバールの法則で，非常に便利な法則である．

(7.10) は空間の電流の様子が与えられていると，それからベクトル・ポテンシャルが得られることを表している．磁場そのものを求めるには，ベクトル・ポテンシャルの定義式である (7.1) に戻って，その右辺にすでに求めたベクトル・ポテンシャルを代入して計算すればよい．次に，それをやってみよう．

(7.10) を (7.1) に代入すると，

$$\boldsymbol{B}(\boldsymbol{r}) = \frac{\mu_0}{4\pi}\boldsymbol{\nabla}\times\int_{\mathrm{V}}\frac{\boldsymbol{i}(\boldsymbol{r}')}{|\boldsymbol{r}-\boldsymbol{r}'|}\,d^3\boldsymbol{r}' \tag{7.12}$$

が得られる．この式の x 成分だけをみると，回転の定義 (2.25) を使って，

$$B_x(\boldsymbol{r}) = \frac{\mu_0}{4\pi}\left\{\frac{\partial}{\partial y}\int_{\mathrm{V}}\frac{i_z(\boldsymbol{r}')}{|\boldsymbol{r}-\boldsymbol{r}'|}\,d^3\boldsymbol{r}' - \frac{\partial}{\partial z}\int_{\mathrm{V}}\frac{i_y(\boldsymbol{r}')}{|\boldsymbol{r}-\boldsymbol{r}'|}\,d^3\boldsymbol{r}'\right\} \tag{7.13}$$

となる．ここで，微分は $\boldsymbol{r} = (x,\ y,\ z)$ に関してであり，積分は $\boldsymbol{r}' = (x',\ y',\ z')$ についてであることに注意すれば，実行すべき微分は

$$\begin{aligned}\frac{\partial}{\partial y}\frac{1}{|\boldsymbol{r}-\boldsymbol{r}'|} &= \frac{\partial}{\partial y}[(x-x')^2+(y-y')^2+(z-z')^2]^{-1/2}\\ &= -(y-y')[(x-x')^2+(y-y')^2+(z-z')^2]^{-3/2}\\ &= -\frac{y-y'}{|\boldsymbol{r}-\boldsymbol{r}'|^3}\\ \frac{\partial}{\partial z}\frac{1}{|\boldsymbol{r}-\boldsymbol{r}'|} &= -\frac{z-z'}{|\boldsymbol{r}-\boldsymbol{r}'|^3}\end{aligned}$$

である．これらを (7.13) に代入すると，

$$\begin{aligned}B_x(\boldsymbol{r}) &= \frac{\mu_0}{4\pi}\left\{-\int_{\mathrm{V}}\frac{i_z(\boldsymbol{r}')(y-y')}{|\boldsymbol{r}-\boldsymbol{r}'|^3}\,d^3\boldsymbol{r}' + \int_{\mathrm{V}}\frac{i_y(\boldsymbol{r}')(z-z')}{|\boldsymbol{r}-\boldsymbol{r}'|^3}\,d^3\boldsymbol{r}'\right\}\\ &= \frac{\mu_0}{4\pi}\int_{\mathrm{V}}\frac{i_y(\boldsymbol{r}')(z-z')-i_z(\boldsymbol{r}')(y-y')}{|\boldsymbol{r}-\boldsymbol{r}'|^3}\,d^3\boldsymbol{r}'\\ &= \frac{\mu_0}{4\pi}\int_{\mathrm{V}}\frac{\{\boldsymbol{i}(\boldsymbol{r}')\times(\boldsymbol{r}-\boldsymbol{r}')\}_x}{|\boldsymbol{r}-\boldsymbol{r}'|^3}\,d^3\boldsymbol{r}'\end{aligned}$$

が得られる．最終結果も x 成分で表されているので，求めたい磁場は

$$\boldsymbol{B}(\boldsymbol{r}) = \frac{\mu_0}{4\pi}\int_{\mathrm{V}}\frac{\boldsymbol{i}(\boldsymbol{r}')\times(\boldsymbol{r}-\boldsymbol{r}')}{|\boldsymbol{r}-\boldsymbol{r}'|^3}\,d^3\boldsymbol{r}' \tag{7.14}$$

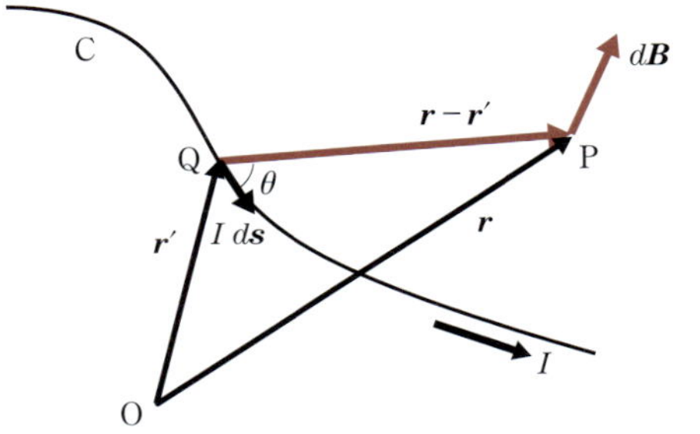

図 7.2　点Qの電流要素 $I\,d\boldsymbol{s}$ が点Pにつくる微小磁場 $d\boldsymbol{B}$

と表されることがわかる.

(7.14) は，空間の電流分布 $\boldsymbol{i}(\boldsymbol{r}')$ が与えられていると，任意の位置 $\boldsymbol{r}$ での磁場 $\boldsymbol{B}(\boldsymbol{r})$ が求められることを表している．図7.2のように，曲線Cとして描かれている細い導線に定常電流 I が流れているとしよう．点Qでの接線ベクトルを $\boldsymbol{t}(\boldsymbol{r}')$ $(|\boldsymbol{t}|=1)$ とし，Cに沿った微小線分（線要素）を ds とすると，そこでの線要素ベクトルは $d\boldsymbol{s}=\boldsymbol{t}(\boldsymbol{r}')\,ds$ である．図2.13や図3.1，3.2などでは線要素ベクトルは $d\boldsymbol{r}$ としてきたが，ここでは $\boldsymbol{r}$ が別に使われており，混乱を避けるために $d\boldsymbol{s}$ とした．(7.14) の3次元空間中の電流要素 $\boldsymbol{i}(\boldsymbol{r}')\,d^3\boldsymbol{r}'$ は，この場合，1次元的な電流要素 $I\,d\boldsymbol{s}=I\,\boldsymbol{t}(\boldsymbol{r}')\,ds$ に置き換えなければならない．こうして，図7.2のように細い導線（曲線C）に定常電流 I が流れている場合には，任意の位置 $\boldsymbol{r}$ での磁場 $\boldsymbol{B}(\boldsymbol{r})$ は

$$\boldsymbol{B}(\boldsymbol{r})=\frac{\mu_0 I}{4\pi}\int_{\mathrm{C}}\frac{\boldsymbol{t}(\boldsymbol{r}')\times(\boldsymbol{r}-\boldsymbol{r}')}{|\boldsymbol{r}-\boldsymbol{r}'|^3}\,ds \tag{7.15}$$

と表される.

図7.2のように，曲線C上の点Q（位置ベクトル $\boldsymbol{r}'$）の電流要素 $I\,d\boldsymbol{s}$ が空間の任意の点P（位置ベクトル $\boldsymbol{r}$）につくる微小磁場 $d\boldsymbol{B}(\boldsymbol{r}\,;\boldsymbol{r}')$ を考えてみよう．重ね合わせの原理によって，C上の電流要素がつくる微小磁場をすべて加え合わせると，点Pでの磁場 $\boldsymbol{B}(\boldsymbol{r})$ ができ上がるとするわけである．この考えでは，(7.15) の積分記号だけを除いた部分を微小磁場 $d\boldsymbol{B}(\boldsymbol{r}\,;\boldsymbol{r}')$ とすれ

ばよく，直ちに

$$dB(\boldsymbol{r}\,;\boldsymbol{r}') = \frac{\mu_0 I}{4\pi}\frac{d\boldsymbol{s}\times(\boldsymbol{r}-\boldsymbol{r}')}{|\boldsymbol{r}-\boldsymbol{r}'|^3} = \frac{\mu_0 I}{4\pi}\frac{\boldsymbol{t}(\boldsymbol{r}')\times(\boldsymbol{r}-\boldsymbol{r}')}{|\boldsymbol{r}-\boldsymbol{r}'|^3}\,ds \tag{7.16}$$

が得られる．さらに，電流が線状でなく広がりをもって流れている場合には，$I\,\boldsymbol{t}(\boldsymbol{r}')\,ds$ を電流密度 $\boldsymbol{i}(\boldsymbol{r}')\,d^3\boldsymbol{r}'$ で置き換えればよく，微小磁場は

$$dB(\boldsymbol{r}\,;\boldsymbol{r}') = \frac{\mu_0}{4\pi}\frac{\boldsymbol{i}(\boldsymbol{r}')\times(\boldsymbol{r}-\boldsymbol{r}')}{|\boldsymbol{r}-\boldsymbol{r}'|^3}\,d^3\boldsymbol{r}' \tag{7.17}$$

と表される．(7.16) や (7.17) が，一般に電磁気学の教科書に記されているビオ－サバールの法則である．

ビオ－サバールの法則が便利だというのは，どのような電流が与えられても，それに応じて (7.16) か (7.17) のどちらか適当な式を使って積分さえ実行すれば，任意の点での磁場が求められるからである．ただ，ビオ－サバールの法則は (7.14) を解釈し直しているだけであって，要は (7.14) を使って磁場を求めればよいことには注意すべきである．

例 題 3

半径 a のリング状導線に定常電流 I が流れているとき，リングの中心を通り，リング面に垂直な直線の上での磁場を求めよ．

解 図のように，リング C_0 の中心を原点 O に，それを通りリング面に垂直な直線を z 軸とする．図からわかるように，リングの線要素ベクトル $d\boldsymbol{s}$ とベクトル $\boldsymbol{r}-\boldsymbol{r}'$ とのなす角は常に $\pi/2$ である．したがって，リング上の点 Q の電流要素 $I\,d\boldsymbol{s}$ が z 軸上の点 P につくる磁場の大きさは，(7.16) より

$$\begin{aligned} dB(\boldsymbol{r}\,;\boldsymbol{r}') &= \frac{\mu_0}{4\pi}\frac{1}{|\boldsymbol{r}-\boldsymbol{r}'|^2}I\,ds \\ &= \frac{\mu_0 I}{4\pi}\frac{1}{(z^2+a^2)}\,ds \end{aligned}$$

である．ここで，点 P の z 座標を z とおくと $|\boldsymbol{r}-\boldsymbol{r}'|^2 = z^2+a^2$ であることを使っ

た．また，ここでは点 P を固定しているので，これは一定である．

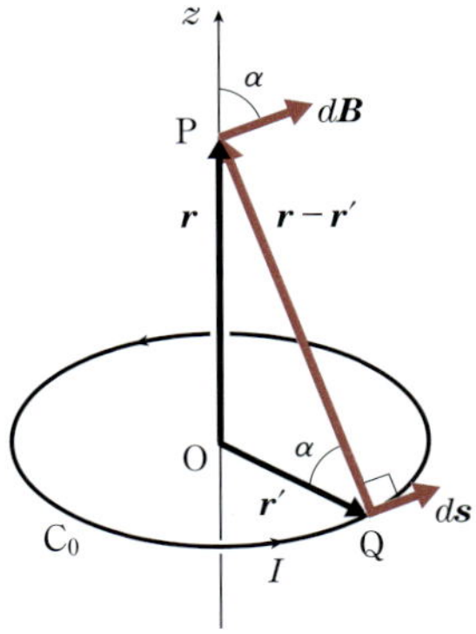

電流要素 $I\,\boldsymbol{ds}$ が点 P につくる磁場 $\boldsymbol{dB}(\boldsymbol{r}\,;\,\boldsymbol{r}')$ の向きは，(7.16) より 2 つのベクトル $\boldsymbol{ds}$ と $\boldsymbol{r}-\boldsymbol{r}'$ との両者に直交する．したがって，磁場ベクトル $\boldsymbol{dB}$ は 3 点 OPQ がつくる平面上にあり，∠ OQP $=\alpha$ とおくと，図のように $\boldsymbol{dB}$ は z 軸と角度 α をなす．よって，$\boldsymbol{dB}$ の z 軸に平行な成分は $dB\cos\alpha$ であり，垂直な成分は $dB\sin\alpha$ である．この垂直成分の寄与は，電流要素 $I\,\boldsymbol{ds}$ をリング C_0 に沿ってぐるりと 1 周するとちょうどキャンセルするので，残るは平行成分 $dB\cos\alpha=(a/|\,\boldsymbol{r}'-\boldsymbol{r}'\,|)\,dB=(a/\sqrt{z^2+a^2})\,dB$だけである．

こうして，点 P での磁場は z 軸方向を向き，その大きさ B は

$$B(z)=\oint_{C_0}\frac{\mu_0 I}{4\pi}\frac{\cos\alpha}{(z^2+a^2)}\,ds=\frac{\mu_0 I}{4\pi}\frac{a}{(z^2+a^2)^{3/2}}\oint_{C_0}ds=\frac{\mu_0 I a^2}{2(z^2+a^2)^{3/2}} \tag{7.18}$$

となる．

問題 3　直径 10 cm のリング状導線に 10 A の電流を流したとき，リングの中心での磁場を求めよ．

問題 4　2 つの半径 a のリング状導線が中心軸を共通にして距離 $2b$ だけ離して置いてあり，両者に同じ向きに同じ大きさの定常電流 I が流れている．このとき，両リングの中心軸上の中点 O から z の距離の点 P に生じる磁場の大きさ $B(z)$ を求めよ．

問題 5　上の問題 4 で $|z|\ll a,\ b$ として，$B(z)$ を z の 2 次 (z^2) までの近似で求めよ．このとき，必要に応じて展開式

$$(1+x)^\alpha=1+\alpha x+\frac{\alpha(\alpha-1)}{2\,!}x^2+\cdots$$

を用いてよい．

問題 6　上の問題 5 で，a と b の間にどのような関係があると z^2 の係数がゼロとなるか．このとき，点 O の近傍での磁場の変化が非常に小さく，磁場の大きさ

がほとんど一定であることを意味する．このような条件を満たすペアのリング状導線をヘルムホルツ・コイルといい，できるだけ一様な磁場を容易に実現したいときに使われる装置である．

ビオ－サバールの法則 (7.16) や (7.17) は，2つの静磁場の基本法則 (6.4) と (6.18) を1つの表式にまとめて表すために導入されたベクトル・ポテンシャルを使って導かれた (7.14) を基礎にしている．したがって，ビオ－サバールの法則は静磁場の基本法則から導かれた結果であって，この法則自体は静磁場の基本法則ではない．上の例題でもみたように，ビオ－サバールの法則の取り柄は，電流から磁場を求めるのにとても便利だという点にある．

7.4 まとめとポイントチェック

静電場の2つの基本法則であるガウスの法則と渦なしの法則が，静電ポテンシャルを導入することで，1つのポアソン方程式で表されることは第3章までに学んだ．また前章で，静磁場にも，単独に磁荷がないことを表すガウスの法則と電流が磁場をつくることを表すアンペールの法則の，2つの基本法則があることがわかった．そして，ベクトル・ポテンシャルを導入すると，この2つの基本法則が1つの方程式にまとめられた．

その一方で，ベクトル・ポテンシャルには一義的に決められないというあいまいさがあって，逆にこのあいまいさを使うと，ベクトル・ポテンシャルが従う微分方程式がポアソン方程式と同形にできることがわかった．したがって，静電ポテンシャルのポアソン方程式の解からベクトル・ポテンシャルの表式を求めることができた．これをベクトル・ポテンシャルの定義式に代入すると，与えられた任意の電流分布が空間の任意の点で生み出す磁場が計算できる．それがビオ－サバールの法則であった．

アンペールの法則も電流と磁場の関係であるが，求めたい磁場が積分や微分の中に入っていて，電流分布の対称性がよい場合でないと使いにくい欠点がある．その点，ビオ－サバールの法則は便利であり，その便利さを具体例でみた．

ポイントチェック

- □ ベクトル・ポテンシャルの定義式が説明できるようになった．
- □ ベクトル・ポテンシャルを使うと，静磁場の2つの基本法則が1つにまとめられることがわかった．
- □ ベクトル・ポテンシャルは一義的に決まらないというあいまいさがあること，このあいまいさが利点でもあることが理解できた．
- □ 任意の電流分布からベクトル・ポテンシャルを求める式の導き方がわかった．
- □ 任意の電流分布から磁場を求めるビオ－サバールの法則の導き方がわかった．
- □ ビオ－サバールの法則の便利さが理解できた．
- □ ビオ－サバールの法則の使い方がわかった．

8 ローレンツ力

学習目標

- アンペールの力を理解する.
- ローレンツ力を理解する.
- 電場・磁場中の荷電粒子の運動方程式を立てることができるようになる.
- 電場・磁場中の荷電粒子の運動を理解する.

第 6 章のエールステッドの実験とアンペールの実験によると，電流が磁場をつくり，この磁場が別の電流に力をおよぼして，2 つの電流が力をおよぼし合う．しかし，はじめの電流がなくて，例えば磁石によって磁場をつくっても，その磁場は電流に力をおよぼす．これこそが近接作用的に考える理由であり，電荷間のクーロン力を電場と電荷の間の作用と捉えたのと同じことである．この磁場が電流に作用する力がアンペールの力である.

電流は荷電粒子の流れであり，電場と磁場が単独の荷電粒子に作用する力をローレンツ力という．このローレンツ力を使うと，電場・磁場の中で運動する荷電粒子の運動方程式が立てられる．この運動方程式を解くことができれば，真空管やブラウン管，質量分析器，電子顕微鏡，粒子加速器などの中での荷電粒子の振舞いが議論でき，実用的に非常に重要である.

8.1 アンペールの力

アンペールの実験から得られた式 (6.5)，(6.7) によると，電流 I_2 がその周囲に磁場 $\boldsymbol{B}$ を生み出し，その磁場中を流れる電流 I_1 に力 F をおよぼすということであった．しかし，近接作用的に磁場が存在すると考えるのであるから，それを生み出す方の電流は忘れてかまわない．このように考えると，(6.7) は，磁場 $\boldsymbol{B}$ がそれに垂直に流れる電流 I に対して，その単位長さ当た

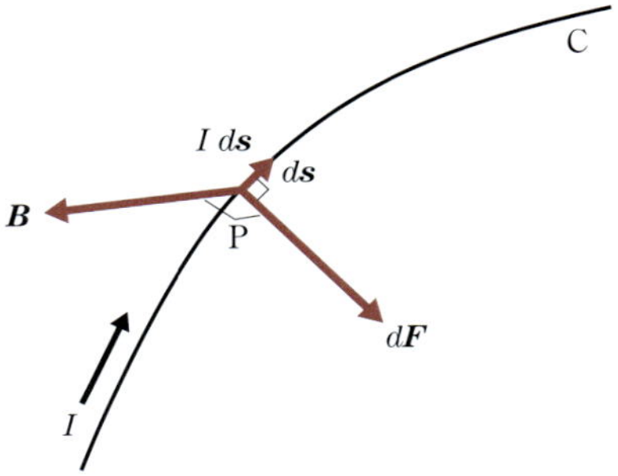

図 8.1 アンペールの力

りに

$$F = IB \text{ [N/m]} \tag{8.1}$$

の力をおよぼすと解釈できる.

しかし，磁場中の電流がいつも磁場に垂直だとは限らないし，曲線を描いて流れるかもしれない．そこで図 8.1 のように，磁場中を曲線 C に沿って電流 I が流れているとしよう．図のように，C 上の点 P に C の線要素ベクトル $d\boldsymbol{s}$ をとると，この部分を流れる電流として向きも含めて，電流要素ベクトル $I\,d\boldsymbol{s}$ を考えることができる．実験によると，電流にはたらく力は電流にも磁場にも垂直で，右手の握りこぶしから親指，人差し指，中指を伸ばし，親指を電流の向きに，人差し指を磁場の向きに向けたときに，中指の向きが力の作用する向きとなる（右手の法則）.

いまの場合，点 P での磁場が $\boldsymbol{B}$ のとき，電流要素ベクトル $I\,d\boldsymbol{s}$ にはたらく力 $d\boldsymbol{F}$ は $\boldsymbol{B}$ にも $I\,d\boldsymbol{s}$ にも垂直であり，

$$d\boldsymbol{F} = I\,d\boldsymbol{s} \times \boldsymbol{B} \text{ [N]} \tag{8.2}$$

と表される．これを**アンペールの力**という．ここで，上式の右辺が 2 つのベクトル $d\boldsymbol{s}$ と $\boldsymbol{B}$ のベクトル積で表されていることに注意しよう．ベクトル積については力学で十分学んだと思うが，その性質から $d\boldsymbol{F}$ が $\boldsymbol{B}$ にも $I\,d\boldsymbol{s}$ にも垂直だという実験事実が上式できちんと表現されている.

(8.2) は (8.1) を一般化した形になっており，一般の曲線電流にはたらく力を議論することができる．すなわち，与えられた任意の曲線電流に磁場がおよぼす力を求めたいときには，(8.2) を使って計算すればよいのである．(8.1) と違って (8.2) の右辺には長さも含まれているので，ここでの力の単位はN (ニュートン) であることにも注意しておく．これまでどおりの単位長さ当たりの力 $\boldsymbol{F}$ を曲線 C 上で求めたければ，点 P で電流の向きを表す曲線 C の接線ベクトル $\boldsymbol{t}$ ($|\boldsymbol{t}| = 1$) をとり，線要素ベクトル $d\boldsymbol{s}$ を $\boldsymbol{t}$ に置き換えて

$$\boldsymbol{F} = I\boldsymbol{t} \times \boldsymbol{B} \ [\mathrm{N/m}] \tag{8.3}$$

とすればよい．

例題 1

長方形 ABCD ($\overline{\mathrm{AB}} = a$, $\overline{\mathrm{BC}} = b$, 面積 $S = ab$) の周辺をなす導線に定常電流 I が流れている．この導線の辺 AB を底辺にし水平から角度 θ だけ傾けて，鉛直上向きの一様な磁場 $\boldsymbol{B}$ の中に置いたとき，各辺にはたらく力を求めよ．

解 磁場 $\boldsymbol{B}$ を z 軸方向に，辺 AB を x 軸方向にとると，$\boldsymbol{B} = (0, 0, B)$ である．辺 AB での接線ベクトル $\boldsymbol{t}$ は $\boldsymbol{t} = (1, 0, 0)$ なので，(8.3) よりベクトル積の計算をして，長さ a の辺 AB にはたらく力は

$$\boldsymbol{F} = Ia\boldsymbol{t} \times \boldsymbol{B} = Ia(0, -B, 0) = (0, -IBa, 0) \tag{1}$$

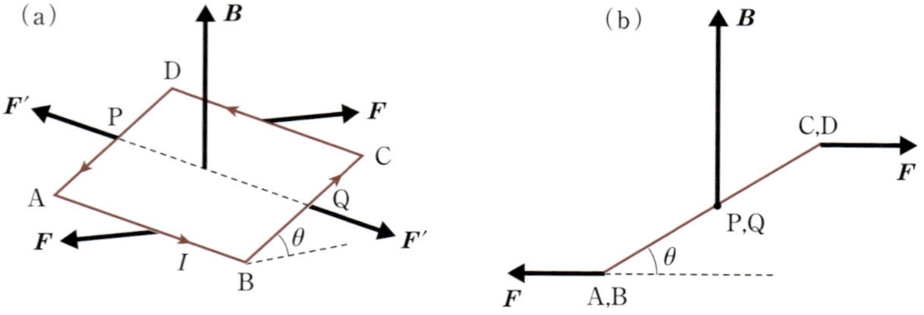

図 8.2 磁場が長方形の周辺を流れる電流におよぼす力．(b) は (a) を真横から見た図．

となる．すなわち，辺 AB では y 軸の負の向きに大きさ $F = IBa$ の力がはたらく．また，辺 CD では電流の向きがちょうど反対なので，y 軸の正の向きに大きさ $F = IBa$ の力がはたらく．

一方，辺 BC 上での接線ベクトル $\boldsymbol{t}$ は $\boldsymbol{t} = (0, \cos\theta, \sin\theta)$ なので，(8.3) と $\overline{\mathrm{BC}} = b$ を考慮して

$$\boldsymbol{F}' = Ib\boldsymbol{t} \times \boldsymbol{B} = Ib(B\cos\theta,\ 0,\ 0) = (IBb\cos\theta,\ 0,\ 0) \qquad (2)$$

となり，辺 BC では x 軸の正の向きに大きさ $F' = IBb\cos\theta$ の力がはたらく．また，辺 DA では，これとちょうど逆向きの力がはたらく．以上の結果を図示したのが図 8.2 である．

上の例題で，辺 BC と DA にはたらく力は同一直線上で逆向きにはたらくので，互いにキャンセルし合う．ところが，辺 AB と CD では力は逆向きであるが，同一直線上にはなく，長方形 ABCD には PQ を軸にして回転させようとする偶力がはたらくことになる．力学で学んだことを思い出すと，このときの偶力のモーメントの大きさ N は上の例題の (1) 式を使って

$$N = Fb\sin\theta = IBab\sin\theta = IBS\sin\theta \qquad (8.4)$$

で与えられることがわかる．

図 8.2 で長方形 ABCD を PQ を軸にして自由に回転できるようにしておけば，図 8.2 (b) のような場合には時計回りに回転する．長方形が水平になり，行き過ぎるころを見計らって磁場を逆転すれば，この長方形はさらに時計回りの回転を続けることになる．これを繰り返せば，定常電流が流れている長方形回路を回転させ続けることができる．これが**電動モーター**の原理であることは容易に理解できるであろう．

問 題 1 例題 1 で磁場 $B = 0.1$ [T] として，$a = b = 10$ [cm] の正方形のループに電流 $I = 10$ [A] が流れているとき，辺 AB に作用する力の大きさ F を求めよ．また，$\theta = \pi/2$ のときの正方形のループにはたらく偶力のモーメントの大きさ N はいくらか．

8.2 ローレンツ力

電荷 q の荷電粒子に電場 $\boldsymbol{E}$ がかかると，この荷電粒子には力

$$\boldsymbol{f}_{\mathrm{e}} = q\boldsymbol{E} \tag{8.5}$$

がはたらくことは，すでに第1章でみたことである．それでは，荷電粒子に磁場 $\boldsymbol{B}$ がかかると，この荷電粒子にはどのような力が作用するであろうか．それを考えてみよう．第6章ではアンペールの実験に関連して，電流にはたらく力 (6.7) を議論したが，ここでは (8.5) も含めて，単独の荷電粒子に作用する力を問題にしていることに注意しよう．

図8.3のように，磁場 $\boldsymbol{B}$ の中に電流 I が流れている断面 S の電流の道筋があるとしよう．この電流の道筋はブラウン管の中の電子銃から出る電子ビームや，質量分析器の中の分子イオンのビームなどを想像すればよい．この電流の道筋の中を流れている荷電粒子の電荷を q，数密度（単位体積当たりの荷電粒子数）を n，速度を v とすると，電流 I は

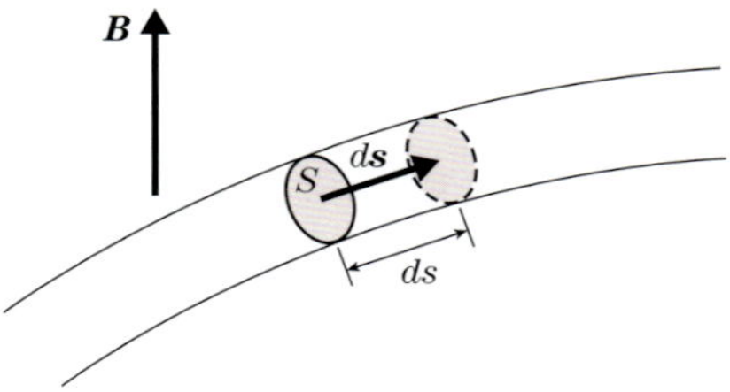

図 8.3 磁場 $\boldsymbol{B}$ の中に置かれた断面 S の電流の道筋と，それに沿った線要素ベクトル $d\boldsymbol{s}$.

$$I = nqvS$$

と表される．図のように，この電流の道筋に沿った線要素ベクトルを $d\boldsymbol{s}$ とすると，この部分の電流要素ベクトル $I\,d\boldsymbol{s}$ は

$$I\,d\boldsymbol{s} = nqvS\,d\boldsymbol{s} = (nS\,ds)q\boldsymbol{v} \tag{8.6}$$

と表される．ここで，荷電粒子はこの道筋に沿って動いているので，その速度ベクトル $\boldsymbol{v}$ は $d\boldsymbol{s}$ と同じ向きにあり，$v\,d\boldsymbol{s} = \boldsymbol{v}\,ds$ であることを使った．

前節の議論により，磁場中の電流要素 $I\,d\boldsymbol{s}$ にはアンペールの力 (8.2) が

はたらく．いまの場合，アンペールの力 $d\boldsymbol{F}$ は (8.6) を (8.2) に代入して，

$$d\boldsymbol{F} = (nS\,ds)q\boldsymbol{v} \times \boldsymbol{B} \tag{8.7}$$

となる．ところで，図 8.3 から容易にわかるように，$S\,ds$ が長さ ds の電流の道筋の体積なので，上式の $nS\,ds$ は，この部分に含まれる荷電粒子の数である．したがって，磁場 $\boldsymbol{B}$ が荷電粒子 1 個におよぼす力 $\boldsymbol{f}_{\mathrm{m}}$ は

$$\boldsymbol{f}_{\mathrm{m}} = q\boldsymbol{v} \times \boldsymbol{B} \tag{8.8}$$

と表される．

(8.8) は磁場中の荷電粒子 1 個にはたらくアンペールの力なので，電流の担い手としての荷電粒子の動きが速度ベクトル $\boldsymbol{v}$ の形で含まれていることに注意しよう．つまり，磁場が荷電粒子におよぼす力は，荷電粒子が動いていないとはたらかないのである．このことが，電場による力 (8.5) との大きな違いである．

ここはポイント!

以上により，電場 $\boldsymbol{E}$，磁場 $\boldsymbol{B}$ の中に置かれた電荷 q の荷電粒子が速度ベクトル $\boldsymbol{v}$ で運動しているとき，電場と磁場がこの荷電粒子におよぼす力 $\boldsymbol{F}$ は (8.5) と (8.8) を合わせて

$$\boldsymbol{F} = q(\boldsymbol{E} + \boldsymbol{v} \times \boldsymbol{B}) \tag{8.9}$$

と表される．これを**ローレンツ力**という．

電場 $\boldsymbol{E}$ は自分の向きに正の荷電粒子を加速する（負の荷電粒子のときは減速させる）ので，電場は荷電粒子に仕事をする．他方，磁場によるローレンツ力 $\boldsymbol{F} = q\boldsymbol{v} \times \boldsymbol{B}$ が短い時間 dt だけ荷電粒子にはたらいたとすると，この力が荷電粒子にする仕事 dW は

$$dW = \boldsymbol{F} \cdot \boldsymbol{v}\,dt = q\boldsymbol{v} \cdot (\boldsymbol{v} \times \boldsymbol{B})\,dt = 0 \tag{8.10}$$

となる．ここで，最後の等式に三重積の恒等式 $\boldsymbol{v} \cdot (\boldsymbol{v} \times \boldsymbol{B}) = 0$ を使った．すなわち，磁場によるローレンツ力は荷電粒子に力をおよぼすが，仕事はしない．これはもちろん，磁場によるローレンツ力が荷電粒子の運動の向きに直交してはたらくからである．

ここはポイント!

問 題 2　三重積の恒等式 $\boldsymbol{v} \cdot (\boldsymbol{v} \times \boldsymbol{B}) = 0$ を内積，外積の定義を使って示せ．

8.3 電磁場中の荷電粒子の運動

質量 m の粒子が力 $\boldsymbol{F}$ を受けて運動しているとき，その速度 $\boldsymbol{v}$ がニュートンの運動方程式（運動の第2法則）

$$m\frac{d\boldsymbol{v}}{dt} = \boldsymbol{F}$$

に従うことは，力学でたっぷり学んだことである．したがって，前節で議論したように，質量 m，電荷 q の荷電粒子が電場 $\boldsymbol{E}$，磁場 $\boldsymbol{B}$ の中に置かれると，この荷電粒子が従うべき運動方程式は，(8.9) より

$$m\frac{d\boldsymbol{v}}{dt} = q(\boldsymbol{E} + \boldsymbol{v} \times \boldsymbol{B}) \tag{8.11}$$

であることがわかる．

かつてラジオに使われていた真空管やテレビに使われていたブラウン管，現在でも理工学，医学の世界で活躍している電子顕微鏡などでは，電子を放出する電子銃などから出た電子は，電場や磁場の中を (8.11) に従って運動する．高エネルギー粒子実験で使われる加速器では，基本的には荷電粒子を電場で加速し，磁場で運動の向きを変えている．また，質量分析器では分析したい分子をイオン化して一定の電場・磁場の中を運動させる．このとき，イオンの種類による質量の違いが (8.11) によって運動の差異に現れることを使っているのである．このように，(8.11) は荷電粒子の電場・磁場中の運動を議論する際の基本的な運動方程式である．

ここはポイント！

例題 2

長さ a，間隔 d の平行な電極板に電圧 V がかかっている．図のように，極板の入り口で極板間の中点 O から極板に平行に，質量 m，電荷 q の荷電粒子を速さ v_0 で入射する．この荷電粒子が，点 O から入射方向に距離 L ($>a$) だけ離れた所にある，入射方向に対して垂直に置かれた蛍光板スクリーン上の点 P に衝突するとき，この荷電粒子の垂直方向の変位

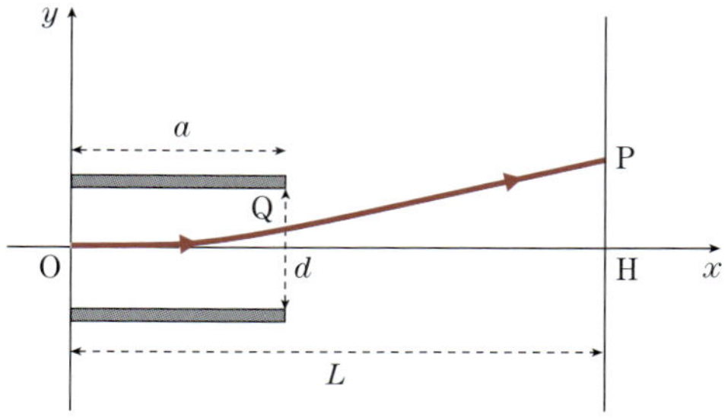

$\overline{\mathrm{HP}}$ を求めよ.

解 極板間の電場 $\boldsymbol{E}$ は y 軸方向を向き, その大きさが V/d だから, $\boldsymbol{E} = (0, V/d, 0)$ である. また, 極板間での荷電粒子の運動方程式は

$$m\frac{d\boldsymbol{v}}{dt} = q\boldsymbol{E} \tag{1}$$

となる. その x 成分は $m\,(dv_x/dt) = 0$ なので, x 方向には等速運動をし, 時刻 0 で点 O を出発した荷電粒子の時刻 t での x 座標は

$$x = v_0\,t \tag{2}$$

となる. 運動方程式の y 成分は $m\,(dv_y/dt) = E(= V/d)$ で等加速度運動なので, 荷電粒子の時刻 t での y 座標は

$$y = \frac{qE}{2m}t^2 \tag{3}$$

と表される. 極板間の荷電粒子の軌道は, (2) と (3) から t を消去して,

$$y = \frac{qE}{2mv_0{}^2}x^2 = \frac{qV}{2mdv_0{}^2}x^2 \tag{4}$$

となることがわかる.

荷電粒子が極板間を出る点 Q の座標は (4) より $x = a$, $y = qVa^2/2mdv_0{}^2$ であり, 出た後は曲線 OQ に滑らかに接する直線軌道をとるので, 直線 QP は

$$y - \frac{qVa^2}{2mdv_0{}^2} = \frac{qVa}{mdv_0{}^2}(x - a) \tag{5}$$

と表される. 上式で $x = L$ とおいて, y 方向の変位 $\overline{\mathrm{HP}}$ は

$$\overline{\mathrm{HP}} = \frac{qVa}{mdv_0^{\,2}}\left(L - \frac{a}{2}\right) \tag{6}$$

となる．

問題 3 上の例題 2 で荷電粒子を電子として，入射の速さ $v_0 = 10^7$ [m/s]，電圧 $V = 10$ [V]，電極板の長さ $a = 4$ [cm]，極板間距離 $d = 1$ [cm]，蛍光板スクリーンまでの距離 $L = 20$ [cm] として，変位 $\overline{\mathrm{HP}}$ の大きさを求めよ．

例 題 3

質量 m，電荷 q (>0) の荷電粒子が一様な静磁場 $\boldsymbol{B}$ の中を，それに垂直な平面上で運動している．このとき，この荷電粒子は等速円運動をすることを示し，その速度を v とするとき，回転半径 r を m，q，v，および磁場の強さ B で表せ．

解 いまの場合，電場 $\boldsymbol{E}$ がないので，この荷電粒子にはたらく力は $\boldsymbol{F} = q\boldsymbol{v} \times \boldsymbol{B}$ である．したがって，この荷電粒子に対する運動方程式は，(8.11) より

$$m\frac{d\boldsymbol{v}}{dt} = q\boldsymbol{v} \times \boldsymbol{B} \tag{1}$$

となる．上式の両辺に $\boldsymbol{v}$ を掛けてスカラー積（内積）をつくると，左辺は

$$m\boldsymbol{v} \cdot \frac{d\boldsymbol{v}}{dt} = \frac{d}{dt}\left(\frac{1}{2}mv^2\right) \tag{2}$$

となる．他方，右辺はベクトルの三重積の性質から，恒等的に

$$q\boldsymbol{v} \cdot (\boldsymbol{v} \times \boldsymbol{B}) = 0 \tag{3}$$

となる．これは，力 $\boldsymbol{F}$ が速度 $\boldsymbol{v}$ と直交していることを表しているにすぎない．ともかく，(2) と (3) より

$$\frac{d}{dt}\left(\frac{1}{2}mv^2\right) = 0 \tag{4}$$

が得られ，この荷電粒子の運動エネルギー $E = (1/2)\,mv^2$ が一定であることがわかる．すなわち，この荷電粒子は等速運動をする．

また，この荷電粒子は磁場に垂直な平面上を運動するので，$\boldsymbol{v}$ は $\boldsymbol{B}$ と直交する．したがって，力 $\boldsymbol{F}$ はこれらの両方と直交しており，図 8.4 からわかるように，この荷電粒子には一定の大きさ $F = qvB$ の向心力がはたらいている．その結果とし

て，この荷電粒子は等速円運動をする．このとき，この荷電粒子にはたらく慣性力としての遠心力 mv^2/r が向心力 qvB とつり合い，回転半径として

$$r = \frac{mv}{qB} \qquad (8.12)$$

が得られる．これは**ラーモア半径**もしくは**サイクロトロン半径**とよばれる．

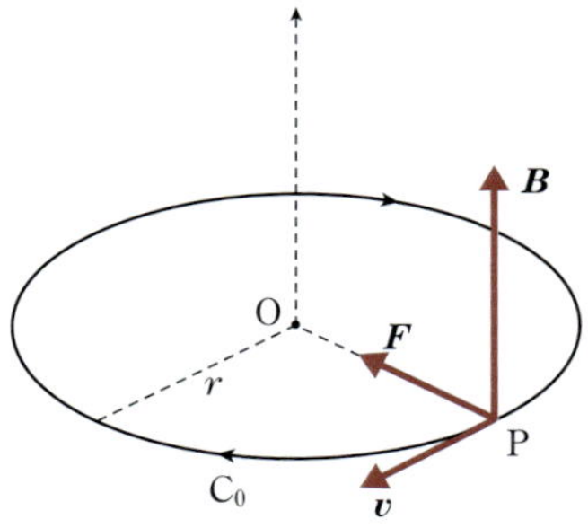

図 8.4 一様な静磁場 $\boldsymbol{B}$ に垂直な平面上で運動する荷電粒子 P

問 題 4 上の例題では荷電粒子が等速円運動をするので，この荷電粒子は r や v によらない固有の角振動数 ω をもつ．この ω を**サイクロトロン角振動数**という．これが $\omega = qB/m$ となることを示せ．

問 題 5 水素イオン（陽子）は質量 $m = 1.67 \times 10^{-27}$ [kg]，電荷 $e = 1.6 \times 10^{-19}$ [C] をもつ．これを速度 $v = 1.0 \times 10^6$ [m/s] で一様な静磁場の中にそれに直交するように打ち込んで，半径 10 cm の円運動にするには，どれだけの強さの磁場が必要か．

8.4 まとめとポイントチェック

第 6 章のエールステッドの実験とアンペールの実験によると，電流が磁場をつくり，この磁場が別の電流に力をおよぼして 2 つの電流が力をおよぼし合う．しかし，磁場が実在する限り，このような回りくどい議論をする必要はなく，電流が磁場をつくるものとして捉えられ，これが第 6 章で議論したアンペールの法則である．さらに，磁場が電流におよぼす力についても，磁場をつくるための別の電流をもち出す必要はなく，磁場と電流の関係として議論すればよい．それが，本章で議論したアンペールの力であった．このアンペールの力は，たくさんの荷電粒子の流れである電流にはたらく力である．

実用的には，個々の荷電粒子にはたらく力を知りたいことが多い．これを

与えるのがローレンツ力である．このローレンツ力を使えば，電場・磁場の中で運動する荷電粒子の運動方程式が立てられ，これを解くことによって，荷電粒子の振舞いが考察できることがわかった．実際，世の中に出回っている真空管やブラウン管，質量分析器，電子顕微鏡，粒子加速器などの設計に応用でき，実用的には非常に重要である．

ポイントチェック

- □ 磁場が電流に力をおよぼすことがわかった．
- □ アンペールの力の意味がわかった．
- □ アンペールの力の表式が理解できた．
- □ 個々の荷電粒子にはたらくアンペールの力が理解できた．
- □ ローレンツ力の導き方がわかった．
- □ 電場や磁場の中にある荷電粒子の運動方程式を立てられるようになった．
- □ 磁場の中の荷電粒子の運動の特徴を説明できるようになった．

9 時間変動する電場と磁場

学習目標

- 時間変化する電場と磁場は互いに結び付いていることを理解する.
- アンペール－マクスウェルの法則を理解する.
- 変位電流の存在を理解する.
- 電磁誘導の法則の表式の導き方がわかるようになる.
- 電磁誘導の法則の本質が説明できるようになる.
- 電磁場の基本法則を理解する.

これまでは，時間的に変化しない静電場，静磁場の空間的な振舞いを議論してきたが，本章から，電場，磁場の時間的な変化も考える．そのためにもう一度，静電場，静磁場の基本法則を復習しておこう．

まず，静電場の 2 つの基本法則には

$$\nabla \cdot \boldsymbol{D} = \rho \tag{2.27}$$

$$\nabla \times \boldsymbol{E} = \boldsymbol{0} \tag{2.28}$$

があった．ここで，$\boldsymbol{D} = \varepsilon_0 \boldsymbol{E}$ である．次に，静磁場については

$$\nabla \cdot \boldsymbol{B} = 0 \tag{6.4}$$

$$\nabla \times \boldsymbol{H} = \boldsymbol{i} \tag{6.20}$$

が基本法則であった．ここで，$\boldsymbol{B} = \mu_0 \boldsymbol{H}$ である．

ところで，(2.27) は単独の正負の電荷があること，(6.4) は単独の磁荷がないことに関連した，空間の局所的な位置における関係式なので，電場，磁場が時間的に変化してもそのまま成り立つ．他方，(2.28) は静電場が渦なしであることを，(6.20) は電流がその周りに渦状の磁場をつくることを表していて，閉曲線に関わる現象についての法則である．閉曲線上のある位置において電場，磁場が変化すると，その後に別の位置での電場，磁場に影響し，それらを変えてしまうであろう．そのために，電場，磁場が時間的に変化する場合には，(2.28) と (6.20) は式の形が変わる可能性がある．本章では，それぞれ，どのような影響を受けるかについて述べる．

9.1 アンペール - マクスウェルの法則

(6.20) は電流が磁場をつくるという，アンペールの法則であった．電流が時間的に変化したからといって，突然磁場の発生が止まることはあり得ない．しかも時間変化がゆっくりになった極限では，(6.20) がそのまま成り立つはずである．したがって問題は，電場や磁場が時間変化するとき，(6.20) がどのように変更を受けるかである．

電場，磁場が時間変化しても (6.20) がそのまま成り立つとすると，どのような矛盾が生じるかをみてみよう．そこで，(6.20) の両辺の発散をとるために左から $\nabla\cdot$ を作用させると，

$$\nabla\cdot(\nabla\times\boldsymbol{H}) = \nabla\cdot\boldsymbol{i} \tag{9.1}$$

が得られる．ところが，第 7 章の問題 1 でみたように，回転の発散は恒等的にゼロであり，$\nabla\cdot(\nabla\times\boldsymbol{H}) = 0$ なので，このとき電流密度は

$$\nabla\cdot\boldsymbol{i} = 0 \tag{9.2}$$

を満たさなければならないことになる．しかし，電荷は決してどこかで突然現れたり消えたりしないので，電荷の保存則

$$\frac{\partial\rho}{\partial t} + \nabla\cdot\boldsymbol{i} = 0 \tag{5.6}$$

が厳密に成り立つ．(9.2) は，電流が時間変化しないときは別にして，明らかに，この (5.6) と矛盾する．

この矛盾を解決するために，(9.1) の右辺に $\partial\rho/\partial t$ を付け加えて，

$$\nabla\cdot(\nabla\times\boldsymbol{H}) = \nabla\cdot\boldsymbol{i} + \frac{\partial\rho}{\partial t} \tag{9.3}$$

としてみると，左辺は数学的に恒等的にゼロとなり，右辺は物理法則としての電荷の保存則からゼロとなって，矛盾がなくなる．そこで，(9.3) の右辺の電荷密度 ρ に時間変化する場合でも成り立つ (2.27) を代入すると，

$$\nabla \cdot (\nabla \times \boldsymbol{H}) = \nabla \cdot \boldsymbol{i} + \nabla \cdot \frac{\partial \boldsymbol{D}}{\partial t} \tag{9.4}$$

が得られる．ただし，上式の右辺第2項で微分の順序を変えてもよいことを使った．

(9.4) のすべての項に発散演算子 ($\nabla \cdot$) が掛かっていることに注意し，これをとり外すと，

$$\nabla \times \boldsymbol{H} = \boldsymbol{i} + \frac{\partial \boldsymbol{D}}{\partial t} \tag{9.5}$$

が成り立つことがわかる．しかも，時間依存性がなくなると，自然にもとの (6.20) の関係に戻る仕組みになっていて，好都合である．$\boldsymbol{D}$ は (2.8) で定義した電束密度である．(9.5) はアンペールの法則 (6.20) の一般化であり，マクスウェルによって導かれたために，**アンペール－マクスウェルの法則**ともよばれる．

(9.5) の右辺は，第1項の自由に動き回ることができる荷電粒子の流れである電流 $\boldsymbol{i}$ だけでなく，空間にある電荷が動いて (変位して) も，それが磁場の変化に寄与することを表す．その意味で，第2項の $\partial \boldsymbol{D}/\partial t$ を**変位電流**という．この変位電流を具体的にイメージするためには，次のように考えればよい．

電流は荷電粒子の集団的移動であるが，束縛されていて電流に寄与しない電荷ももちろん存在する．例えば，原子・分子を構成する電子がその例である．したがって，原子・分子でできている絶縁体などは束縛電荷の集まりと見なされる．これらの束縛電荷は電場がかかってもずっと一方向に移動し続けることはなく，定常電流にはなり得ない．しかし，電場が正負に振動すると，束縛電荷とはいえ，それらはその場所でゆすられる．これも一種の電荷の移動であり，変位電流に寄与する．

ここで重要なことは，近くに原子・分子が見当たらない真空であっても，電場が時間変化すれば変位電流が現れることである．真空も誘電率 ε_0 を

ここはポイント!

もっており，電場によってゆすられる．真空の寄与および束縛電荷の動きによる電場の変化もすべて含めて，電場が時間変化すると，$\boldsymbol{D} = \varepsilon_0 \boldsymbol{E}$ の時間変化として変位電流が生じるのである．このことは奇妙に思われるかもしれないが，真空中およびガラスや水などの絶縁体中を伝播する電磁波の存在によってはっきりと実証されている．これについては後の章で詳しく述べる．

問題 1　変位電流 $\partial \boldsymbol{D}/\partial t$ が電流密度の単位をもつことを示せ．

ここはポイント!

(9.5) でもう 1 つ重要なことは，静電場・静磁場のときはそれぞれが分離独立していたのに，時間変化すると互いに影響し合う点である．そこで今後は，電場と磁場をまとめて議論する場合には**電磁場**とよぶことにしよう．電場が時間変動する場合へのアンペールの法則 (6.20) の一般化である (9.5) は，(2.27) と (6.4) に次ぐ電磁場の基本法則である．

例題 1

静電容量 C の平行平板コンデンサー（極板の面積 S，間隔 d）の両極間に交流電圧 $V = V_0 \sin \omega t$ をかけたとき，コンデンサー内（誘電率 ε_0）に生じる変位電流 I_d を求めよ．

解　(9.5) の右辺から，電流密度 $\boldsymbol{i}$ に対する変位電流が $\partial \boldsymbol{D}/\partial t$ である．電束密度 $\boldsymbol{D}$ はコンデンサー内で一様と見なされ，その大きさは (2.8) より $D = \varepsilon_0 E$ であって，極板間の電場は $E = V/d$ なので，

$$D = \varepsilon_0 E = \frac{\varepsilon_0 V}{d} = \frac{\varepsilon_0 V_0}{d} \sin \omega t \tag{1}$$

となる．変位電流は，(1) を時間微分して，

$$\frac{\partial D}{\partial t} = \frac{\varepsilon_0 \omega V_0}{d} \cos \omega t \tag{2}$$

である．これと極板の面積が S であることを考慮して，変位電流 I_d は

$$I_\mathrm{d} = \frac{\partial D}{\partial t} S = \frac{\varepsilon_0 \omega S V_0}{d} \cos \omega t = \omega C V_0 \cos \omega t \tag{3}$$

と求められる．ここで，平行平板コンデンサーの容量が $C = \varepsilon_0 S/d$ であることを

使った.

問 題 2 容量 1 μF の平行平板コンデンサーに周波数 50 Hz, 振幅 100 V の交流電圧をかけたときの変位電流の振幅を求めよ.

9.2 ファラデーの電磁誘導の法則

電流が磁場をつくるというエールステッドの実験を知ったアンペールが, それなら 2 本の電流同士は互いに力をおよぼし合うであろうと考え, ついにはアンペールの法則に辿り着いたことは, すでに第 6 章で述べた. それに対してファラデーは, 電流が磁場をつくるのであれば, 逆に磁場が電流をつくるのではないかと考え, 実験を行なった (1831 年). これももっともな推論である. そこで次に, ファラデーの実験を考えてみよう.

ファラデーは, 図 9.1 のように, ドーナツ形の鉄に巻かれた一方のコイルに電流を流して鉄心に磁場を発生させ, 他方のコイルに電流が流れるかどうかを調べた. その結果, まずわかったことは, 流す電流が一定のときは何の変化も見られないことであった. ところが, その電流のスイッチを入れたときと切ったときには, いつも他方のコイルに電流が流れ, しかも, 一方のコイルに流す電流の向きを変えなくても, そのスイッチを入れたときと切ったときでは, 他方のコイルに流れる電流の向きが逆転したのである.

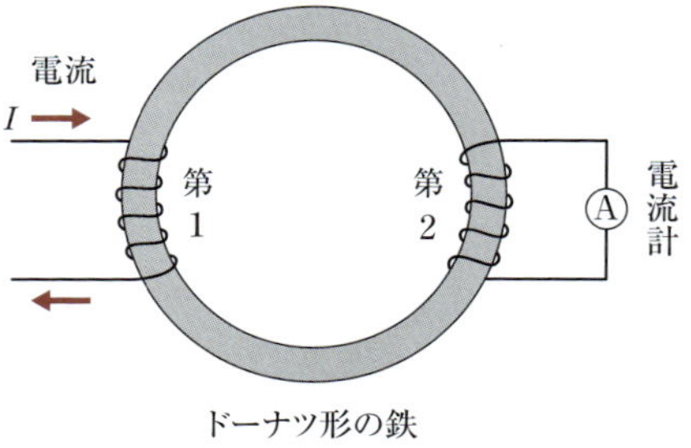

図 9.1 ファラデーの実験

この実験結果の意味を考えてみよう. ドーナツ形の鉄は, 第 1 のコイルに流した電流がつくる磁場をそれに閉じ込めておくという役割を果たす. その電流が一定である限り，発生した磁場も一定であり，第2のコイルにとっては，鉄の中に一定の磁場があるというだけで，それによってコイルに電流が流れなければならない理由は何もない．ところが，第1のコイルの電流のスイッチを入れたり切ったりするということは，ドーナツ形の鉄に閉じ込められた磁場をつくったり消したりして変化させていることに相当する．磁場を磁束密度といい直すと，その変化は磁束 Φ の変化に他ならない．したがって，第2のコイルにとっては，それを貫く磁束 Φ が変化したために，電流が誘起されたことになる．そして，コイルに電流が流れるためには，まるで電池を挿入したかのように，起電力が生じなければならないことを意味する．

こうして，ファラデーの実験結果を近接作用的に考えると，第2のコイルを貫く磁束 Φ が時間変化すると，そのコイルに起電力 ϕ^{em} が誘導される，というようにまとめられる．これを式で示すと，

$$\phi^{\mathrm{em}} = -\frac{d\Phi}{dt} \tag{9.6}$$

と表される．もちろん，上式の右辺は磁束の時間変化を表し，負号は実験結果の電流の向きを正しく表すためである．(9.6) を**ファラデーの電磁誘導の法則**という．

(9.6) で係数がちょうど1になるのが不自然と思われるかもしれないが，磁束や起電力の単位の取り方でそうなっているのである．そこで，それぞれの単位をみておこう．

磁場の中に任意の曲面Sを考え，それを貫く磁束を Φ とする．磁束は磁力線の数なので，それを求めるには，第1章で電気力線の数を数えたのと同じように，磁束密度の面積積分を実行すればよい．したがって，磁束 Φ は磁束密度を $\boldsymbol{B}$ として，

$$\Phi = \int_{\mathrm{S}} \boldsymbol{B}\cdot d\boldsymbol{\sigma} = \int_{\mathrm{S}} \boldsymbol{B}\cdot\boldsymbol{n}\,dS \tag{9.7}$$

と表される．ここで，$d\boldsymbol{\sigma}$ ($|d\boldsymbol{\sigma}| = dS$) は曲面Sの面積要素ベクトルであり，

$\boldsymbol{n}$ ($|\boldsymbol{n}|=1$) は面積要素の法線ベクトル ($d\boldsymbol{\sigma}=\boldsymbol{n}\,dS$) である．磁束密度（磁場）の MKSA 単位は T（テスラ）なので，磁束の単位は T・m^2 であり，これを Wb (weber, ウェーバー) と称する：

$$\text{Wb} = \text{T}\cdot\text{m}^2$$

起電力 ϕ^{em} の単位は通常の電池と同様，V (volt, ボルト) であり，単位をこのように選ぶと，(9.6) の右辺の係数はちょうど 1 になるのである．

問題 3　半径 5 cm のリング状のコイルを垂直に貫く一様な磁場が，1 秒間に 0.1 T から 0.2 T まで一定の割合で増加した．この間にコイルに発生した誘導起電力 ϕ^{em} を求めよ．

例題 2

図 9.2 のように，一様な静磁場 $\boldsymbol{B}$ の中で，長方形回路 ABCD（面積 S）を磁場に垂直な軸 PQ の周りで一定の角周波数 ω で回転させたとき，回路に生じる起電力 ϕ^{em} を求めよ．

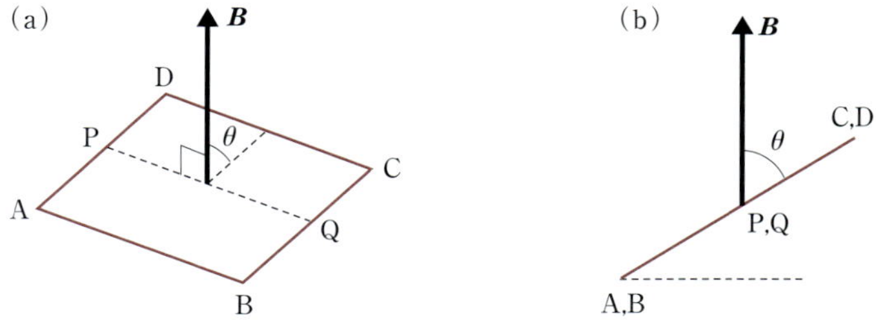

図 9.2　長方形の回路を一様な磁場が貫く．(b) は (a) を真横から見た図．

解　図のように，回路の面と磁場の向きとのなす角を θ とすると，この回路を貫く磁束 Φ は

$$\Phi = BS\sin\theta \tag{1}$$

である．θ は，角周波数 ω を使って

$$\theta = \omega t + \alpha \tag{2}$$

と表される．ここで，α は時刻 $t = 0$ での θ の値で，**初期位相**とよばれる．(2) を (1) に代入すると，回路を貫く磁束の時間変化は

$$\Phi(t) = BS \sin(\omega t + \alpha) \tag{3}$$

と表される．これを (9.6) に代入すると，誘導起電力として

$$\phi^{\mathrm{em}} = -\frac{d\Phi}{dt} = -\omega BS \cos(\omega t + \alpha) \tag{4}$$

が得られる．

例題 2 の結果によれば，磁場の中でコイルを無理やり回転させると，コイルに起電力が生じる．これを他の回路につなげば，このコイルは電力の供給源になる．これが**交流発電機**の原理であることは容易にわかるであろう．

問 題 4 半径 50 cm，巻き数 1000 のコイルを，地球磁場の中で 1 秒間に 100 回の速さで回転させたとき，コイルに生じる起電力の振幅を求めよ．ただし，地球磁場を 4.5×10^{-5} T とする．

9.3 電磁誘導の法則の本質

ファラデーの電磁誘導の実験は，図 9.1 のように，1 次コイルの電流の変化が 2 次コイル内の磁束の変化をもたらし，それが 2 次コイルに電流を誘起するというものであった．しかし，電磁誘導の法則として記述されている (9.6) は，2 次コイル内の磁束の変化がそれに誘導起電力を生み出すというもので，2 次コイルだけの現象として表されている．ということは，1 次コイルはなくてもよく，例えば 2 次コイルの近くで磁石を動かすだけで 2 次コイルを横切る磁束を変えることができて，電磁誘導を起こすにはそれで十分なのである．しかも，2 次コイルといっても大げさなものでなくて，図 9.3 に模式的に閉曲線 C で示したように，リング状の導線で構わない．すなわち，ファラデーの電磁誘導の法則 (9.6) の本質は，図 9.3 で閉曲線 C を縁とする

ここはポイント!

曲面Sを貫く磁束が変化したときに，導線である閉曲線Cに起電力が生じるということである．

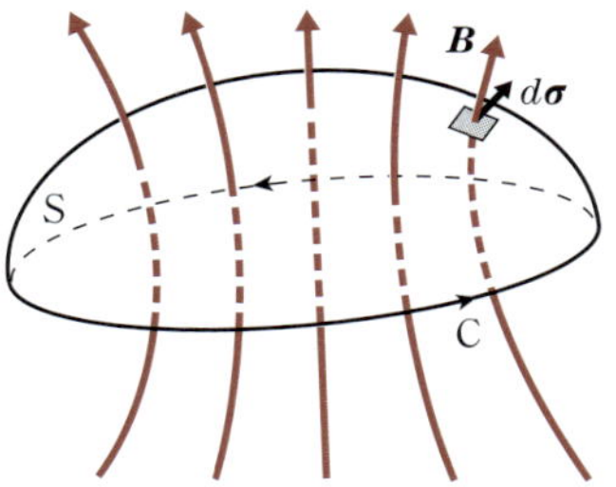

図 9.3　電磁誘導：閉曲線Cを縁とする曲面Sを貫く磁束が変わると，Cに起電力が生じる．

次に，この電磁誘導として起こる電流あるいは起電力の向きを考えてみよう．もちろん，エールステッドの実験やアンペールの法則でわかったように，誘起された電流自身も磁場をつくるはずである．実験によると，この磁場が外からの磁束変化を打ち消すように，電流が誘起されるのである．すなわち，図9.3で曲面Sを貫く磁束が増えるとその増加を抑えるように，また，磁束が減るとその減少を食い止めるように，電流が流れるというわけである．すなわち，起こったことに対して抵抗するので，(9.6) には負号が付くのである．

電磁誘導の向きを決めるこの法則を**レンツの法則** (1834年) という．これは時間変化していない状態があるときに，それを変化させると元に戻ろうとする傾向を表しており，自然が示す一般的な傾向ということもできる．

9.4　電磁誘導の法則の積分形と微分形

電池のはたらきをみてもわかるように，起電力とは電場が単位電荷にする仕事量である．単位電荷の荷電粒子がなされる仕事は (3.9) で与えられるので，電場のする仕事は

$$dW = \boldsymbol{E} \cdot d\boldsymbol{r} \tag{9.8}$$

となる．したがって，図9.3の閉曲線Cに発生する誘導起電力 ϕ^{em} は，(9.8) をCに沿って1周の線積分をして，

$$\phi^{\mathrm{em}} = \oint_{\mathrm{C}} \boldsymbol{E} \cdot d\boldsymbol{r} \tag{9.9}$$

と表される．

一方，磁束の時間変化は，(9.7) を使って，

$$\frac{d\Phi}{dt} = \frac{d}{dt}\int_{\mathrm{S}} \boldsymbol{B} \cdot d\boldsymbol{\sigma} = \int_{\mathrm{S}} \frac{\partial \boldsymbol{B}}{\partial t} \cdot d\boldsymbol{\sigma} \tag{9.10}$$

となる．上式の第 2 式は，固定された曲面 S を貫く磁束（磁力線の数）の時間変化なので，普通の時間微分である．ところが，第 2 式から第 3 式に変形する際には，磁場 $\boldsymbol{B}$ が時間的にも空間的にも変化しているのに時間だけについて微分するので，偏微分になっていることに注意しておく．

(9.9) と (9.10) をファラデーの電磁誘導の法則 (9.6) に代入すると

$$\oint_{\mathrm{C}} \boldsymbol{E} \cdot d\boldsymbol{r} = -\int_{\mathrm{S}} \frac{\partial \boldsymbol{B}}{\partial t} \cdot d\boldsymbol{\sigma} \tag{9.11}$$

が得られる．これは電場と磁場の積分で表されており，**積分形のファラデーの電磁誘導の法則**ということができる．ここで，これまで何度も使ったストークスの定理 (2.24) を (9.11) の左辺に適用すると，(9.11) は

$$\int_{\mathrm{S}} (\boldsymbol{\nabla} \times \boldsymbol{E}) \cdot d\boldsymbol{\sigma} = -\int_{\mathrm{S}} \frac{\partial \boldsymbol{B}}{\partial t} \cdot d\boldsymbol{\sigma} \tag{9.12}$$

となる．

(9.12) で重要なことは，上式では曲面 S 上での電磁場の時間・空間変化が問題になっており，閉曲線 C が消えていることである．閉曲線 C が導線でできていて誘導電流が流れていることさえ，(9.12) では現れていない．実際，現象を直観的に理解することに秀でたファラデーは，電磁誘導の本質は，彼が実験に使った具体的な回路には関係なく，磁場の時間変化が電場の空間変化を引き起こす時空的な現象として捉えたのである．そして，曲面 S は任意なので，それでも (9.12) が成り立つためには，面積積分の被積分関数が等しくなければならず，

$$\nabla \times \boldsymbol{E} = -\frac{\partial \boldsymbol{B}}{\partial t} \tag{9.13}$$

が成り立つことがわかる．これが**微分形のファラデーの電磁誘導の法則**である．

ここはポイント!

(9.13) は磁束密度の時間変化が電場の渦をつくることを表し，静電場で成り立つ基本法則である渦なしの法則 (2.28) を，磁束密度が時間変化する場合へ一般化するものである．したがって，(9.13) は電磁場の基本法則だということができる．

こうして，電磁気学の基本法則は，単独の正負の電荷が存在することによる電場についてのガウスの法則 (2.27)，単独の磁荷が存在しないことによる磁場についてのガウスの法則 (6.4)，静電場の渦なしの法則の一般化である電磁誘導の法則 (9.13)，および静磁場のアンペールの法則の一般化で変位電流の存在を表す (9.5) の 4 つとなり，これですべてが出そろったことになる：

$$\begin{cases} \nabla \cdot \boldsymbol{D} = \rho & (2.27) \\ \nabla \cdot \boldsymbol{B} = 0 & (6.4) \\ \nabla \times \boldsymbol{E} = -\dfrac{\partial \boldsymbol{B}}{\partial t} & (9.13) \\ \nabla \times \boldsymbol{H} = \boldsymbol{i} + \dfrac{\partial \boldsymbol{D}}{\partial t} & (9.5) \end{cases}$$

これら 4 つの方程式を**マクスウェル方程式**といい，次章以下で詳しく議論する．

9.5　まとめとポイントチェック

本章で学んだことで最も重要なことは，電場と磁場が時間的に変化すると，それらが結び付いて電磁場として振舞うことである．まず，電場が時間変化すると，$\boldsymbol{D} = \varepsilon_0 \boldsymbol{E}$ の時間変化として変位電流が生じることがわかった．この中には束縛電荷や真空そのものの寄与が含まれる．この変位電流を通常の電流に付け加えたのがアンペール－マクスウェルの法則 (9.5) であり，電磁場の基本法則の１つである．

ファラデーは，電流が磁場をつくるのであれば，逆に磁場も電流を生み出すのではないかと考えた．彼が結果として見出したのは，時間変化する磁場が空間変化する電場を生み出すということで，それが電磁誘導の法則 (9.13) である．静電場では渦なしの法則が成り立っていたのが，磁場が時間変化することで電場が渦ありになるのである．もちろん，電磁誘導の法則 (9.13) も電磁場の基本法則である．

これで，電磁気学の基本法則がすべて出そろった．

ポイントチェック

- □ **電場と磁場が時間変化するとき，それらが関係し合うことがわかった．**
- □ **アンペールの法則の一般化の必要性がわかった．**
- □ **変位電流の必要性が理解できた．**
- □ **変位電流のイメージをつかむことができた．**
- □ **アンペール－マクスウェルの法則を説明できるようになった．**
- □ **ファラデーの電磁誘導の実験を説明できるようになった．**
- □ **電磁誘導の法則の本質がわかった．**
- □ **電磁誘導の法則を説明できるようになった．**
- □ **電磁気学の基本法則とは何かがわかった．**
- □ **マクスウェル方程式がどのような方程式で構成されているかがわかった．**

10 電磁場の基本的な法則

学習目標

- マクスウェル方程式とは何かを理解する.
- 電磁気学の基本的な方程式は何かを説明できるようになる.
- 電磁場が運動量とエネルギーをもつことを理解する.
- 電磁場の運動量とエネルギーの表式を理解する.
- 荷電粒子と電磁場の結合系に運動量とエネルギーの保存則があることを理解する.
- ポインティング・ベクトルの物理的な意味を理解する.
- 電磁場のエネルギー密度の表式を理解する.

本章ではまず，前章までの電磁場の基本法則をまとめて，マクスウェル方程式を導く．もし電荷密度と電流密度が与えられているとすると，電磁場の振舞いはマクスウェル方程式から導かれることになる．その意味で，マクスウェル方程式は電磁気学の基本的な方程式である．荷電粒子も電磁場と相互作用して運動が決まるような場合には，その運動方程式も考慮しなければならない．このとき，荷電粒子にはたらくのがローレンツ力である．これは電磁気学と力学との結合である．その結果，力学で見た運動量やエネルギーの保存則が，荷電粒子と電磁場の結合系でも成り立つ．これはまた，荷電粒子がない電磁場だけの場合にも運動量保存則とエネルギー保存則が成り立つことを意味する．

10.1 マクスウェル方程式

これまでに得られた電磁場の基本法則は，電荷間の相互作用であるクーロンの法則を基礎に，電荷が電場を生み出すとするガウスの法則 (2.27)，単独の磁荷（磁気単極子）がないことを表す磁場に関するガウスの法則 (6.4)，磁場の時間変化が電場の渦ありを起こさせる，ファラデーの電磁誘導の法則 (9.13)，そして最後に，電流が磁場を生み出すとするアンペールの法則においては変位電流も考慮しなければならないことを表す，アンペール‐マクスウェルの法則 (9.5) である．

今後の議論のために，電磁場が満たすこれらの基本的な方程式を列挙しておくと，

$$
\begin{cases}
\nabla \cdot \boldsymbol{D} = \rho & (10.1) \\
\nabla \cdot \boldsymbol{B} = 0 & (10.2) \\
\nabla \times \boldsymbol{E} = -\dfrac{\partial \boldsymbol{B}}{\partial t} & (10.3) \\
\nabla \times \boldsymbol{H} = \boldsymbol{i} + \dfrac{\partial \boldsymbol{D}}{\partial t} & (10.4)
\end{cases}
$$

であり，これら 4 つの微分方程式をまとめて，**マクスウェル方程式**という．ここで，

$$\boldsymbol{D} = \varepsilon_0 \boldsymbol{E} \tag{10.5}$$

$$\boldsymbol{B} = \mu_0 \boldsymbol{H} \tag{10.6}$$

である．

マクスウェル方程式 (10.1) ～ (10.4) は電磁場に関する基本法則をすべて集約したものであり，それには電磁場 $\boldsymbol{E}$ と $\boldsymbol{B}$ 以外に，電荷密度 ρ と電流密度 $\boldsymbol{i}$ が含まれている．これらは電子や陽子などの電荷をもつ物質粒子に関わる物理量である．そこで，電荷密度と電流密度が与えられた量だとすると，

ここはポイント!

原理的には，微分方程式である (10.1) ～ (10.4) を解くことによって電磁場の振舞いがすべてわかることになる．したがって，マクスウェル方程式 (10.1) ～ (10.4) は電磁気学の拠り所とすべき基礎方程式であり，ニュートンの運動方程式とともに，古典物理学の最も重要な方程式である．

前章までは，電磁場の基本法則を導くに当たって，歴史的な経緯を踏まえるとともに議論をわかりやすくするために，電場 $\boldsymbol{E}$ と磁場 $\boldsymbol{B}$ は電荷密度 ρ

と電流密度 $\boldsymbol{i}$ によって生じるとしてきた．しかし，マクスウェル方程式 (10.1) 〜 (10.4) では，物質粒子が全くなくて $\rho = 0$，$\boldsymbol{i} = \boldsymbol{0}$ としても，電磁場 $\boldsymbol{E}$ と $\boldsymbol{B}$ の振舞いが議論できる形式になっており，電磁場自体の存在を主張している．それが事実であることは，電磁場の波動としての電磁波が現代社会では絶対に必要なものになっていることからも明らかであろう．電磁波はラジオ，テレビ，携帯電話，スマートフォンなどの発信と受信の間をつなぐために不可欠なのである．電磁波については後の章で議論する．

これまでは，電磁場をすべて真空中で考え，電子などの荷電粒子は広がりのない点であり，電流も点である荷電粒子の移動だとしてきた．絶縁体であるガラスや磁石になる鉄塊などの巨視的（マクロ）な物体でも，微視的（ミクロ）に見れば電子や陽子，中性子の集まりで，限りなく点に近い．したがって，原理的には，これまでどおりに議論を進めることができる．しかし，ガラスや水などの巨視的な物体内の電磁場の場合には，見た目には明らかに真空とは違うので，これらの場合には，物質を構成する原子・分子の存在をぬりつぶして無視し，一様にならした物質の中で平均した量として電場 $\boldsymbol{E}$ と磁場 $\boldsymbol{B}$ を考える方がはるかに実用的である．このとき，(10.5) と (10.6) も影響を受けて，

$$\boldsymbol{D} = \varepsilon \boldsymbol{E} \tag{10.7}$$

$$\boldsymbol{B} = \mu \boldsymbol{H} \tag{10.8}$$

と表し，ε と μ は物質の種類などによる物理量と見なす．

このようにすると，ガラスや水の界面で光が屈折することや，コンデンサーに誘電体を充てんすると容量が増すことなど，数々の日常的な電磁気的現象を容易に説明できるようになる．しかし，本書は電磁気学の基本だけを述べるのが目的なので，これらの興味深い話題は巻末に挙げる他書に譲って，ミクロな視点に戻り，電磁場は真空中にあるものとして，これからの議論をマクスウェル方程式 (10.1) 〜 (10.4) と (10.5)，(10.6) を基礎にして進める．

ここはポイント!

ところで，もし電荷分布や電流が与えられているとすると，マクスウェル方程式 (10.1) ～ (10.4) は電磁場の振舞いに関して閉じた方程式系になっていることは上で述べた．しかし，一般には，電荷は電磁場の影響を受けて運動し，それがまた電磁場に影響を与える電流の担い手となる．このことも考慮するには，ローレンツの力 (8.9) をとり入れた荷電粒子の運動方程式 (8.11) が必要になる．そこで，今後の議論のために，

$$m\frac{d\boldsymbol{v}}{dt} = q(\boldsymbol{E} + \boldsymbol{v} \times \boldsymbol{B}) \tag{10.9}$$

を改めて書いておく．ここで，荷電粒子の質量は m，電荷は q である．

こうして，電磁場と運動する荷電粒子は (10.1) ～ (10.4) と (10.9) で結び付くことになる．次に議論しなければならないのは，このように結び付いた電磁場と荷電粒子からなる系において，物理学の基本的な法則である電荷保存則，運動量保存則，エネルギー保存則がどうなるかという問題である．これらを議論する過程で，電磁場に絡む重要な物理量や概念が出てくることになる．

10.2 電荷の保存則

(10.4) の両辺の発散 ($\boldsymbol{\nabla}\cdot$) をとり，回転の発散が恒等的にゼロである (第 7 章の問題 1 を参照) ことと (10.1) を使うと，直ちに

$$\frac{\partial \rho}{\partial t} + \boldsymbol{\nabla} \cdot \boldsymbol{i} = 0 \tag{10.10}$$

が得られる．

これは，電荷の保存則 (5.6) に他ならない．すなわち，電荷の保存則はマクスウェル方程式に組み込まれているのである．

10.3 運動量保存則

いま，考えている系の中に n 個の荷電粒子があり，i 番目の荷電粒子の質量を m_i，電荷を q_i，位置を $\boldsymbol{r}_i$，速度を $\boldsymbol{v}_i$ とすると，電場 $\boldsymbol{E}$ と磁場 $\boldsymbol{B}$ の中の i 番目の荷電粒子の運動方程式は，(10.9) より，

$$m_i \frac{d\boldsymbol{v}_i}{dt} = q_i \boldsymbol{E}(\boldsymbol{r}_i) + q_i \boldsymbol{v}_i \times \boldsymbol{B}(\boldsymbol{r}_i) \tag{10.11}$$

と表される．上式右辺の $\boldsymbol{E}(\boldsymbol{r}_i)$ と $\boldsymbol{B}(\boldsymbol{r}_i)$ は，電場と磁場が i 番目の荷電粒子の位置 $\boldsymbol{r}_i$ で作用すること（近接作用）を表していることに注意しよう．

系の中の n 個の荷電粒子すべての運動方程式を加え合わせると，(10.11) から

$$\sum_{i=1}^{n} m_i \frac{d\boldsymbol{v}_i}{dt} = \sum_{i=1}^{n} q_i \boldsymbol{E}(\boldsymbol{r}_i) + \sum_{i=1}^{n} q_i \boldsymbol{v}_i \times \boldsymbol{B}(\boldsymbol{r}_i) \tag{10.12}$$

が得られる．上式の左辺は，

$$\sum_{i=1}^{n} m_i \frac{d\boldsymbol{v}_i}{dt} = \sum_{i=1}^{n} \frac{d\,(m_i \boldsymbol{v}_i)}{dt} = \frac{d}{dt} \sum_{i=1}^{n} \boldsymbol{p}_i = \frac{d}{dt} \boldsymbol{P}_{\mathrm{mech}} \tag{10.13}$$

と表される．ここで，$\boldsymbol{p}_i = m_i \boldsymbol{v}_i$ は i 番目の荷電粒子の運動量であり，

$$\boldsymbol{P}_{\mathrm{mech}} = \sum_{i=1}^{n} m_i \boldsymbol{v}_i \tag{10.14}$$

は，系内にあるすべての荷電粒子の全運動量である．粒子の運動量や粒子系の全運動量については，力学で学んだことを思い出そう．なお，$\boldsymbol{P}_{\mathrm{mech}}$ の下付きの添字 mech は mechanical（力学的な）からとった．

(10.12) の右辺では，電磁場が粒子との相互作用のために局在した量として現れていて，本来の姿である空間に広がっている様子が見えにくくなっている．これを改善するために，非常に便利な数学的手法である**ディラックのデルタ関数** $\delta(x)$ を導入しよう．この関数は

$$\delta(x)=\begin{cases}\infty & (x=0)\\ 0 & (x\neq 0)\end{cases} \tag{10.15}$$

$$\int_{-\infty}^{\infty}\delta(x)\,dx=1 \tag{10.16}$$

と定義され，$x=0$ 以外では至るところゼロで，$x=0$ では無限大なのに，積分すると有限な1になるという，不思議な関数である．

このデルタ関数は，イギリスの理論物理学者ディラックが量子力学を発展させるために導入したもので，その後，通常の関数を超えた超関数として数学的に基礎づけられている．x が長さの次元 [m] をもつとすると，(10.16) より $\delta(x)$ は [m^{-1}] の次元をもつことを注意しておく．

いま，$\delta(x-a)$ というものを考えると，これは $x=a$ で一度激しく上下する関数なので，任意の関数 $f(x)$ が $x=a$ で連続な関数ならば，$f(x)\,\delta(x-a)$ は $x\neq a$ でゼロである．したがって，これを x で積分すると

$$\int_{-\infty}^{\infty}f(x)\,\delta(x-a)\,dx=f(a) \tag{10.17}$$

が得られる．これは，x 軸方向に広がっている連続関数 $f(x)$ から $x=a$ での局所的な値 $f(a)$ を抜き出すという作用をしていることがわかるであろう．

このデルタ関数の性質を使って，(10.12) の右辺にある局所的な量 $\boldsymbol{E}(\boldsymbol{r}_i)$ や $\boldsymbol{B}(\boldsymbol{r}_i)$ を，空間に広がった $\boldsymbol{E}(\boldsymbol{r})$ や $\boldsymbol{B}(\boldsymbol{r})$ の積分で表そうというわけである．なお，(10.15) ～ (10.17) は1次元での表現なので，3次元空間では

$$\delta(\boldsymbol{r})=\delta(x)\,\delta(y)\,\delta(z) \tag{10.18}$$

$$\int_{\mathrm{V}}f(\boldsymbol{r})\,\delta(\boldsymbol{r}-\boldsymbol{r}_0)\,d^3\boldsymbol{r}=\int_{\mathrm{V}}f(\boldsymbol{r})\,\delta(\boldsymbol{r}-\boldsymbol{r}_0)\,dx\,dy\,dz=f(\boldsymbol{r}_0) \tag{10.19}$$

という約束をしておく．ここで，V は位置 $\boldsymbol{r}_0$ を含む3次元領域である．また，$\delta(\boldsymbol{r})$ は [m^{-3}] の次元をもつことに注意しよう．

この (10.18) と (10.19) を使うと，(10.12) の右辺第1項は

$$\sum_{i=1}^{n} q_i \boldsymbol{E}(\boldsymbol{r}_i) = \sum_{i=1}^{n} q_i \int_{\mathrm{V}} \boldsymbol{E}(\boldsymbol{r})\, \delta(\boldsymbol{r}-\boldsymbol{r}_i)\, d^3\boldsymbol{r}$$

$$= \int_{\mathrm{V}} \{\sum_{i=1}^{n} q_i\, \delta(\boldsymbol{r}-\boldsymbol{r}_i)\}\, \boldsymbol{E}(\boldsymbol{r})\, d^3\boldsymbol{r} \qquad (10.20)$$

となる．ここでVは，いま考えている系の3次元領域を表している．同様にして，(10.12) の右辺第2項も変形すると，(10.12) の右辺は

$$\sum_{i=1}^{n} q_i \boldsymbol{E}(\boldsymbol{r}_i) + \sum_{i=1}^{n} q_i \boldsymbol{v}_i \times \boldsymbol{B}(\boldsymbol{r}_i)$$

$$= \int_{\mathrm{V}} \left[\left\{ \sum_{i=1}^{n} q_i\, \delta(\boldsymbol{r}-\boldsymbol{r}_i) \right\} \boldsymbol{E}(\boldsymbol{r}) + \left\{ \sum_{i=1}^{n} q_i\, \delta(\boldsymbol{r}-\boldsymbol{r}_i)\boldsymbol{v}_i \right\} \times \boldsymbol{B}(\boldsymbol{r}) \right] d^3\boldsymbol{r} \qquad (10.21)$$

と表される．

ところで，(10.21) の右辺第1項の被積分関数の中の $\sum_{i=1}^{n} q_i\, \delta(\boldsymbol{r}-\boldsymbol{r}_i)$ という量は，電荷が空間に局在していることをデルタ関数によって表しており，その単位は［Cm^{-3}］であって（以下の問題1を参照），電荷密度と同じであることがわかる．実際，この量が電荷密度 $\rho(\boldsymbol{r})$ であることは，この量を空間のある領域にわたって積分すると，その領域に分布する全電荷が得られることで確かめられる（以下の問題2を参照）．同様にして，(10.21) の右辺第2項の被積分関数の中の $\sum_{i=1}^{n} q_i\, \delta(\boldsymbol{r}-\boldsymbol{r}_i)\boldsymbol{v}_i$ が電流密度 $\boldsymbol{i}(\boldsymbol{r})$ であることもわかる．すなわち，これらの量も電磁場と同じように領域Vの空間に広がった物理量と見なすと，

$$\rho(\boldsymbol{r}) = \sum_{i=1}^{n} q_i\, \delta(\boldsymbol{r}-\boldsymbol{r}_i) \qquad (10.22)$$

$$\boldsymbol{i}(\boldsymbol{r}) = \sum_{i=1}^{n} q_i \boldsymbol{v}_i\, \delta(\boldsymbol{r}-\boldsymbol{r}_i) \qquad (10.23)$$

と表され，荷電粒子が実際には空間に局在していることは，デルタ関数で表現されているのである．

こうして，(10.22) と (10.23) を (10.21) に代入すると，

$$\sum_{i=1}^{n} q_i \boldsymbol{E}(\boldsymbol{r}_i) + \sum_{i=1}^{n} q_i \boldsymbol{v}_i \times \boldsymbol{B}(\boldsymbol{r}_i) = \int_{\mathrm{V}} \{\rho(\boldsymbol{r})\, \boldsymbol{E}(\boldsymbol{r}) + \boldsymbol{i}(\boldsymbol{r}) \times \boldsymbol{B}(\boldsymbol{r})\}\, d^3\boldsymbol{r} \tag{10.24}$$

ここはポイント!

が得られる．ここで重要なことは，空間に局在した量で表された左辺を空間に広がった形に変換できたことである．

問 題 1 (10.22) と (10.23) が，それぞれ電荷密度および電流密度の正しい単位を与えることを示せ．

問 題 2 (10.22) より，系の全電荷 Q を求めよ．

(10.13) と (10.24) を (10.12) に代入すると，系の荷電粒子の全運動量 $\boldsymbol{P}_{\mathrm{mech}}$ の時間変化は

$$\frac{d\boldsymbol{P}_{\mathrm{mech}}}{dt} = \int_{\mathrm{V}} (\rho \boldsymbol{E} + \boldsymbol{i} \times \boldsymbol{B})\, dV \tag{10.25}$$

と表される．これは電磁的作用による領域 V の中の全荷電粒子の運動方程式である．ここでこれからの計算の簡略化のために，電荷密度や電場などの空間の位置を表す $\boldsymbol{r}$ を省略し，積分のための体積要素 $d^3\boldsymbol{r}$ を dV と記した．

(10.25) の右辺の被積分関数は，すべて空間的に広がっている物理量で表されていることに注意しよう．そのために，それらの空間的・時間的変化にはマクスウェル方程式 (10.1) ～ (10.4) をそのまま使うことができるのである．また，荷電粒子にはローレンツ力だけでなく，他の粒子間相互作用もはたらいていて，それが (10.25) の右辺に影響するのではないかと思うかもしれない．しかし，荷電粒子間のクーロン力は，マクスウェル方程式の (10.1) ですでに組み込まれているので，はじめから問題にならない．それだけでなく，力学によると，粒子間の相互作用である内力は，作用・反作用の法則によってキャンセルし，全運動量の運動方程式には寄与しない (姉妹書の『物理学講義 力学』第 5 章を参照)．したがって，電磁場の影響下にある荷電粒子の全体の運動方程式は (10.25) で与えられることになる．

ここはポイント!

そこで，(10.25) の右辺を，仮に全荷電粒子にはたらく力

$$F = \int_V (\rho E + i \times B)\, dV \tag{10.26}$$

とおいて，上式の右辺をマクスウェル方程式 (10.1) ～ (10.4) を使って変形し，新しく現れる項の物理的意味を考えることにしよう．

まず，マクスウェル方程式の (10.1) と (10.4) を使って物質粒子に関わる電荷密度 ρ と電流密度 i を電磁場で表し，(10.26) に代入すると，

$$\begin{aligned} F &= \int_V \left[E(\nabla \cdot D) + \left(\nabla \times H - \frac{\partial D}{\partial t} \right) \times B \right] dV \\ &= \int_V \left[E(\nabla \cdot D) - B \times (\nabla \times H) - \frac{\partial D}{\partial t} \times B \right] dV \end{aligned}$$

が得られる．ここで，ベクトル積の順序を変えると符号が逆転する ($A \times B = -B \times A$) という性質を使った．さらに，ベクトルの積の微分に関する

$$\frac{\partial}{\partial t}(D \times B) = \frac{\partial D}{\partial t} \times B + D \times \frac{\partial B}{\partial t}$$

を使って，上式の積分の中の最後の項を変形してまとめると，

$$\begin{aligned} F &= -\int_V \frac{\partial}{\partial t}(D \times B)\, dV + \int_V \left[E(\nabla \cdot D) + D \times \frac{\partial B}{\partial t} - B \times (\nabla \times H) \right] dV \\ &= -\frac{d}{dt}\int_V (D \times B)\, dV + \int_V [E(\nabla \cdot D) - D \times (\nabla \times E) - B \times (\nabla \times H)]\, dV \end{aligned} \tag{10.27}$$

となる．ここで，右辺第 1 項の空間についての積分そのものは，積分してしまえば空間依存性がなくなり，変わるとすれば時間変化だけだから，積分の中の時間についての偏微分を積分の外に出して普通の時間微分にした．また，第 2 の積分の中の第 2 項は (10.3) を使って変形した．

いま，(10.27) の右辺第 1 項に対して，

$$\boldsymbol{P}_{\text{em}} = \int_{\mathrm{V}} (\boldsymbol{D} \times \boldsymbol{B})\, dV = \varepsilon_0\mu_0 \int_{\mathrm{V}} (\boldsymbol{E} \times \boldsymbol{H})\, dV = \frac{1}{c^2}\int_{\mathrm{V}} \boldsymbol{S}\, dV = \int_{\mathrm{V}} \boldsymbol{p}_{\text{em}}\, dV \tag{10.28}$$

$$\boldsymbol{S} = \boldsymbol{E} \times \boldsymbol{H} \tag{10.29}$$

を定義する．ここで，$\boldsymbol{p}_{\text{em}}$ や $\boldsymbol{P}_{\text{em}}$ の下付きの添字 em は electromagnetic（電磁気的な）からとってあるが，それらの物理的意味は以下に説明する．(10.28) の途中では (10.5) と (10.6) を使って変形した．また，$\varepsilon_0\mu_0 = 1/c^2$ (c : 光速) を使ったが，これは後に電磁波のところで説明する．(10.29) で定義されたベクトル $\boldsymbol{S}$ は**ポインティング・ベクトル**とよばれるが，これの物理的意味も後ほど説明する．

(10.28) を (10.27) に代入してから，それを (10.25) に代入して移項などして整理すると，

$$\frac{d(\boldsymbol{P}_{\text{mech}} + \boldsymbol{P}_{\text{em}})}{dt} = \int_{\mathrm{V}} \{\boldsymbol{E}(\nabla \cdot \boldsymbol{D}) - \boldsymbol{D} \times (\nabla \times \boldsymbol{E}) - \boldsymbol{B} \times (\nabla \times \boldsymbol{H})\}\, dV \tag{10.30}$$

となることがわかる．ここで注意すべきことは，上式で時間についての微分は左辺だけで，右辺には電磁場の空間についての微分と積分だけがあることである．したがって，$\boldsymbol{P}_{\text{mech}}$ が領域 V にある荷電粒子の全運動量であることを考えると，電磁場だけで表されている $\boldsymbol{P}_{\text{em}}$ は領域 V の中の**電磁場の全運動量**だということができる．すなわち，(10.28) は電磁場の全運動量を与え，被積分関数の

$$\boldsymbol{p}_{\text{em}} = \boldsymbol{D} \times \boldsymbol{B} = \frac{1}{c^2}\boldsymbol{E} \times \boldsymbol{H} = \frac{1}{c^2}\boldsymbol{S} \tag{10.31}$$

は，**電磁場の運動量密度**ということができる．

こうして (10.30) の左辺の物理的意味ははっきりしたが，右辺はこのままではよくわからない．そこで，右辺の物理的意味を明確にするために，これを

$$\boldsymbol{F}' = \int_{\mathrm{V}} [\boldsymbol{E}(\nabla \cdot \boldsymbol{D}) - \boldsymbol{D} \times (\nabla \times \boldsymbol{E}) - \boldsymbol{B} \times (\nabla \times \boldsymbol{H})]\, dV \tag{10.32}$$

とおいて計算を進める.

まず，上式の積分の中に $\boldsymbol{H}(\nabla \cdot \boldsymbol{B})$ を含めても，これはマクスウェル方程式の (10.2) からゼロなので，一向に構わない．すると，(10.32) は

$$\boldsymbol{F}' = \int_{\mathrm{V}} [\{\boldsymbol{E}(\nabla \cdot \boldsymbol{D}) - \boldsymbol{D} \times (\nabla \times \boldsymbol{E})\} + \{\boldsymbol{H}(\nabla \cdot \boldsymbol{B}) - \boldsymbol{B} \times (\nabla \times \boldsymbol{H})\}]\, dV \tag{10.33}$$

となって，積分の中が電場の部分と磁場の部分に分かれ，しかもそれらの形が全く同じであることに気付く.

そこで電場の部分だけについて，回転の定義 (2.25) や (10.5) を使ってその i 成分 ($i = 1, 2, 3$ はそれぞれ x, y, z 成分に対応) を計算すると,

$$\begin{aligned}
\{\boldsymbol{E}(\nabla \cdot \boldsymbol{D}) - \boldsymbol{D} \times (\nabla \times \boldsymbol{E})\}_i &= \varepsilon_0 \{\boldsymbol{E}(\nabla \cdot \boldsymbol{E}) - \boldsymbol{E} \times (\nabla \times \boldsymbol{E})\}_i \\
&= \varepsilon_0 \sum_{j=1}^{3} \frac{\partial}{\partial x_j}\left(E_i E_j - \frac{1}{2}\boldsymbol{E}^2 \delta_{ij}\right) \\
&= \sum_{j=1}^{3} \frac{\partial}{\partial x_j}\left(E_i D_j - \frac{1}{2}\boldsymbol{E} \cdot \boldsymbol{D} \delta_{ij}\right)
\end{aligned} \tag{10.34}$$

となる．ここで上の第 3，4 式にある δ_{ij} は**クロネッカーのデルタ**とよばれ,

$$\delta_{ij} = \begin{cases} 1 & (i = j) \\ 0 & (i \neq j) \end{cases} \tag{10.35}$$

と定義される，便利な記号である．磁場の部分も全く同じ計算によって,

$$\{\boldsymbol{H}(\nabla \cdot \boldsymbol{B}) - \boldsymbol{B} \times (\nabla \times \boldsymbol{H})\}_i = \sum_{j=1}^{3} \frac{\partial}{\partial x_j}\left(H_i B_j - \frac{1}{2}\boldsymbol{H} \cdot \boldsymbol{B} \delta_{ij}\right) \tag{10.36}$$

が得られる.

　したがって，(10.33) の右辺の被積分関数の i 成分は，(10.34) と (10.36) を使って

$$[\{\boldsymbol{E}(\nabla\cdot\boldsymbol{D})-\boldsymbol{D}\times(\nabla\times\boldsymbol{E})\}+\{\boldsymbol{H}(\nabla\cdot\boldsymbol{B})-\boldsymbol{B}\times(\nabla\times\boldsymbol{H})\}]_i$$
$$=\sum_{j=1}^{3}\frac{\partial}{\partial x_j}\left[E_iD_j+H_iB_j-\frac{1}{2}(\boldsymbol{E}\cdot\boldsymbol{D}+\boldsymbol{H}\cdot\boldsymbol{B})\delta_{ij}\right]=\sum_{j=1}^{3}\frac{\partial}{\partial x_j}T_{ij} \tag{10.37}$$

と表される．ここで，上の最後の式で導入した

$$T_{ij}=E_iD_j+H_iB_j-\frac{1}{2}(\boldsymbol{E}\cdot\boldsymbol{D}+\boldsymbol{H}\cdot\boldsymbol{B})\delta_{ij} \tag{10.38}$$

は**マクスウェルの応力テンソル**とよばれている量である．

　式 (10.37) において重要なことは，(10.33) の右辺の被積分関数が別の関数の微分形で表されたことである．その結果，(10.33) の右辺はガウスの定理 (2.21) によって面積積分で表され，(10.37) を (10.33) の右辺に代入し，さらにそれを (10.30) の右辺に代入すると，(10.30) の i 成分は

$$\frac{d}{dt}(\boldsymbol{P}_{\mathrm{mech}}+\boldsymbol{P}_{\mathrm{em}})_i=\int_{\mathrm{V}}\sum_{j=1}^{3}\frac{\partial}{\partial x_j}T_{ij}\,dV=\int_{\mathrm{S}}\sum_{j=1}^{3}T_{ij}n_j\,dS=\int_{\mathrm{S}}(\boldsymbol{T}:\boldsymbol{n})_i\,dS \tag{10.39}$$

と表される．ここで，S は領域 V を包む閉曲面であり，$\boldsymbol{T}:\boldsymbol{n}$ はテンソル $\boldsymbol{T}$ と法線ベクトル $\boldsymbol{n}$ の積でベクトルを与え，その i 成分は

$$(\boldsymbol{T}:\boldsymbol{n})_i=\sum_{j=1}^{3}T_{ij}n_j \tag{10.40}$$

で与えられる．したがって，(10.39) より，(10.30) は

$$\frac{d}{dt}(\boldsymbol{P}_{\mathrm{mech}}+\boldsymbol{P}_{\mathrm{em}})=\int_{\mathrm{S}}\boldsymbol{T}:\boldsymbol{n}\,dS \tag{10.41}$$

と表される．これは，系全体の運動量の変化が，系の表面 S を通じて，その外部にある電磁場による応力作用で起こることを表している．これが，$\boldsymbol{T}$ を応力テンソルとよぶゆえんである．

領域Vを十分大きくとると，その表面Sでは系内の電磁場の影響が弱くなり，電磁場はないとしてよい．このとき，(10.41) の右辺はゼロとなるので，

$$\frac{d}{dt}(\boldsymbol{P}_{\mathrm{mech}}+\boldsymbol{P}_{\mathrm{em}})=\boldsymbol{0} \tag{10.42}$$

が成り立つ．これは系の運動量が保存することを意味し，荷電粒子と電磁場の系の**運動量保存則**である．これはまた，荷電粒子がなくて電磁場だけの場合にも，電磁場の運動量が保存することを意味している．

ここはポイント!

電磁場の中にある荷電粒子の振舞いを観察すると，力学的な運動量保存則の結果である作用・反作用の法則に反する場合がある．しかし，その場合でも電磁場の運動量まで考慮すると，全運動量はちゃんと保存し，問題はない．荷電粒子はローレンツの力を通して電磁場から作用を受けるのであるから，電磁場も考慮しなければならないのは当然のことである．

10.4 エネルギー保存則

前節と同様，電磁場の中に n 個の荷電粒子があり，i 番目の荷電粒子の運動方程式が (10.11) で与えられるものとする．(10.11) の両辺に $\boldsymbol{v}_i$ を掛けて内積をとると，

$$m_i\boldsymbol{v}_i\cdot\frac{d\boldsymbol{v}_i}{dt}=q_i\boldsymbol{v}_i\cdot\boldsymbol{E}(\boldsymbol{r}_i)+q_i\boldsymbol{v}_i\cdot\{\boldsymbol{v}_i\times\boldsymbol{B}(\boldsymbol{r}_i)\} \tag{10.43}$$

が得られる．上式の左辺は

$$m_i\boldsymbol{v}_i\cdot\frac{d\boldsymbol{v}_i}{dt}=\frac{1}{2}m_i\frac{d}{dt}(\boldsymbol{v}_i\cdot\boldsymbol{v}_i)=\frac{d}{dt}\left(\frac{1}{2}m_iv_i^2\right) \tag{10.44}$$

と表され，時間微分の中の $(1/2)\,m_iv_i^2$ は i 番目の荷電粒子の運動エネルギーである．(10.43) の右辺第2項はベクトル解析の三重積の性質から恒等的に $\boldsymbol{v}_i\cdot\{\boldsymbol{v}_i\times\boldsymbol{B}(\boldsymbol{r}_i)\}=0$ である．これはベクトル積の性質から $\boldsymbol{v}_i\times\boldsymbol{B}(\boldsymbol{r}_i)$ が $\boldsymbol{v}_i$

ここはポイント!

とも $\boldsymbol{B}$ とも直交するために，これと $\boldsymbol{v}_i$ の内積をとるとゼロになるからである．そのため，荷電粒子の運動エネルギーの磁場による増加はなく，(8.10) でも注意したように，磁場は荷電粒子に仕事をしないということにもなるのである．そして，(10.43) の右辺第 1 項は (10.20) と同様にディラックのデルタ関数を使って積分形で表すと，

$$q_i \boldsymbol{v}_i \cdot \boldsymbol{E}(\boldsymbol{r}_i) = \int_{\mathrm{V}} q_i \, \delta(\boldsymbol{r} - \boldsymbol{r}_i) \, \boldsymbol{v}_i \cdot \boldsymbol{E}(\boldsymbol{r}) \, d^3\boldsymbol{r} \qquad (10.45)$$

となる．

(10.44) と (10.45) を使うと，(10.43) は

$$\frac{d}{dt}\left(\frac{1}{2} m_i v_i^2\right) = \int_{\mathrm{V}} q_i \, \delta(\boldsymbol{r} - \boldsymbol{r}_i) \, \boldsymbol{v}_i \cdot \boldsymbol{E}(\boldsymbol{r}) \, d^3\boldsymbol{r} \qquad (10.46)$$

と表される．ここで，系内の n 個の荷電粒子すべてについて (10.46) の両辺をそれぞれ加え合わせると，左辺の時間についての微分は

$$E_{\mathrm{mech}} = \frac{1}{2} m_1 v_1^2 + \frac{1}{2} m_2 v_2^2 + \cdots + \frac{1}{2} m_n v_n^2 = \sum_{i=1}^{n} \frac{1}{2} m_i v_i^2 \qquad (10.47)$$

に対してすることになり，これはすべての荷電粒子の力学的エネルギーの和である．他方，右辺の和には (10.23) より電流密度 $\sum_{i=1}^{n} q_i \, \delta(\boldsymbol{r} - \boldsymbol{r}_i) \, \boldsymbol{v}_i = \boldsymbol{i}(\boldsymbol{r})$ がそのまま現れる．

こうして，(10.46) をすべての荷電粒子について加えると，

$$\frac{d}{dt} E_{\mathrm{mech}} = \int_{\mathrm{V}} \boldsymbol{i} \cdot \boldsymbol{E} \, dV \qquad (10.48)$$

が得られる．ここでもこれからの計算の簡略化のために，電流密度と電場の空間の位置を表す $\boldsymbol{r}$ を省略し，積分のための体積要素 $d^3\boldsymbol{r}$ を dV と記した．

ここはポイント!

(10.48) は，荷電粒子の運動エネルギーの変化は，電場が荷電粒子にする仕事からくることを表している．磁場がこれに寄与しないことは (8.10) で見たとおりである．

次に，(10.48) の右辺で電磁場の果たす役割をもう少し詳しく調べてみよう．(10.48) の右辺を，仮に電場が全荷電粒子にする仕事 J として，その中の電流密度 $\boldsymbol{i}$ をマクスウェル方程式 (10.4) を使って電磁場で表すと，

$$J=\int_{\mathrm{V}}\boldsymbol{i}\cdot\boldsymbol{E}\,dV=\int_{\mathrm{V}}\left(\nabla\times\boldsymbol{H}-\frac{\partial\boldsymbol{D}}{\partial t}\right)\cdot\boldsymbol{E}\,dV \qquad (10.49)$$

となる. ここで, 任意のベクトル $\boldsymbol{A}$, $\boldsymbol{B}$ について成り立つベクトル解析の公式

$$\nabla\cdot(\boldsymbol{A}\times\boldsymbol{B})=\boldsymbol{B}\cdot(\nabla\times\boldsymbol{A})-\boldsymbol{A}\cdot(\nabla\times\boldsymbol{B}) \qquad (10.50)$$

において，$\boldsymbol{A}\to\boldsymbol{E}$，$\boldsymbol{B}\to\boldsymbol{H}$ とすると，(10.49) の右辺の積分の中の第 1 項の $\boldsymbol{E}\cdot(\nabla\times\boldsymbol{H})$ は

$$\begin{aligned}\boldsymbol{E}\cdot(\nabla\times\boldsymbol{H})&=\boldsymbol{H}\cdot(\nabla\times\boldsymbol{E})-\nabla\cdot(\boldsymbol{E}\times\boldsymbol{H})=\boldsymbol{H}\cdot(\nabla\times\boldsymbol{E})-\nabla\cdot\boldsymbol{S}\\&=-\boldsymbol{H}\cdot\frac{\partial\boldsymbol{B}}{\partial t}-\nabla\cdot\boldsymbol{S}\end{aligned} \qquad (10.51)$$

と表される．上の第 2 式から第 3 式への変形では (10.29) のポインティング・ベクトル $\boldsymbol{S}$ を，第 3 式から第 4 式への変形ではマクスウェル方程式 (10.3) を使った．こうして，(10.51) を (10.49) に代入すると，

$$J=-\int_{\mathrm{V}}\left(\boldsymbol{E}\cdot\frac{\partial\boldsymbol{D}}{\partial t}+\boldsymbol{H}\cdot\frac{\partial\boldsymbol{B}}{\partial t}\right)dV-\int_{\mathrm{V}}\nabla\cdot\boldsymbol{S}\,dV \qquad (10.52)$$

が得られる．

ところで，(10.52) の右辺第 1 項の被積分関数は (10.5) や (10.6) を使って変形すると，

$$\begin{aligned}\boldsymbol{E}\cdot\frac{\partial\boldsymbol{D}}{\partial t}+\boldsymbol{H}\cdot\frac{\partial\boldsymbol{B}}{\partial t}&=\varepsilon_0\boldsymbol{E}\cdot\frac{\partial\boldsymbol{E}}{\partial t}+\mu_0\boldsymbol{H}\cdot\frac{\partial\boldsymbol{H}}{\partial t}=\frac{\varepsilon_0}{2}\frac{\partial E^2}{\partial t}+\frac{\mu_0}{2}\frac{\partial H^2}{\partial t}\\&=\frac{\partial}{\partial t}\left(\frac{\varepsilon_0}{2}E^2+\frac{\mu_0}{2}H^2\right)=\frac{\partial}{\partial t}\left(\frac{1}{2}\boldsymbol{E}\cdot\boldsymbol{D}+\frac{1}{2}\boldsymbol{H}\cdot\boldsymbol{B}\right)\end{aligned} \qquad (10.53)$$

となる．これを (10.52) に代入すると，

$$J = -\int_{\mathrm{V}} \frac{\partial}{\partial t}\left(\frac{1}{2}\boldsymbol{E}\cdot\boldsymbol{D} + \frac{1}{2}\boldsymbol{H}\cdot\boldsymbol{B}\right) dV - \int_{\mathrm{V}} \boldsymbol{\nabla}\cdot\boldsymbol{S}\, dV$$

$$= -\frac{d}{dt}\int_{\mathrm{V}} \left(\frac{1}{2}\boldsymbol{E}\cdot\boldsymbol{D} + \frac{1}{2}\boldsymbol{H}\cdot\boldsymbol{B}\right) dV - \int_{\mathrm{V}} \boldsymbol{\nabla}\cdot\boldsymbol{S}\, dV \quad (10.54)$$

が得られる．ここでも，時間についての微分を積分の外に出す際，微分記号の中の積分は空間座標にはよらず時間だけの関数になるので，普通の微分記号にした．

ここで，(10.54) の右辺第 1 項の積分を

$$E_{\mathrm{em}} = \int_{\mathrm{V}} \left(\frac{1}{2}\boldsymbol{E}\cdot\boldsymbol{D} + \frac{1}{2}\boldsymbol{H}\cdot\boldsymbol{B}\right) dV \quad (10.55)$$

とおいた上で，(10.54) を (10.48) の右辺に代入し，右辺第 1 項を左辺に移項すると，

$$\frac{d}{dt}(E_{\mathrm{mech}} + E_{\mathrm{em}}) = -\int_{\mathrm{V}} \boldsymbol{\nabla}\cdot\boldsymbol{S}\, dV \quad (10.56)$$

が得られる．すなわち，E_{em} は全荷電粒子の力学的エネルギー E_{mec} と対等な物理量であることがわかる．しかも，(10.55) からわかるように電磁場だけで表されているので，E_{em} は領域 V の中の**電磁場のエネルギー**と見なすことができる．

さらに，(10.56) の右辺にガウスの定理 (2.21) を適用すると，(10.56) は

$$\frac{d}{dt}(E_{\mathrm{mech}} + E_{\mathrm{em}}) = -\int_{\mathrm{S}} \boldsymbol{S}\cdot\boldsymbol{n}\, dS \quad (10.57)$$

と表される．ここで，S は領域 V の表面であり，法線ベクトル $\boldsymbol{n}$ は定義から領域 V の外向きにとるので，負号も含めて上式の右辺は表面 S を通して領域 V の外から中へのエネルギーの流入を表すことになる．しかも，(10.29) からわかるように，$\boldsymbol{S}$ は電磁場だけで表されているので，(10.57) の右辺は電磁場のエネルギーの流入を表す．すなわち，(10.57) は，領域 V 内の荷電粒子と電磁場の全エネルギーの変化 (左辺) は系外からのエネルギーの流入

(右辺) で与えられることを示しており，この式は**エネルギー保存則**を表している．

以上のことをもっとはっきりさせ，特にポインティング・ベクトル $\boldsymbol{S}$ の意味を明らかにするために，荷電粒子がなく電磁場だけがある場合を考えてみよう．このとき，$E_{\mathrm{mech}}=0$ なので (10.56) より，

$$\frac{d}{dt}E_{\mathrm{em}}+\int_{\mathrm{V}}\boldsymbol{\nabla}\cdot\boldsymbol{S}\,dV=0 \tag{10.58}$$

となる．ここで，(10.55) の電磁場のエネルギー E_{em} を

$$E_{\mathrm{em}}=\int_{\mathrm{V}}u_{\mathrm{em}}\,dV \tag{10.59}$$

$$u_{\mathrm{em}}=\frac{1}{2}\boldsymbol{E}\cdot\boldsymbol{D}+\frac{1}{2}\boldsymbol{H}\cdot\boldsymbol{B} \tag{10.60}$$

とおくと，u_{em} は，それを (10.59) のように領域 V にわたって積分すると V 内の電磁場のエネルギーを与えるという意味で，**電磁場のエネルギー密度**ということができる．

(10.59) を (10.58) に代入し，時間についての微分を積分の中に入れて整理すると，

$$\int_{\mathrm{V}}\left(\frac{\partial u_{\mathrm{em}}}{\partial t}+\boldsymbol{\nabla}\cdot\boldsymbol{S}\right)dV=0$$

が得られる．領域 V は任意なので，上式が成り立つためには被積分関数がゼロでなければならず，

$$\frac{\partial u_{\mathrm{em}}}{\partial t}+\boldsymbol{\nabla}\cdot\boldsymbol{S}=0 \tag{10.61}$$

が成り立つ．

(10.61) は電荷保存則 (5.6) と全く同じ形をしており，空間の荷電粒子がない任意の点で成り立つ，電磁場の局所的なエネルギー保存則を表す．すなわち，電荷保存則 (5.6) において，電荷密度 ρ に対して $\boldsymbol{i}$ が荷電粒子の流れ

ここはポイント!

の密度である電流密度であったのと同じく，(10.29) で定義されたポインティング・ベクトル $\boldsymbol{S}$ は，単位断面積，単位時間当たりの電磁場エネルギーの流れである，電磁場のエネルギー流密度を表しているのである．

例 題

一様な電場 $\boldsymbol{E}$ の中にそれに平行に直線状の導線があって定常電流 I が流れているとき，導線の周りのポインティング・ベクトル $\boldsymbol{S}$ を求めよ．

解 (6.9) で与えられているように，直線電流 I の周りには磁場 $\boldsymbol{B}$ が発生し，その大きさ B は直線電流からの距離 r に反比例して，

$$B(r) = \frac{\mu_0}{2\pi r} I \tag{1}$$

と表される．したがって，(6.19) で定義された磁場の強さ $\boldsymbol{H}$ は磁場 $\boldsymbol{B}$ と向きが同じで，その大きさは

$$H(r) = \frac{I}{2\pi r} \tag{2}$$

となる．

直線電流から距離 r だけ離れて円周 C をとり，その上の 1 点 P でベクトル $\boldsymbol{E}$ と $\boldsymbol{H}$ を描くと，図 10.1 に示したようになる．したがって，点 P でのポインティング・ベクトル $\boldsymbol{S} = \boldsymbol{E} \times \boldsymbol{H}$ は外積の性質から，図のように $\boldsymbol{E}$ と $\boldsymbol{H}$ の両方に直交し，円周 C の動径方向で導線に向かうベクトルであり，その大きさは

$$S(r) = E\,H(r) = \frac{EI}{2\pi r} \tag{3}$$

で与えられる．

(3) からわかるように，ポインティング・ベクトルの単位は，

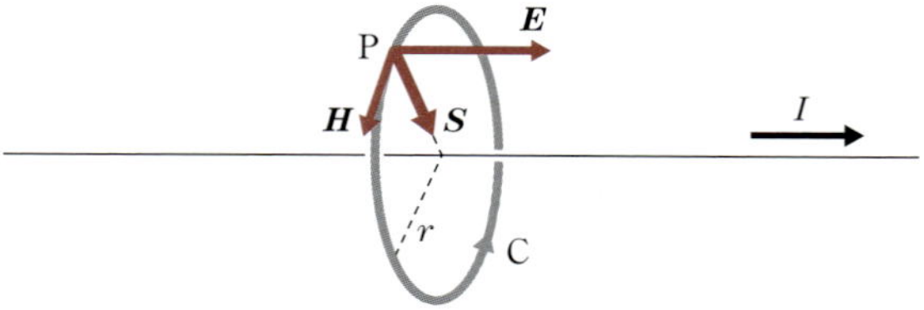

図 10.1　直線電流の周りのポインティング・ベクトル $\boldsymbol{S}$

$$\frac{[\mathrm{Vm^{-1}}][\mathrm{A}]}{[\mathrm{m}]} = \frac{[\mathrm{Vm^{-1}} \cdot \mathrm{Cs^{-1}}]}{[\mathrm{m}]} = \left[\frac{\mathrm{J}}{\mathrm{m^2} \cdot \mathrm{s}}\right] \tag{4}$$

であり，確かにポインティング・ベクトルは単位時間，単位面積当たりに流れるエネルギーを表すことがわかる．

問 題 3　上の例題1で，導線を中心軸とする半径 r [m]，単位長さ (1 m) の円筒を想定した場合，この円筒の側面を通過するエネルギー量を求めよ．

問 題 4　上の問題3で，想定した円筒を通過するエネルギーは導線に向かう．このエネルギーは最終的にはどうなるか．［ヒント：例題1の (3) 式の中の電場 E は，導線の長さを L，かける電圧を V とすると $E = V/L$ であり，$EI = VI/L$ より VI の意味を考えてみよ．］

運動量保存則 (10.42) を議論したときと同様に，領域Vを十分大きくとると，その表面Sを通じての系外からの電磁場のエネルギーの流れはなく，(10.57) の右辺はゼロとなって，

$$\frac{d}{dt}(E_{\mathrm{mech}} + E_{\mathrm{em}}) = 0 \tag{10.62}$$

が得られる．これは系のエネルギーが保存することを意味し，荷電粒子と電磁場の系の**エネルギー保存則**を表している．

10.5　まとめとポイントチェック

本章では，前章までの電磁場の基本法則をまとめて，マクスウェル方程式を得た．物質粒子である荷電粒子がもたらす電荷密度と電流密度が与えられると，電磁場の振舞いはマクスウェル方程式から過不足なく導かれる．その意味で，マクスウェル方程式は電磁気学の基本的な方程式である．

荷電粒子も電磁場と相互作用して運動が決まるような場合には，その運動方程式も考慮しなければならないことは明らかであろう．これは電磁気学と

力学との融合である．その結果，力学でみた運動量保存則やエネルギー保存則が，荷電粒子と電磁場の結合系でも成り立つことをみた．これはまた，荷電粒子がない電磁場だけの場合にも運動量保存則とエネルギー保存則が成り立つことを意味する．

実は，マクスウェル方程式は相対論的にできていることも知られている．ところが，これまでのところ，荷電粒子はニュートン力学に従うとしてきたので，非相対論的に取り扱ってきた．この不整合を解消して荷電粒子の運動も相対論的にしたのが，アインシュタインの特殊相対性理論である．

保存則の立場からは，電荷，運動量，エネルギーのいずれについてもマクスウェル方程式が一貫していることを本章でみた．ここで，物理学におけるこれらの保存則の重要性を端的に示す一例を記しておこう．

1930 年代はじめに，原子核崩壊の一種である β 崩壊の実験結果があたかもエネルギー保存則に反しているようにみえた．これに対して量子力学の創始者の 1 人であるボーアは，ミクロの世界ではエネルギー保存則が成り立たないとする考えを示し，量子力学の創立者であるハイゼンベルクはそれに賛同した．しかし，量子力学の創立に寄与したパウリは，実験事実として電荷保存則が破れていないので，エネルギー保存則も捨てるべきではないと主張し，まだ見つかっていない粒子がエネルギーの不足分を担っているはずだとして，ニュートリノの存在を予言したのである．ニュートリノの発見には時間がかかったが，現在では誰もその存在を疑わない．保存則がいかに大切かがわかる話である．

ポイントチェック

- □ マクスウェル方程式とはどのようなものか説明できるようになった．
- □ マクスウェル方程式が電磁気学における基本的な方程式であることがわかった．

- □ 電荷保存則がマクスウェル方程式に自然に組み込まれていることがわかった.
- □ 電磁場が運動量とエネルギーをもつことがわかった.
- □ 荷電粒子と電磁場の結合系で運動量とエネルギーの保存則があることがわかった.
- □ 電磁場のエネルギー密度の表式が理解できた.
- □ 保存則の物理的な重要性が理解できた.

11 電磁波と光

学習目標

- 真空中でのマクスウェル方程式を調べる.
- 真空中の電磁場は波動方程式を満たすことを理解する.
- 真空中で電磁場は電磁波として振舞うことを理解する.
- 電磁波は光速で伝播することを理解する.
- 電磁波は横波であることを理解する.
- 電磁波の運動量とエネルギーの表式を求めることができるようになる.
- 電磁波にはいろいろな種類があることを理解する.

本章では，電荷や電流がない真空中の電磁場の振舞いを議論する．このときの電磁場が満たすマクスウェル方程式を調べてみると，電場も磁場もともに同じ波動方程式を満たし，伝播速度がちょうど光速に一致することがわかる．すなわち，真空中では電磁場は電磁波として振舞うのである．電磁波は横波であって，電磁波としての電場と磁場の偏りはともにその進行方向と直交し，それらも相互に直交する．電磁波は運動量とエネルギーをもつ．これらのことはすべて，真空中の電磁場についてのマクスウェル方程式から導かれるのである．

虹の色で知られる可視光は電磁波の一種であるが，現在知られている電磁波の中ではごく狭い範囲に限られている．ラジオや TV，携帯電話やスマートフォン，健康診断などで世話になるレントゲン写真撮影など，どれも電磁波を使っているのであって，各種の電磁波は日常生活になくてはならない存在である．これも，科学と技術がもたらした大きな成果であるということができる．

11.1 真空中の電磁場

マクスウェル方程式 (10.1) ～ (10.4) をもとに，荷電粒子がない真空中での電磁場の振舞いを調べてみよう．このとき，もちろん，電荷密度 $\rho = 0$,

電流密度 $\boldsymbol{i}=\boldsymbol{0}$ であり，マクスウェル方程式 (10.1) ～ (10.4) は電磁場だけで表される．さらに，(10.5) と (10.6) を使って電束密度 $\boldsymbol{D}$ と磁場の強さ $\boldsymbol{H}$ を消去すると，真空中の電磁場のマクスウェル方程式は

$$\begin{cases} \boldsymbol{\nabla}\cdot\boldsymbol{E}=0 & (11.1)\\ \boldsymbol{\nabla}\cdot\boldsymbol{B}=0 & (11.2)\\ \boldsymbol{\nabla}\times\boldsymbol{E}=-\dfrac{\partial\boldsymbol{B}}{\partial t} & (11.3)\\ \boldsymbol{\nabla}\times\boldsymbol{B}=\varepsilon_0\mu_0\dfrac{\partial\boldsymbol{E}}{\partial t} & (11.4) \end{cases}$$

となって，電場 $\boldsymbol{E}$ と磁場 $\boldsymbol{B}$ だけで表される．

ここはポイント!

上の式をみると，(11.3) で磁場が時間変化すると電場が生じ，その電場の時間変化が (11.4) で磁場を生み出すということになっており，こうして次々に時間的，空間的に変化していく電場と磁場の振舞いに (11.1) と (11.2) が制限を加えるという仕組みになっていることがわかる．すなわち，荷電粒子という物質的存在がなくても，電磁場だけで時空的な振舞いをすることを (11.1) ～ (11.4) が示している．この電磁場独自の時空的な振舞いを議論するのが，本章の主題である．

11.2 電磁場の波動方程式

まず (11.3) と (11.4) だけで，電場と磁場がどのような振舞いをするかを調べてみよう．そのために，(11.3) の両辺の回転 ($\boldsymbol{\nabla}\times$) をとると，

$$\boldsymbol{\nabla}\times(\boldsymbol{\nabla}\times\boldsymbol{E})=-\frac{\partial}{\partial t}\boldsymbol{\nabla}\times\boldsymbol{B} \quad (11.5)$$

が得られる．ここで，$\boldsymbol{A}$ を任意のベクトルとして成り立つベクトル解析の公式

$$\boldsymbol{\nabla}\times(\boldsymbol{\nabla}\times\boldsymbol{A})=\boldsymbol{\nabla}(\boldsymbol{\nabla}\cdot\boldsymbol{A})-\nabla^2\boldsymbol{A} \quad (11.6)$$

において $\boldsymbol{A}$ を電場 $\boldsymbol{E}$ とおき，(11.1) を考慮すると，(11.5) の左辺は $-\nabla^2\boldsymbol{E}$

となる．また，(11.5) の右辺に (11.4) を使って磁場 $\boldsymbol{B}$ を消去して整理すると，(11.5) は電場 $\boldsymbol{E}$ だけの微分方程式

$$\nabla^2\boldsymbol{E} - \varepsilon_0\,\mu_0\frac{\partial^2}{\partial t^2}\boldsymbol{E} = \boldsymbol{0} \tag{11.7}$$

になる．同様にして，磁場 $\boldsymbol{B}$ だけの微分方程式をつくると，

$$\nabla^2\boldsymbol{B} - \varepsilon_0\,\mu_0\frac{\partial^2}{\partial t^2}\boldsymbol{B} = \boldsymbol{0} \tag{11.8}$$

となって，電場と磁場が全く同じ微分方程式を満たすことがわかる．

問題 1 (11.8) を導け．

(11.7) の $\boldsymbol{E}$ は電場ベクトルであるが，これをその大きさであるスカラー E とし，3 次元空間を 1 次元 x 軸とすると，(11.7) は

$$\frac{\partial^2 E}{\partial x^2} - \varepsilon_0\,\mu_0\frac{\partial^2 E}{\partial t^2} = 0 \tag{11.9}$$

となる．この微分方程式が何を意味するかを考えてみよう．

ある物理量 $u(x,\,t)$ が x 方向に速さ v で波として伝播する際に満たすべき微分方程式は

$$\frac{\partial^2 u(x,\,t)}{\partial x^2} - \frac{1}{v^2}\frac{\partial^2 u(x,\,t)}{\partial t^2} = 0 \tag{11.10}$$

であることが知られており，これは物理量 u の**波動方程式**とよばれる．空気中を伝わる音波の場合，u は空気の疎密であり，水面波では水面の変位である．また，弦の振動では，u は弦の局所的な変位とみることができる．(11.10) の最も典型的な波動解は

$$u(x,\,t) = A\cos(kx - \omega t) \tag{11.11}$$

と表される．ここで，A は波の振幅，k は波数，ω は角振動数 (角周波数) である．k と ω については，以下に詳しく述べる．

(11.11) の余弦関数の中の $kx - \omega t$ を波の**位相**という．場所 x，時刻 t で

この波の位相が $kx - \omega t = \alpha$ であるとしよう．微小な時間 Δt だけ経った後の時刻 $t + \Delta t$，場所 $x + \Delta x$ での位相が同じく α のとき，この波は時間 Δt の間に微小な距離 Δx だけ進んだことになる．すなわち，

$$kx - \omega t = k(x + \Delta x) - \omega(t + \Delta t) = \alpha$$

が成り立ち，これより波の速さ $v = \Delta x/\Delta t$ が

$$v = \frac{\omega}{k} \tag{11.12}$$

で与えられることがわかる．

問題 2　(11.11) が (11.10) の解であることを確かめよ．

(11.11) で表される波の**波長**を λ とすると，同じ時刻 t，場所 $x + \lambda$ での位相が $\alpha + 2\pi$ であることから，

$$\lambda = \frac{2\pi}{k} \tag{11.13}$$

という関係が得られる．(11.11) ～ (11.13) に現れる k を**波数**といい，$k = 2\pi/\lambda$ からわかるように，2π 当たりの波の数を表している．また，波の**周期** T は，場所 x を固定して，時刻 $t + T$ での位相が $\alpha - 2\pi$ であるとして，

$$T = \frac{2\pi}{\omega} \tag{11.14}$$

で与えられ，ω は波の時間振動に関する**角振動数**である．

周期関数である正弦関数や余弦関数では，位相が $\pm 2\pi$ だけずれていれば同じ値をとることは明らかであろう．この 2π を正弦関数や余弦関数の周期というが，これを波動に適用したのが波長 λ であり，周期 T なのである．

ここで (11.9) と (11.10) を比べてみると，両者が全く同じ微分方程式であることがわかる．すなわち，(11.9) は電場の大きさ E が速さ $v = 1/\sqrt{\varepsilon_0\mu_0}$ で波として x 方向に伝播することを表していることがわかる．

(11.9) の E をベクトル $\boldsymbol{E}$ に，空間を 3 次元にしたのが (11.7) なので，

これは $\boldsymbol{E}$ の 3 次元空間での波動方程式ということができる．磁場 $\boldsymbol{B}$ についての (11.8) も全く同様であり，$\boldsymbol{E}$ も $\boldsymbol{B}$ もともに波動として真空中を同じ速さ $v = 1/\sqrt{\varepsilon_0\mu_0}$ で伝播することがわかる．これを**電磁波**という．

ここで，静電場で得られた ε_0 の値 (1.2) と静磁場で得られた μ_0 の値 (6.6) をこの速さの式に代入すると，それが光速に正確に一致することがわかる．すなわち，電磁波は光速

$$c = \frac{1}{\sqrt{\varepsilon_0\mu_0}} \cong 2.99792 \times 10^8 \ [\mathrm{m/s}] \tag{11.15}$$

で伝播するのである．これは，**可視光**とよばれる通常の光が電磁波の一種であることを示している．

電磁波については，マクスウェルが彼の名の付く方程式 (10.1) ～ (10.4) を導き，それを真空中に適用した (11.1) ～ (11.4) からその存在を予言し (1864 年)，伝播速度が光速に一致することも予言していた．そして，ヘルツが電磁波の存在を実験的に示した (1888 年) のである．ともかく，電磁波の存在はマクスウェル方程式の立場からいえば，(10.4) の変位電流の項の存在が本質的であることがわかるであろう．この項がなければ，電磁波の存在を示すことはできない．

ここはポイント!

音波や水面波，弦の振動などの物質がからむ波動現象では，それぞれ，空気，水面，弦をつくる鋼鉄線など，常にそれらの波をつくる媒質が存在する．それに対して (11.7) と (11.8) は，電磁波の場合には媒質がなくても波として伝播することを表している．これは，電磁波が時空そのものの性質を暗示しているのかもしれない．さらに，音波などの物質の波動現象では，ニュートン力学によって (11.10) を導く際に，必ず u が微小量であるという近似を行なう．ところが，電磁波の場合にはマクスウェル方程式 (11.1) ～ (11.4) から波動方程式 (11.7) に至るまで，一切近似をしていないことに注意しよう．すなわち，電磁波の波動方程式 (11.7) と (11.8) は，電場 $\boldsymbol{E}$ と磁場 $\boldsymbol{B}$ がどんなに強くても厳密に成り立つのである．

11.3 電磁波の性質

11.3.1 3次元平面波

前節の議論から，真空中の電磁場は波動方程式を満たす波動として振舞うことがわかった．ただ，電場 $\boldsymbol{E}$ が満たす波動方程式 (11.7) の解を考える際には，通常の波動方程式 (11.10) の解 (11.11) と2つの点で違いがあることに注意しなければならない．

まず，波として伝播するのは電場 $\boldsymbol{E}$ だという点で，これは (11.11) の振幅 A をベクトル $\boldsymbol{E}_0 = \boldsymbol{e}_\mathrm{e} E_0$ とすればよい．ここで，$\boldsymbol{e}_\mathrm{e}$ は電磁波の（ベクトル）振幅 $\boldsymbol{E}_0$ の向きを表す単位ベクトル（$|\boldsymbol{e}_\mathrm{e}| = 1$）であり，$E_0$ は $\boldsymbol{E}_0$ の大きさである．第2に，波動方程式 (11.7) は3次元空間を伝播する波動現象を表していることである．いま，波数も位置もともにベクトルとしてその内積をとり，$\boldsymbol{k} \cdot \boldsymbol{r} = k_x x + k_y y + k_z z$ と表すと，これを1次元の場合に適用すれば，(11.11) の位相が再現する．

こうして，波動方程式 (11.7) の解は

$$\boldsymbol{E}(\boldsymbol{r}, t) = \boldsymbol{e}_\mathrm{e} E_0 \cos(\boldsymbol{k} \cdot \boldsymbol{r} - \omega t) \tag{11.16}$$

と表されることがわかる．$\boldsymbol{k}$ は**波数ベクトル**とよばれ，その大きさ k がこの波の波数を与える．また，$\boldsymbol{e}_\mathrm{e}$ は電磁波としての電場の**偏り**という．同様に，電磁波としての磁場も

$$\boldsymbol{B}(\boldsymbol{r}, t) = \boldsymbol{e}_\mathrm{b} B_0 \cos(\boldsymbol{k} \cdot \boldsymbol{r} - \omega t) \tag{11.17}$$

と表される．ここで，$\boldsymbol{e}_\mathrm{b}$ は電磁波としての磁場の偏りである．

問題 3 (11.16) が (11.7) の解であることを確かめよ．

電磁波 (11.16) の位相 $\boldsymbol{k} \cdot \boldsymbol{r} - \omega t$ が α の場合，時刻 t を固定したときに位置 $\boldsymbol{r}$ がどうなるかを考えてみよう．これは，位相が α である波面を調べることに相当する．このとき，

$$\boldsymbol{k} \cdot \boldsymbol{r} = \omega t + \alpha \quad （一定）$$

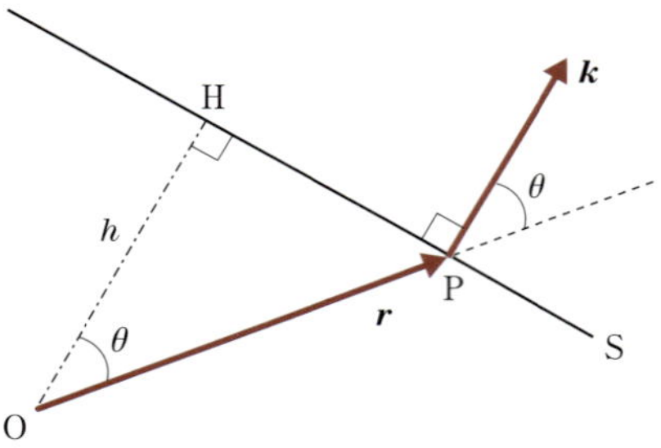

図 11.1　時刻 t で位相が α の波面 S

である．

いま，図 11.1 のように，3 次元空間に波数ベクトル $\boldsymbol{k}$ に垂直な平面 S をとり，原点 O から平面 S に下した垂線の足を H とし，$\overline{\mathrm{OH}} = h$ とする．図のように，S 上に任意の点 P をとり，その位置ベクトルを $\boldsymbol{r}$ とする．$\boldsymbol{r}$ が波数ベクトル $\boldsymbol{k}$ となす角を θ とすると，両者の内積 $\boldsymbol{k}\cdot\boldsymbol{r}$ は

$$\boldsymbol{k}\cdot\boldsymbol{r} = kr\cos\theta = kh \quad (一定)$$

ここは ポイント!

となる．すなわち，S 上の任意の点で $\boldsymbol{k}\cdot\boldsymbol{r}$ が一定なのである．

こうして，上の 2 式から，時刻 t を固定したときに，波数ベクトル $\boldsymbol{k}$ に垂直な平面 S 上の任意の点で位相 α が一定となり，平面 S が時刻 t での 1 つの波面を表すことになる．

ここは ポイント!

このように，波面が平面である波動を**平面波**という．また，波面は波の進行方向に対して垂直なので，波数ベクトル $\boldsymbol{k}$ は波の進行の向きを与えることもわかる．

電磁波の伝播速度は (11.15) より光速 c であり，(11.12) より，電磁波の角振動数 ω は波数 $k = \sqrt{k_x{}^2 + k_y{}^2 + k_z{}^2}$ との間に

$$\omega = ck \tag{11.18}$$

という線形の関係がある．これを電磁波の**分散関係**という．

11.3.2 電磁波の偏り

電磁波の波数ベクトル $\boldsymbol{k}$ が電磁波の伝播の向きを与えることがわかったので，次に，それと電磁波としての電場の偏り $\boldsymbol{e}_{\mathrm{e}}$ との間の向きの関係を考えてみよう．そのために，真空中の電場には (11.1) の制限があったことを思い出そう．

電磁波としての電場 (11.16) を (11.1) に代入すると，

$$\nabla \cdot \boldsymbol{E} = -\boldsymbol{k} \cdot \boldsymbol{e}_{\mathrm{e}} E_0 \sin(\boldsymbol{k} \cdot \boldsymbol{r} - \omega t) = 0$$

となる．これが位置 $\boldsymbol{r}$，時刻 t によらず常に成り立つためには $\boldsymbol{k} \cdot \boldsymbol{e}_{\mathrm{e}} = 0$，すなわち，波数ベクトル $\boldsymbol{k}$ と電場の偏り $\boldsymbol{e}_{\mathrm{e}}$ が直交していなければならない．同様に，電磁波としての磁場 (11.17) を (11.2) に代入すると，$\boldsymbol{k} \cdot \boldsymbol{e}_{\mathrm{b}} = 0$，すなわち，波数ベクトル $\boldsymbol{k}$ と磁場の偏り $\boldsymbol{e}_{\mathrm{b}}$ が直交していることもわかる．

以上より，電磁波の電場と磁場は波の進行方向を与える波数ベクトル $\boldsymbol{k}$ と直交しており，**電磁波は横波である**ことがわかる．

電磁波の向きに関する残る問題は，電場と磁場の偏りの相互関係である．それを調べるために，波数ベクトル $\boldsymbol{k}$ を $\boldsymbol{k} = k\boldsymbol{e}_{\mathrm{k}}$ と表して，$\boldsymbol{e}_{\mathrm{k}}$ を波数ベクトルの向き（波の進行方向）の単位ベクトルとし，(11.16) と (11.17) を (11.3) に代入すると，

$$\boldsymbol{e}_{\mathrm{k}} \times \boldsymbol{e}_{\mathrm{e}}\, kE_0 = \omega \boldsymbol{e}_{\mathrm{b}}\, B_0 \tag{11.19}$$

が得られる．ベクトルの外積（ベクトル積）の性質から，$\boldsymbol{e}_{\mathrm{k}} \times \boldsymbol{e}_{\mathrm{e}}$ は $\boldsymbol{e}_{\mathrm{k}}$ と $\boldsymbol{e}_{\mathrm{e}}$ のそれぞれに直交する単位ベクトルなので，(11.19) の大きさをとると，

$$kE_0 = \omega B_0, \qquad \therefore \quad B_0 = \frac{1}{c} E_0 \tag{11.20}$$

が成り立つ．ここで，電磁波の分散関係 (11.18) を使った．

このように光速 c が現れることからも，磁場は相対論的な現象であり，電場に比べて微小な効果であることがわかる．また，(11.19) と (11.20) より，

$$\boldsymbol{e}_{\mathrm{b}} = \boldsymbol{e}_{\mathrm{k}} \times \boldsymbol{e}_{\mathrm{e}} \tag{11.21}$$

ここはポイント!

が得られ，磁場の偏りは電磁波の進行方向と電場の偏りの両方に直交する

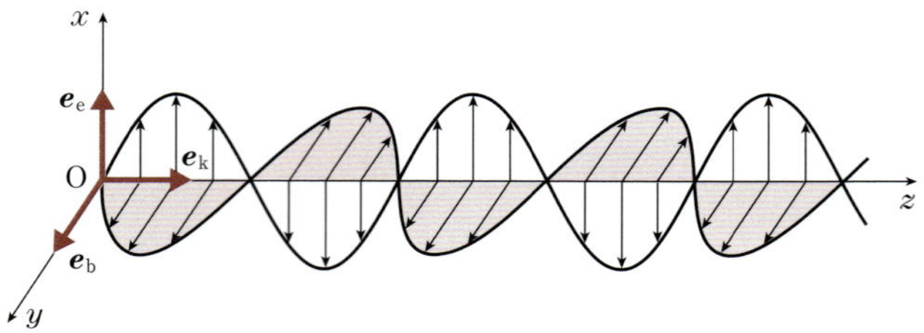

図 11.2 電磁波の伝播

こともわかる.

以上の結果をまとめて図示したのが，図 11.2 である．この図では，電磁波の進行方向 $\boldsymbol{e}_k$ が z 軸に，電場の偏り $\boldsymbol{e}_e$ が x 軸にとってある．このとき，磁場の偏り $\boldsymbol{e}_b$ は (11.21) より y 軸を向くことになる.

11.3.3 電磁波の運動量とエネルギー

前章の議論から，電磁場は運動量とエネルギーをもつことがわかった．本節ではそれを基礎にして，電磁波の運動量とエネルギーを求めてみよう．(10.31) より，電磁場の運動量密度 (単位体積当たりの運動量) $\boldsymbol{p}_{em}$ は

$$\boldsymbol{p}_{em} = \boldsymbol{D} \times \boldsymbol{B} = \varepsilon_0 \boldsymbol{E} \times \boldsymbol{B} = \frac{1}{c^2}\boldsymbol{S} \qquad (11.22)$$

である．ここで $\boldsymbol{S}$ はポインティング・ベクトルである．これに (11.16) と (11.17) を代入すると，電磁波の運動量密度 $\boldsymbol{p}_w$ は

$$\boldsymbol{p}_w = \varepsilon_0 E_0 B_0 \boldsymbol{e}_e \times \boldsymbol{e}_b \cos^2(\boldsymbol{k}\cdot\boldsymbol{r} - \omega t) = \frac{\varepsilon_0}{c} E_0{}^2 \boldsymbol{e}_k \cos^2(\boldsymbol{k}\cdot\boldsymbol{r} - \omega t) \qquad (11.23)$$

となる．ここで，(11.20) を使った．また，$\boldsymbol{e}_k (= \boldsymbol{e}_e \times \boldsymbol{e}_b)$ は電磁波の進行方向の単位ベクトルで，電磁波の運動量もその向きに伝播する．特に，1 周期当たりの $\cos^2(\boldsymbol{k}\cdot\boldsymbol{r} - \omega t)$ の時間平均が 1/2 であることから，電磁波の運動量密度の時間平均 $\bar{\boldsymbol{p}}_w$ は

$$\bar{\boldsymbol{p}}_{\mathrm{w}} = \frac{\varepsilon_0}{2c} {E_0}^2 \boldsymbol{e}_{\mathrm{k}} \tag{11.24}$$

と表される.

一方，電磁場のエネルギー密度（単位体積当たりのエネルギー）u_{em} は，(10.61) より

$$u_{\mathrm{em}} = \frac{1}{2}\boldsymbol{E}\cdot\boldsymbol{D} + \frac{1}{2}\boldsymbol{H}\cdot\boldsymbol{B} = \frac{\varepsilon_0}{2}\boldsymbol{E}^2 + \frac{1}{2\mu_0}\boldsymbol{B}^2 \tag{11.25}$$

である．これに (11.16) と (11.17) を代入すると，電磁波のエネルギー密度 u_{w} は

$$u_{\mathrm{w}} = \left(\frac{\varepsilon_0}{2}{E_0}^2 + \frac{1}{2\mu_0}{B_0}^2\right)\cos^2(\boldsymbol{k}\cdot\boldsymbol{r} - \omega t) = \varepsilon_0 {E_0}^2 \cos^2(\boldsymbol{k}\cdot\boldsymbol{r} - \omega t) \tag{11.26}$$

で与えられる．ここで，(11.20) と (11.15) から導かれる関係 ${B_0}^2 = {E_0}^2/c^2 = \varepsilon_0 \mu_0 {E_0}^2$ を使った．また，電磁波のエネルギー密度の時間平均は $\bar{u}_{\mathrm{w}}$ は

$$\bar{u}_{\mathrm{w}} = \frac{1}{2}\varepsilon_0 {E_0}^2 \tag{11.27}$$

と表される.

ところで，電磁波のポインティング・ベクトル $\boldsymbol{S}_{\mathrm{w}}$ は，(11.22) と (11.16)，(11.17) より，

$$\begin{aligned}\boldsymbol{S}_{\mathrm{w}} &= \varepsilon_0 c^2 \boldsymbol{E}\times\boldsymbol{B} = \varepsilon_0 c^2 E_0 B_0 \boldsymbol{e}_{\mathrm{e}} \times \boldsymbol{e}_{\mathrm{b}} \cos^2(\boldsymbol{k}\cdot\boldsymbol{r} - \omega t) \\ &= \varepsilon_0 c {E_0}^2 \boldsymbol{e}_{\mathrm{k}} \cos^2(\boldsymbol{k}\cdot\boldsymbol{r} - \omega t) = c u_{\mathrm{w}} \boldsymbol{e}_{\mathrm{k}}\end{aligned} \tag{11.28}$$

となる．このポインティング・ベクトル $\boldsymbol{S}_{\mathrm{w}}$ の時間平均を$\overline{\boldsymbol{S}}_{\mathrm{w}}$，その大きさを$\overline{S}_{\mathrm{w}}$とすると，上式から $\overline{\boldsymbol{S}}_{\mathrm{w}} = \overline{S}_{\mathrm{w}} \boldsymbol{e}_{\mathrm{k}}$ となり，$\overline{S}_{\mathrm{w}}$ は (11.28) と (11.27) より

$$\overline{S}_{\mathrm{w}} = c\bar{u}_{\mathrm{w}} = \frac{1}{2}c\varepsilon_0 {E_0}^2 \tag{11.29}$$

と表される．電磁波は光速 c で伝播するので，この $\overline{S}_{\mathrm{w}}$ は，電磁波の進行方向に単位断面積・単位時間当たりに通過する電磁波のエネルギーを表している

ことがわかる．したがって，$\overline{S}_w$ の単位は［(J/s)/m^2］である．

例 題

レーザーは強い単色光（太陽光のようにいろいろな波長の光が混じっていない，単一の波長の光）のビームを出す理想的な光源である．出力 P ワット（［W］＝［J/s］）のレーザーから直径 D m^2 のビームが出ているとき，このレーザー光の電磁場の振幅 E_0 と B_0 を求めよ．

解 電磁波がその進行方向に単位時間・単位面積当たりに通過するときのエネルギーが $\overline{S}_w$ なので，このレーザー・ビームの単位時間当たりの通過エネルギーは $(1/4)\pi D^2\overline{S}_w$ ［J/s］であり，これがレーザーの出力 P に等しい：

$$\frac{1}{4}\pi D^2\overline{S}_w = P \tag{1}$$

上式の左辺に (11.29) を代入して整理すると，電場の振幅 E_0 は

$$E_0 = \frac{2}{D}\sqrt{\frac{2P}{\pi c\varepsilon_0}}\ [\mathrm{V/m}] \tag{2}$$

と表される．また，磁場の振幅は，(11.20) より，

$$B_0 = \frac{E_0}{c} = \frac{2}{cD}\sqrt{\frac{2P}{\pi c\varepsilon_0}}\ [\mathrm{Vs/m^2} = \mathrm{T}] \tag{3}$$

で与えられる．

問 題 4 出力 1 W のレーザーから直径 0.1 mm のビームが出ているとき，このレーザー光の電磁場の振幅 E_0 と B_0 を求めよ．

11.3.4 物質中の電磁波

物質はミクロには原子や分子で構成されている．物質のマクロな性質を議論するような場合には，それらの物質中の電束密度や磁束密度が，それぞれ (10.7) と (10.8) で実効的に表されることは手短に記しておいた．ここでは，透明なガラスの中を光が伝播するときのように，物質中でほとんど減衰しない場合の電磁波の振舞いを考えてみよう．

物質の誘電率 ε や透磁率 μ は，物質を構成する原子・分子の電磁場による

ゆすられ方に関わるので，一般に電磁波の角振動数 ω に依存し，

$$\boldsymbol{D} = \varepsilon(\omega)\,\boldsymbol{E} \tag{11.30}$$

$$\boldsymbol{B} = \mu(\omega)\,\boldsymbol{H} \tag{11.31}$$

と表されることになる．真空中のマクスウェル方程式 (11.1) ～ (11.4) でいえば，これは (11.4) の中の $\varepsilon_0\,\mu_0$ を $\varepsilon(\omega)\,\mu(\omega)$ に置き換えることにすぎない．したがって，この場合にも電磁波としての電場や磁場は (11.7) と (11.8) で $\varepsilon_0\,\mu_0$ を $\varepsilon(\omega)\,\mu(\omega)$ に置き換えた波動方程式を満たす．すなわち，物質中の電磁波の伝播速度 c_{m} は

$$c_{\mathrm{m}} = \frac{1}{\sqrt{\varepsilon(\omega)\,\mu(\omega)}} \tag{11.32}$$

で与えられ，偏りなど，それ以外の電磁波の性質は真空中のそれとほとんど変わりない．

物質の誘電率 ε や透磁率 μ は，真空の ε_0 や μ_0 より大きな値をもつ．これも物質を構成する原子や分子が電磁場に応答する際の慣性の問題に関係している．そのために，(11.32) より電磁波の物質中の伝播速度は真空中より遅くなる．その結果として，ガラスや水などの物質と真空との界面で光の屈折が起こることはよく知られている．これに関連して，物質の屈折率や反射率などの興味深い話題が議論できるが，ここでは巻末に記す他書に譲ることにしよう．

11.4 いろいろな電磁波

電磁波は角振動数 ω，あるいは分散関係 (11.18) より，波数 k で特徴づけられる．しかし，直観的には波長 λ，あるいは振動数（周波数）f の方がわかりやすいかもしれない．電磁波の波長 λ は (11.13) から波数によって $\lambda = 2\pi/k$ で与えられる．振動数（周波数）f は単位時間に繰り返す波の数であり，単位は通常 Hz$(= 1/\mathrm{s})$ が使われ，ヘルツ (hertz) という．

それに対して，角振動数（角周波数）ω は単位時間に角 2π を繰り返す回数なので，f との間には $\omega = 2\pi f$ という関係がある．これらの関係を分散関係 (11.18) に代入すると，

$$f\lambda = c \tag{11.33}$$

が得られ，これによって容易に電磁波の波長と周波数を相互に変換できる．

日常的に光とよばれているのは**可視光**のことであり，人の目に見える電磁波であって，色でいうと紫から赤にかけて波長が大体 $4.0 \times 10^{-7} \sim 7.5 \times 10^{-7}$ m の範囲に入る．これより波長が長くなると，赤外線，マイクロ波，短波，中波などとなる．携帯電話やスマートフォンなどの通信に使われる波長 10^{-4} m 以上の電磁波は**電波**とよばれている．例えば，ラジオに使われている AM 放送用の電波の周波数は $500 \sim 1500$ kHz の程度であり，波長にすると

表 11.1　いろいろな電磁波

波長 (m)	振動数 (Hz)	名称と振動数		
10^5	3×10^3	超長波 (VLF)	電波	$3 \sim 30$ kHz
10^4	3×10^4	長波 (LF)		$30 \sim 300$ kHz
10^3	3×10^5	中波 (MF)		$300 \sim 3000$ kHz
10^2	3×10^6	短波 (HF)		$3 \sim 30$ MHz
10	3×10^7	超短波 (VHF)		$30 \sim 300$ MHz
1	3×10^8	極超短波 (UHF)		$300 \sim 3000$ MHz
10^{-1}	3×10^9	センチ波 (SHF)		$3 \sim 30$ GHz
10^{-2}	3×10^{10}	ミリ波 (EHF)		$30 \sim 300$ GHz
10^{-3}	3×10^{11}	サブミリ波		$300 \sim 3000$ GHz
10^{-4}	3×10^{12}		赤外線	
10^{-5}	3×10^{13}			
10^{-6}	3×10^{14}	7.7×10^{-7} m	可視光線	
10^{-7}	3×10^{15}	3.8×10^{-7} m		
10^{-8}	3×10^{16}		紫外線	
10^{-9}	3×10^{17}			
10^{-10}	3×10^{18}		X線	
10^{-11}	3×10^{19}			
10^{-12}	3×10^{20}		γ線	
10^{-13}	3×10^{21}			

200 ～ 600 m の範囲に相当する.

他方, 可視光より波長が短くなると, 紫外線, X 線, γ 線へと続く. 健康診断の際に胸部レントゲン写真撮影でお世話になる X 線の波長は 10^{-9} ～ 10^{-11} m の範囲にあり, 可視光に比べて波長がはるかに短い.

いろいろな電磁波を表 11.1 にまとめておく. 可視光が電磁波の中でいかに狭い範囲にあるかということがわかるであろう. 逆にいえば, 可視光の範囲に限られていた人間の視力を, 人類は科学・技術によって可視光から果てしなく広げてきたということができよう.

11.5 まとめとポイントチェック

真空中の電磁場が満たすマクスウェル方程式を調べてみると, 電場も磁場もともに同じ波動方程式を満たし, 伝播速度がちょうど光速に一致することがわかった. すなわち, 真空中では電磁場は電磁波として振舞うのである. 電磁波は横波であって, 電磁波としての電場と磁場の偏りはともにその進行方向と直交し, それらも相互に直交する. また, 電磁波は運動量とエネルギーをもつ. これらのことはすべて, 真空中の電磁場についてのマクスウェル方程式から導かれたということが重要である.

可視光は電磁波の一種であるが, 現在知られている電磁波の中ではごく狭い範囲に限られる. ラジオや TV, 携帯電話やスマートフォン, 健康診断などでのレントゲン写真撮影など, 各種の電磁波は日常生活になくてはならない存在である. これも科学・技術がもたらした大きな成果である.

ポイントチェック

- □ **真空中のマクスウェル方程式を書き下すことができるようになった.**
- □ **真空中の電場と磁場が波動方程式を満たすことがわかった.**

- □ 電磁波の伝播速度が光速と一致することが理解できた.
- □ 3 次元平面波としての電磁波が理解できた.
- □ 電磁波の伝播方向が波数ベクトルの向きと一致することがわかった.
- □ 電磁波が横波であることがわかった.
- □ 電磁波としての電場と磁場の偏りが互いに直交することが理解できた.
- □ 電磁波の運動量とエネルギーの表式が理解できた.
- □ 電磁波のポインティング・ベクトルの意味がわかった.
- □ 電磁波にはいろいろな種類があることがわかった.

12 電磁ポテンシャル

学習目標

- 電磁ポテンシャルを導入してマクスウェル方程式を簡素化することができるようになる.
- 電磁ポテンシャルには不定性があることを理解する.
- 電磁ポテンシャルの不定性を積極的に使うことができるようになる.
- ゲージ変換の意味を理解する.
- ローレンツ・ゲージの便利さを理解する.
- ローレンツ・ゲージによるマクスウェル方程式の表式を求めることができるようになる.
- 遅延ポテンシャルの意味を理解する.

静電場や静磁場で静電ポテンシャルやベクトル・ポテンシャルを導入した動機は，複数ある基本法則をそれぞれ単一の基本方程式で表現することであった．電磁場が時間に依存する場合には，電磁場は見るからに複雑なマクスウェル方程式 (10.1) ～ (10.4) を満たすので，電磁ポテンシャルの導入による方程式の簡素化が一層望ましい．これが本章の主題である．

第 7 章の静磁場に対するベクトル・ポテンシャルのところで議論したように，電磁ポテンシャルにも不定性が残る．ある電磁ポテンシャルを決めたとしても，それに任意のスカラー関数を使った項を付加して別の新しい電磁ポテンシャルをつくると，同じ電磁場が得られるのである．このように，ある電磁ポテンシャルから別の電磁ポテンシャルに変換することをゲージ変換といい，マクスウェル方程式はこのようなゲージ変換に対して不変な性質をもつ．これは逆にいうと，適当なゲージ変換を使うことで，電磁ポテンシャルを決める方程式がさらに単純化されることを意味する．その一例がローレンツ・ゲージによる変換で，ローレンツ条件を満たすという条件のもとで，電磁ポテンシャルは形式的には単一の微分方程式に従うことがわかる．

12.1 スカラー・ポテンシャルとベクトル・ポテンシャル

静電場の基本法則は，電荷間のクーロン力を起源とするガウスの法則 (2.26) と，電気力線が常に電荷から出入りするために決して閉曲線になり得ないとする渦なしの法則 (2.28) の 2 つの法則であった．ところが，静電場に対して (3.6) の静電ポテンシャル $\phi(\boldsymbol{r})$ を導入すると，渦なしの法則 (2.28) が自動的に満たされ，静電場の基本法則が静電ポテンシャル $\phi(\boldsymbol{r})$ についてのポアソン方程式 (3.28) だけで表された．

同様に，静磁場の基本法則も，単独の磁荷（磁気単極子）がないことを表す (6.4) と，電流が磁場を生み出し，渦ありを主張するアンペールの法則 (6.18) の 2 つの法則があった．これに対して，(7.1) で定義されるベクトル・ポテンシャル $\boldsymbol{A}(\boldsymbol{r})$ を導入すると，やはり (6.4) が自動的に満たされ，静磁場の基本法則はベクトル・ポテンシャル $\boldsymbol{A}(\boldsymbol{r})$ についての微分方程式 (7.8) だけで表された．しかも，静電ポテンシャルとベクトル・ポテンシャルが満たすべき微分方程式 (3.28) と (7.8) は同形であった．

このように，静電場，静磁場の問題は，静電ポテンシャルとベクトル・ポテンシャルを導入することで大きく簡素化されることがわかる．それでは，時間に依存する電磁場の場合にも同じようなことがあるであろうか．本章では，このことについて述べる．

一見すると，マクスウェル方程式 (10.1) ～ (10.4) は複雑である．その理由は，静電場や静磁場の場合と違って，電場と磁場が時間に依存すると両者が互いに結合するからである．物質的な電荷と電流が与えられたとしても，電場と磁場の 6 変数（それぞれが 3 つの成分をもつベクトルだから）を決めなければならない．しかも，(10.1) ～ (10.4) をみてわかるように，それぞれの微分方程式が形式的にバラバラである．もし静電場，静磁場の場合のように何らかのポテンシャルを導入することで微分方程式の数を減らすことができ，その上，その方程式の形をそろえることができれば，大変都合がよい．

まずいえることは，単独に磁荷がないことを主張する (6.4) が時間に依存する電磁場の場合にもマクスウェル方程式 (10.2) で成り立つことから，ベクトル・ポテンシャルがいまの場合にも有効だということである．すなわち，(7.1) を時間に依存する場合にも適用して，磁場を

$$\boldsymbol{B}(\boldsymbol{r},\, t) = \boldsymbol{\nabla} \times \boldsymbol{A}(\boldsymbol{r},\, t) \tag{12.1}$$

とおくと，マクスウェル方程式 (10.2) は自動的に満たされる．この $\boldsymbol{A}(\boldsymbol{r},\, t)$ を**電磁場のベクトル・ポテンシャル**という．

ところが，電磁場が時間的にも空間的にも変化するとき，マクスウェル方程式 (10.3) のために，電場 $\boldsymbol{E}(\boldsymbol{r},\, t)$ は静電ポテンシャル $\phi(\boldsymbol{r})$ だけで表すことができない．何か別の工夫が必要である．そこで，試しに (12.1) をマクスウェル方程式 (10.3) に代入してみると，

$$\boldsymbol{\nabla} \times \boldsymbol{E} = -\frac{\partial \boldsymbol{B}}{\partial t} = -\frac{\partial}{\partial t}\boldsymbol{\nabla} \times \boldsymbol{A} = -\boldsymbol{\nabla} \times \frac{\partial \boldsymbol{A}}{\partial t}$$

$$\therefore \quad \boldsymbol{\nabla} \times \left(\boldsymbol{E} + \frac{\partial \boldsymbol{A}}{\partial t}\right) = \boldsymbol{0} \tag{12.2}$$

であることがわかる．ベクトル解析の公式である，勾配の回転が恒等的にゼロであることを考慮すると，(12.2) の回転 $\boldsymbol{\nabla} \times$ の中をスカラー関数の勾配，すなわち，

$$\boldsymbol{E} + \frac{\partial \boldsymbol{A}}{\partial t} = -\boldsymbol{\nabla}\phi$$

とおけば，(12.2) は恒等的に満たされることがわかる．つまり，電場が時間に依存する場合には，静電場のときの (3.6) の代わりに，

$$\boldsymbol{E}(\boldsymbol{r},\, t) = -\boldsymbol{\nabla}\phi(\boldsymbol{r},\, t) - \frac{\partial \boldsymbol{A}(\boldsymbol{r},\, t)}{\partial t} \tag{12.3}$$

とすればよいのである．この $\phi(\boldsymbol{r},\, t)$ を**電磁場のスカラー・ポテンシャル**という．上式右辺の第 2 項は，時間に依存する電磁場では電場と磁場が結び付くことを表している．

以上によって，電場 $\boldsymbol{E}$ と磁場 $\boldsymbol{B}$ がスカラー関数 ϕ とベクトル関数 $\boldsymbol{A}$ で表された．このスカラー・ポテンシャル $\phi(\boldsymbol{r}, t)$ とベクトル・ポテンシャル $\boldsymbol{A}(\boldsymbol{r}, t)$ を合わせて，一般に**電磁ポテンシャル**とよぶ．ここまでで電磁ポテンシャルを導入したが，それによってマクスウェル方程式 (10.2) と (10.3) が自動的に満たされることに注意しておく．

日常的には古典物理学が十分な役割を果たし，電磁気学に限ると，電場 $\boldsymbol{E}$ と磁場 $\boldsymbol{B}$ が観測にかかる基本的な物理量と見なされている．その意味では，これから詳しく述べる電磁ポテンシャルは，計算を簡素化するための数学的な道具立てと見なされる．しかし，第7章の例題2で，非常に長いソレノイドに定常電流が流れているとき，磁場は内部だけに発生して外部ではゼロであるが，ベクトル・ポテンシャルは外部にもきちんとあることを学んだことを思い出そう．

実際に非常に小さくて長いソレノイドを用意し，その外側の磁場がゼロのところを電子が通過するようなミクロの実験を行なうと，電子は磁場がなくても間違いなく影響を受けることが観察されているのである．これは第7章の例題2のところでも記したように，ミクロの世界では電子が磁場ではなくてベクトル・ポテンシャルを感じて運動することを意味し，**アハラノフ-ボーム (AB) 効果**とよばれている．すなわち，ミクロの世界を支配する量子力学によると，電場や磁場より電磁ポテンシャルが本質的であることがわかる．電磁ポテンシャルは決して単なる数学的な便宜のためだけのものではないことを改めて注意しておく．

12.2 電磁ポテンシャルが満たす方程式

(12.1) でベクトル・ポテンシャル $\boldsymbol{A}(\boldsymbol{r}, t)$ を，(12.3) でスカラー・ポテンシャル $\phi(\boldsymbol{r}, t)$ を導入した．ここまでは，単にベクトル解析の公式を使ってマクスウェル方程式 (10.2) と (10.3) を恒等的に満たすようにしただけなので，$\boldsymbol{A}(\boldsymbol{r},t)$ も $\phi(\boldsymbol{r},t)$ もともに任意の関数である．これらの関数を物理的に意味あるものにするのが，マクスウェル方程式 (10.1) と (10.4) ということになる．

いま，(10.4) の両辺に μ_0 を掛けて (10.5) と (10.6) を使い，$\varepsilon_0\mu_0 = 1/c^2$ を考慮すると，

$$\nabla \times \boldsymbol{B} = \frac{1}{c^2}\frac{\partial \boldsymbol{E}}{\partial t} + \mu_0 \boldsymbol{i} \tag{12.4}$$

が得られる．上式に (12.1) と (12.3) を代入すると，これは

$$\nabla \times (\nabla \times \boldsymbol{A}) = \frac{1}{c^2}\frac{\partial}{\partial t}\left(-\nabla\phi - \frac{\partial \boldsymbol{A}}{\partial t}\right) + \mu_0 \boldsymbol{i} \tag{12.5}$$

となる．上式の左辺にベクトル解析の公式 $\nabla \times (\nabla \times \boldsymbol{C}) = \nabla(\nabla \cdot \boldsymbol{C}) - \nabla^2\boldsymbol{C}$ ($\boldsymbol{C}$：任意のベクトル) を使うと，(12.5) は

$$\nabla(\nabla \cdot \boldsymbol{A}) - \nabla^2\boldsymbol{A} = -\frac{1}{c^2}\frac{\partial}{\partial t}\nabla\phi - \frac{1}{c^2}\frac{\partial^2 \boldsymbol{A}}{\partial t^2} + \mu_0 \boldsymbol{i}$$

となる．上式に -1 を掛け，微分の順序を変えたり移項したりして整理すると，

$$\left(\nabla^2 - \frac{1}{c^2}\frac{\partial^2}{\partial t^2}\right)\boldsymbol{A} - \nabla\left(\nabla \cdot \boldsymbol{A} + \frac{1}{c^2}\frac{\partial \phi}{\partial t}\right) = -\mu_0 \boldsymbol{i} \tag{12.6}$$

が得られる．

同様に，(10.1) に (10.5) を使ってから (12.3) を代入して整理すると，

$$\nabla^2\phi + \frac{\partial}{\partial t}\nabla \cdot \boldsymbol{A} = -\frac{1}{\varepsilon_0}\rho \tag{12.7}$$

が得られる．

一見すると，(12.6) と (12.7) は大きく異なってみえる．しかし，(12.6) の左辺第 2 項の中の $\nabla \cdot \boldsymbol{A}$ の後にくる項を (12.7) の左辺第 2 項の中の $\nabla \cdot \boldsymbol{A}$ の後に付け加えて第 1 項から引くと，

$$\left(\nabla^2 - \frac{1}{c^2}\frac{\partial^2}{\partial t^2}\right)\phi + \frac{\partial}{\partial t}\left(\nabla \cdot \boldsymbol{A} + \frac{1}{c^2}\frac{\partial \phi}{\partial t}\right) = -\frac{1}{\varepsilon_0}\rho \tag{12.8}$$

となる．もちろん，これは (12.7) と等価であり，しかも形式的に (12.6) とよく似ていることが容易にわかるであろう．

物質的な電荷密度 ρ と電流密度 $\boldsymbol{i}$ が与えられた量だとすると，(12.6) と (12.8) が電磁ポテンシャル $\boldsymbol{A}$ と ϕ を決める微分方程式ということになる．なお，微分方程式の立場でいえば，(12.6) と (12.8) の右辺は非同次項である．

ここはポイント!

こうして，微分方程式 (12.6) と (12.8) を連立して解いて電磁ポテンシャル $\boldsymbol{A}(\boldsymbol{r}, t)$ と $\phi(\boldsymbol{r}, t)$ を求め，それを (12.1) と (12.3) に代入すれば，電磁場 $\boldsymbol{E}(\boldsymbol{r}, t)$ と $\boldsymbol{B}(\boldsymbol{r}, t)$ が決定できるのである．すなわち，マクスウェル方程式 (10.1) ～ (10.4) が，形式的に非常によく似た (12.6) と (12.8) の 2 式に縮約されたことになる．

12.3 電磁ポテンシャルの任意性

第 7 章で静磁場に対するベクトル・ポテンシャル $\boldsymbol{A}(\boldsymbol{r})$ を導入した際，$\boldsymbol{A}(\boldsymbol{r})$ には一義的に決められない任意性があるが，かえってそのことを積極的に使うと計算が容易になることを述べた．この任意性は，ベクトル・ポテンシャルを (7.1) のように定義していることからきているのであって，(12.1) からわかるように，その事情は時間に依存する電磁場の場合でも変わらない．そこでこの節では，ベクトル・ポテンシャルの定義 (12.1) から生じる電磁ポテンシャル $\boldsymbol{A}(\boldsymbol{r}, t)$ と $\phi(\boldsymbol{r}, t)$ の任意性を調べ，その計算がどのように簡素化されるかを考えてみよう．

いま，(12.6) と (12.8) を解いて電磁ポテンシャル $\boldsymbol{A}(\boldsymbol{r}, t)$ と $\phi(\boldsymbol{r}, t)$ を求めたとしよう．これらを (12.1) と (12.3) に代入すれば，電場 $\boldsymbol{E}(\boldsymbol{r}, t)$ と磁場 $\boldsymbol{B}(\boldsymbol{r}, t)$ が決められる．ここで任意のスカラー関数 $\chi(\boldsymbol{r}, t)$ を用いて

$$\boldsymbol{A}' = \boldsymbol{A} + \nabla\chi \tag{12.9}$$

とおいても，

$$\nabla \times \boldsymbol{A}' = \nabla \times \boldsymbol{A} + \nabla \times (\nabla\chi) = \nabla \times \boldsymbol{A} = \boldsymbol{B}$$

となって，(12.9) のように変換した $\boldsymbol{A}'$ も元の $\boldsymbol{A}$ と同じ磁場 $\boldsymbol{B}$ を与える．ここで，ベクトル解析より $\nabla \times (\nabla \chi)$ が恒等的にゼロであることを用いた．

それでは，電場の方はどうであろうか．(12.9) からの $\boldsymbol{A} = \boldsymbol{A}' - \nabla\chi$ を (12.3) に代入すると，

$$
\begin{aligned}
\boldsymbol{E} &= -\nabla\phi - \frac{\partial \boldsymbol{A}'}{\partial t} + \frac{\partial}{\partial t}\nabla\chi = -\nabla\phi - \frac{\partial \boldsymbol{A}'}{\partial t} + \nabla\left(\frac{\partial \chi}{\partial t}\right) \\
&= -\nabla\left(\phi - \frac{\partial \chi}{\partial t}\right) - \frac{\partial \boldsymbol{A}'}{\partial t}
\end{aligned}
$$

となって，元のスカラー・ポテンシャル ϕ に対して

$$
\phi' = \phi - \frac{\partial \chi}{\partial t} \tag{12.10}
$$

とおいても，同じ電場 $\boldsymbol{E}$ を与えることがわかる．

以上の結果をまとめると，次のようになる．(12.6) と (12.8) を解いて電磁ポテンシャル $\boldsymbol{A}(\boldsymbol{r}, t)$ と $\phi(\boldsymbol{r}, t)$ を求めたとする．次に，任意のスカラー関数 $\chi(\boldsymbol{r}, t)$ を使って，電磁ポテンシャルを (12.9) と (12.10) のように変換する．こうして得られた新しい電磁ポテンシャル $\boldsymbol{A}'(\boldsymbol{r}, t)$ と $\phi'(\boldsymbol{r}, t)$ を用いても，元の電磁ポテンシャルが与えるのと全く同じ電場 $\boldsymbol{E}(\boldsymbol{r}, t)$ と磁場 $\boldsymbol{B}(\boldsymbol{r}, t)$ が得られるのである．これは第7章の静磁場の場合のベクトル・ポテンシャルと同じく，電磁ポテンシャルが一義的に決まらないという任意性を表している．これはまた，電磁ポテンシャルを計算する際に，スカラー関数 $\chi(\boldsymbol{r}, t)$ を都合のいいように決めても構わないことを意味している．

ここはポイント!

(12.9) と (12.10) は，スカラー関数 $\chi(\boldsymbol{r}, t)$ を使って元の電磁ポテンシャル $\boldsymbol{A}(\boldsymbol{r}, t)$ と $\phi(\boldsymbol{r}, t)$ を伸ばしたり縮めたりして，新しい電磁ポテンシャル $\boldsymbol{A}'(\boldsymbol{r}, t)$ と $\phi'(\boldsymbol{r}, t)$ を導入しているとみることもできる．これは物差しの尺度や計量の基準（ゲージ，gauge）の変換であり，このことから，(12.9) と (12.10) は**ゲージ変換**ともよばれる．したがって，次の作業は，電磁ポテンシャルを計算するための最も便利なゲージを探すことである．

12.4 ローレンツ・ゲージ

電磁ポテンシャル $\boldsymbol{A}(\boldsymbol{r},t)$ と $\phi(\boldsymbol{r},t)$ を与える微分方程式 (12.6) と (12.8) をより簡潔な形にするという方針で，スカラー関数 $\chi(\boldsymbol{r},t)$ を決めることを考えてみよう．

まず，(12.6) と (12.8) から解 $\boldsymbol{A}(\boldsymbol{r},t)$ と $\phi(\boldsymbol{r},t)$ が求められたとする．これを用い，(12.9) と (12.10) のゲージ変換に従って，新しい電磁ポテンシャル

$$\begin{cases} \boldsymbol{A}_{\mathrm{L}} = \boldsymbol{A} + \boldsymbol{\nabla}\chi & (12.11) \\ \phi_{\mathrm{L}} = \phi - \dfrac{\partial \chi}{\partial t} & (12.12) \end{cases}$$

をつくる．下付きの L は以下の議論を 19 世紀末に展開したローレンツ (H. A. Lorentz) にちなんで付けてある．(12.11) より $\boldsymbol{A} = \boldsymbol{A}_{\mathrm{L}} - \boldsymbol{\nabla}\chi$ として，これを (12.6) の左辺第 1 項だけに代入して整理すると，(12.6) の左辺全体は

$$\begin{aligned} &\left(\nabla^2 - \frac{1}{c^2}\frac{\partial^2}{\partial t^2}\right)\boldsymbol{A} - \boldsymbol{\nabla}\left(\boldsymbol{\nabla}\cdot\boldsymbol{A} + \frac{1}{c^2}\frac{\partial \phi}{\partial t}\right) \\ &\quad = \left(\nabla^2 - \frac{1}{c^2}\frac{\partial^2}{\partial t^2}\right)(\boldsymbol{A}_{\mathrm{L}} - \boldsymbol{\nabla}\chi) - \boldsymbol{\nabla}\left(\boldsymbol{\nabla}\cdot\boldsymbol{A} + \frac{1}{c^2}\frac{\partial \phi}{\partial t}\right) \\ &\quad = \left(\nabla^2 - \frac{1}{c^2}\frac{\partial^2}{\partial t^2}\right)\boldsymbol{A}_{\mathrm{L}} - \boldsymbol{\nabla}\left[\left(\nabla^2 - \frac{1}{c^2}\frac{\partial^2}{\partial t^2}\right)\chi + \left(\boldsymbol{\nabla}\cdot\boldsymbol{A} + \frac{1}{c^2}\frac{\partial \phi}{\partial t}\right)\right] \end{aligned} \tag{12.13}$$

となることがわかる．

同様に，(12.12) を使って (12.8) の左辺第 1 項だけを変形すると，(12.8) の左辺全体は

$$\begin{aligned} &\left(\nabla^2 - \frac{1}{c^2}\frac{\partial^2}{\partial t^2}\right)\phi + \frac{\partial}{\partial t}\left(\boldsymbol{\nabla}\cdot\boldsymbol{A} + \frac{1}{c^2}\frac{\partial \phi}{\partial t}\right) \\ &\quad = \left(\nabla^2 - \frac{1}{c^2}\frac{\partial^2}{\partial t^2}\right)\left(\phi_{\mathrm{L}} + \frac{\partial \chi}{\partial t}\right) + \frac{\partial}{\partial t}\left(\boldsymbol{\nabla}\cdot\boldsymbol{A} + \frac{1}{c^2}\frac{\partial \phi}{\partial t}\right) \end{aligned}$$

$$= \left(\nabla^2 - \frac{1}{c^2}\frac{\partial^2}{\partial t^2}\right)\phi_{\mathrm{L}} + \frac{\partial}{\partial t}\left[\left(\nabla^2 - \frac{1}{c^2}\frac{\partial^2}{\partial t^2}\right)\chi + \left(\boldsymbol{\nabla}\cdot\boldsymbol{A} + \frac{1}{c^2}\frac{\partial\phi}{\partial t}\right)\right] \tag{12.14}$$

となる.

(12.13) と (12.14) の最右辺第 2 項の [ ] 内が全く同じ表式であることに注意しよう. もしこの部分を, 前節で述べた電磁ポテンシャルの任意性を使ってゼロにすることができれば, 電磁ポテンシャルが従う微分方程式ははるかに単純な形になるであろう. そこで, これまでは任意であったスカラー関数 $\chi(\boldsymbol{r}, t)$ を, (12.13) と (12.14) の最右辺第 2 項の [ ] 内がゼロになるように

$$\left(\nabla^2 - \frac{1}{c^2}\frac{\partial^2}{\partial t^2}\right)\chi = -\left(\boldsymbol{\nabla}\cdot\boldsymbol{A} + \frac{1}{c^2}\frac{\partial\phi}{\partial t}\right) \tag{12.15}$$

を満たすものとしてみる. 上式右辺の $\boldsymbol{A}(\boldsymbol{r}, t)$ と $\phi(\boldsymbol{r}, t)$ は (12.6) と (12.8) の解としてすでに求められているので, 上式はスカラー関数 $\chi(\boldsymbol{r}, t)$ を決めるための微分方程式であり, 右辺はその非同次項である. したがって, 微分方程式 (12.15) を解いてスカラー関数 $\chi(\boldsymbol{r}, t)$ を決定することにより, (12.13) と (12.14) の最右辺第 2 項の [ ] 内をゼロとすることが必ずできるのである.

今後は, こうして決められたスカラー関数 $\chi(\boldsymbol{r}, t)$ を使うことにすれば, (12.13) と (12.14) の最右辺は第 1 項だけになる. これらを (12.6) と (12.8) の左辺に代入すると, 新しい電磁ポテンシャル $\boldsymbol{A}_{\mathrm{L}}(\boldsymbol{r}, t)$ と $\phi_{\mathrm{L}}(\boldsymbol{r}, t)$ は

$$\left(\nabla^2 - \frac{1}{c^2}\frac{\partial^2}{\partial t^2}\right)\boldsymbol{A}_{\mathrm{L}} = -\mu_0\,\boldsymbol{i} \tag{12.16}$$

$$\left(\nabla^2 - \frac{1}{c^2}\frac{\partial^2}{\partial t^2}\right)\phi_{\mathrm{L}} = -\frac{1}{\varepsilon_0}\rho \tag{12.17}$$

を満たすことがわかる. これは元のマクスウェル方程式 (10.1) ～ (10.4) よりはるかに簡単な形になっているだけでなく, $\boldsymbol{A}_{\mathrm{L}}$ と ϕ_{L} の 4 成分が独立に,

しかも全く同じ形の微分方程式になっていることに注意しよう．すなわち，例えば微分方程式 (12.17) を解くことができれば，(12.16) の解も自動的に得られることになり，非常に都合がよい．

ここで，(12.6) と (12.8) の左辺第２項の（　）内の部分を，$\boldsymbol{A}$ と ϕ の代わりに $\boldsymbol{A}_{\mathrm{L}}$ と ϕ_{L} を用いて計算すると，(12.11) と (12.12) のゲージ変換より，

$$\begin{aligned}\nabla\cdot\boldsymbol{A}_{\mathrm{L}}+\frac{1}{c^2}\frac{\partial\phi_{\mathrm{L}}}{\partial t}&=\nabla\cdot(\boldsymbol{A}+\nabla\chi)+\frac{1}{c^2}\frac{\partial}{\partial t}\left(\phi-\frac{\partial\chi}{\partial t}\right)\\&=\left(\nabla^2-\frac{1}{c^2}\frac{\partial^2}{\partial t^2}\right)\chi+\left(\nabla\cdot\boldsymbol{A}+\frac{1}{c^2}\frac{\partial\phi}{\partial t}\right)=0\end{aligned}$$

となる．ただし，最後の変形で (12.15) を使った．すなわち，(12.16) と (12.17) を満たす電磁ポテンシャル $\boldsymbol{A}_{\mathrm{L}}(\boldsymbol{r},t)$ と $\phi_{\mathrm{L}}(\boldsymbol{r},t)$ は，同時に

$$\nabla\cdot\boldsymbol{A}_{\mathrm{L}}+\frac{1}{c^2}\frac{\partial\phi_{\mathrm{L}}}{\partial t}=0 \tag{12.18}$$

を満たすことがわかる．

以上の議論をここでまとめてみよう．$\boldsymbol{A}(\boldsymbol{r},t)$ と $\phi(\boldsymbol{r},t)$ が (12.6) と (12.8) を満たす電磁ポテンシャルであるならば，ゲージ変換 (12.11) と (12.12) でつくった $\boldsymbol{A}_{\mathrm{L}}(\boldsymbol{r},t)$ と $\phi_{\mathrm{L}}(\boldsymbol{r},t)$ も (12.6) と (12.8) を満たす電磁ポテンシャルである．したがって，

$$\begin{cases}\left(\nabla^2-\dfrac{1}{c^2}\dfrac{\partial^2}{\partial t^2}\right)\boldsymbol{A}_{\mathrm{L}}-\nabla\left(\nabla\cdot\boldsymbol{A}_{\mathrm{L}}+\dfrac{1}{c^2}\dfrac{\partial\phi_{\mathrm{L}}}{\partial t}\right)=-\mu_0\boldsymbol{i}\\[2ex]\left(\nabla^2-\dfrac{1}{c^2}\dfrac{\partial^2}{\partial t^2}\right)\phi_{\mathrm{L}}+\dfrac{\partial}{\partial t}\left(\nabla\cdot\boldsymbol{A}_{\mathrm{L}}+\dfrac{1}{c^2}\dfrac{\partial\phi_{\mathrm{L}}}{\partial t}\right)=-\dfrac{1}{\varepsilon_0}\rho\end{cases}$$

であるが，電磁ポテンシャルの任意性を使って，上式のそれぞれの左辺第２項を消し去ったのである．すなわち，電磁ポテンシャルを求めるための微分方程式を非常に簡潔な形をもつ (12.16) と (12.17) にした代償として，その

ここはポイント!

電磁ポテンシャルは (12.18) を満たさなければならないという条件が付いたというわけである．そうはいっても，こうして求められた微分方程式

(12.16) ～ (12.18) は，もとのマクスウェル方程式 (10.1) ～ (10.4) よりはるかに簡潔になっているということができよう．こうして付加された条件 (12.18) を**ローレンツ条件**という．

ローレンツ条件 (12.18) を課して (12.16) と (12.17) から電磁場を決める枠組みを，**ローレンツ・ゲージ**による電磁場の決定といい，$\boldsymbol{A}_{\mathrm{L}}(\boldsymbol{r}, t)$ と $\phi_{\mathrm{L}}(\boldsymbol{r}, t)$ をローレンツ・ゲージによる電磁ポテンシャルという．これから以後は，さらに (12.16) ～ (12.18) の下付きの L をとってしまって，

$$\begin{cases} \left(\nabla^2 - \dfrac{1}{c^2}\dfrac{\partial^2}{\partial t^2}\right)\boldsymbol{A} = -\mu_0 \boldsymbol{i} & (12.19) \\ \left(\nabla^2 - \dfrac{1}{c^2}\dfrac{\partial^2}{\partial t^2}\right)\phi = -\dfrac{1}{\varepsilon_0}\rho & (12.20) \\ \boldsymbol{\nabla}\cdot\boldsymbol{A} + \dfrac{1}{c^2}\dfrac{\partial \phi}{\partial t} = 0 & (12.21) \end{cases}$$

としよう．特に，電荷も電流もない真空中 ($\rho = 0$, $\boldsymbol{i} = \boldsymbol{0}$) では，(12.19) と (12.20) は波動方程式となり，$\boldsymbol{A}_{\mathrm{L}}(\boldsymbol{r}, t)$ と $\phi_{\mathrm{L}}(\boldsymbol{r}, t)$ は光速 c で伝播する波であることがわかる．

本節では，電磁ポテンシャルにゲージ変換 (12.9) と (12.10) を行なってもマクスウェル方程式 (10.1) ～ (10.4) が変わらないことを使った．これを，マクスウェル方程式が**ゲージ不変性**をもつという．そして，このゲージ不変性を利用して，電磁ポテンシャルが最も簡潔な微分方程式を満たすようにローレンツ・ゲージを使ってゲージ変換し，電磁ポテンシャルが満たすべき微分方程式として (12.19) ～ (12.21) を導いたのである．ゲージ理論としての電磁気学については，付録 F で簡単に触れておく．

12.5　遅延ポテンシャル

本節では，微分方程式 (12.19) と (12.20) の解を考えてみよう．微分方程式の立場からいえば，(12.19) と (12.20) の右辺は非同次項である．電荷密

度も電流密度もゼロで非同次項がなければ，同次方程式としての波動方程式が得られ，その解は第 11 章の電磁波のところで述べた．これは微分方程式の立場では同次方程式の一般解という意味があり，微分方程式の理論によると，非同次方程式の一般解は，対応する同次方程式の一般解と非同次方程式の特解の和として表されることがわかっている．しかも，この特解は，ともかくどれか 1 つをみつければそれでよい．したがって，ここでの問題は，(12.19) と (12.20) の特解を何らかの方法で見出すことである．なお，微分方程式としては (12.19) と (12.20) は全く同じ形をしているので，(12.20) の特解をみつけるだけで十分である．

(12.20) の左辺第 2 項の時間微分の項がないと，これは静電ポテンシャル $\phi(\boldsymbol{r})$ を決めるポアソン方程式 (3.28) になる．この場合の特解はすでに 3.3 節で求められていて，

$$\phi(\boldsymbol{r}) = \frac{1}{4\pi\varepsilon_0}\int_{\mathrm{V}} \frac{\rho(\boldsymbol{r}')}{|\boldsymbol{r}-\boldsymbol{r}'|}\, d^3\boldsymbol{r}' \qquad (3.22)$$

である．これは静電ポテンシャルであって時間が含まれないのは当然であるが，見方によっては，位置 $\boldsymbol{r}'$ にある電荷が位置 $\boldsymbol{r}$ におけるポテンシャルを遠隔作用的に，瞬時に，あるいは無限大の速さで決めているとも見なされる．ところが，(12.20) ではその左辺第 2 項の時間微分の項があるために，電磁ポテンシャルは光速 c で伝播することになる．したがって，位置 $\boldsymbol{r}'$ にある電荷の影響が位置 $\boldsymbol{r}$ におよぶには有限の時間 $|\boldsymbol{r}-\boldsymbol{r}'|/c$ だけかかることになる．すなわち，位置 $\boldsymbol{r}'$，時刻 $t' = t - |\boldsymbol{r}-\boldsymbol{r}'|/c$ にある電荷の影響が，位置 $\boldsymbol{r}$，時刻 t におよぶことになるのである．

ここはポイント!

以上の議論より，スカラー・ポテンシャル $\phi(\boldsymbol{r},\, t)$ に対する (12.20) の特解は

$$\phi(\boldsymbol{r},\, t) = \frac{1}{4\pi\varepsilon_0}\int_{\mathrm{V}} \frac{\rho(\boldsymbol{r}',\, t - |\boldsymbol{r}-\boldsymbol{r}'|/c)}{|\boldsymbol{r}-\boldsymbol{r}'|}\, d^3\boldsymbol{r}' \qquad (12.22)$$

であることが予想される．同様に，ベクトル・ポテンシャル $\boldsymbol{A}(\boldsymbol{r},\, t)$ も静磁

場の場合の (7.10) に対して，

$$A(\boldsymbol{r},\ t) = \frac{\mu_0}{4\pi}\int_V \frac{\boldsymbol{i}(\boldsymbol{r}',\ t - |\boldsymbol{r}-\boldsymbol{r}'|/c)}{|\boldsymbol{r}-\boldsymbol{r}'|}\, d^3\boldsymbol{r}' \tag{12.23}$$

となるはずである．実際に (12.22) と (12.23) が (12.19)，(12.20) の解であり，ローレンツ条件 (12.21) を満たすことは数学的に証明できるが，その証明は本書の範囲をはるかに超えるので，ここでは省略する．

(12.22) と (12.23) は，位置 $\boldsymbol{r}'$，時刻 $t' = t - |\boldsymbol{r}-\boldsymbol{r}'|/c$ にある電荷や電流の影響が，位置 $\boldsymbol{r}$，時刻 t に遅れておよぶことを示しており，その意味から**遅延ポテンシャル**とよばれている．例えば，電荷や電流が局所的に振動すると，周囲に電磁波が放出される．(12.22) と (12.23) はまさしくそのことを表しており，電磁波の放射を議論する際に使うことができる．具体例としては，アンテナによる電磁波の放射があり，ラジオやテレビの放送局で日々なされているだけでなく，私たち自身が携帯電話やスマートフォンで日常的に利用していることでもある．

12.6　まとめとポイントチェック

静電場や静磁場で静電ポテンシャルやベクトル・ポテンシャルを導入した動機は，それぞれ複数ある基本法則を単一の基本方程式で表現することであった．このような事情は電磁場が時間に依存する場合でも同様である．この場合，電磁場はマクスウェル方程式を満たすが，この複雑な方程式系を，電磁ポテンシャルを導入することでより簡潔な方程式系にできることがわかった．

さらに，静磁場に対するベクトル・ポテンシャルのところで述べたように，電磁ポテンシャルにも不定性が残る．電磁場を与える電磁ポテンシャルを決めたとしても，それに任意のスカラー関数を使った項を付加して別の新しい電磁ポテンシャルをつくると，全く同じ電磁場を与えるのである．これを電磁ポテンシャルに対するゲージ変換といい，マクスウェル方程式はこのようにゲージ変換しても不変な性質をもつことがわかった．これは逆にいうと，適当なゲージ変換を行なうことで，電磁ポテンシャルを決める方程式がさらに単純化できることを意味する．その一例がローレンツ・ゲージによる変換で，ローレンツ条件を満たすという条件のもとで，電磁ポテンシャルは形式的に単一の微分方程式に従うことがわかった．この微分方程式の解が遅延ポテンシャルであり，電磁波の放射などに適用できる．

ポイントチェック

- □ **電磁ポテンシャルを導入する理由が理解できた．**
- □ **磁場が時間に依存する場合にも，静磁場のときと同じ形のベクトル・ポテンシャルが使えることがわかった．**
- □ **電場に対する電磁ポテンシャルの表式が理解できた．**
- □ **電磁ポテンシャルのゲージ変換の意味が理解できた．**
- □ **ある電磁ポテンシャルから別の電磁ポテンシャルにゲージ変換しても同じ電磁場が得られることがわかった．**
- □ **適当なゲージ変換を使えば，電磁ポテンシャルの従う方程式を簡素化できることがわかった．**
- □ **ローレンツ・ゲージを使う理由が理解できた．**
- □ **ローレンツ・ゲージを使った場合の電磁ポテンシャルの微分方程式の形が理解できた．**
- □ **遅延ポテンシャルの意味がわかった．**

付　　録

付録 A　ベクトル解析の公式

A.1　ベクトルの演算

（i）　内積（スカラー積）

$$\boldsymbol{A}\cdot\boldsymbol{B} = A_x B_x + A_y B_y + A_z B_z = AB\cos\theta = \boldsymbol{B}\cdot\boldsymbol{A} \qquad \text{(A.1)}$$

ただし，θ は 2 つのベクトル $\boldsymbol{A}$ と $\boldsymbol{B}$ のなす角．特に，$\boldsymbol{A}$ と $\boldsymbol{B}$ が直交 $(\theta = \pi/2)$ するとき，

$$\boldsymbol{A}\cdot\boldsymbol{B} = 0 \qquad (\boldsymbol{A} \perp \boldsymbol{B}) \qquad \text{(A.2)}$$

（ii）　外積（ベクトル積）

$$\boldsymbol{A}\times\boldsymbol{B} = (A_y B_z - A_z B_y,\ A_z B_x - A_x B_z,\ A_x B_y - A_y B_x) = -\boldsymbol{B}\times\boldsymbol{A} \qquad \text{(A.3)}$$

$$|\boldsymbol{A}\times\boldsymbol{B}| = AB\sin\theta \qquad \text{(A.4)}$$

特に，$\boldsymbol{A}$ と $\boldsymbol{B}$ が平行 $(\theta = 0)$ のとき，

$$\boldsymbol{A}\times\boldsymbol{B} = \boldsymbol{0} \qquad (\boldsymbol{A} \mathbin{/\!/} \boldsymbol{B}) \qquad \text{(A.5)}$$

$$\boldsymbol{A}\times\boldsymbol{A} = \boldsymbol{0} \qquad \text{(A.6)}$$

（iii）　三重積

$$\begin{aligned}\boldsymbol{A}\cdot(\boldsymbol{B}\times\boldsymbol{C}) &= A_x B_y C_z + A_y B_z C_x + A_z B_x C_y - A_x B_z C_y - A_y B_x C_z - A_z B_y C_x \\ &= \boldsymbol{B}\cdot(\boldsymbol{C}\times\boldsymbol{A}) = \boldsymbol{C}\cdot(\boldsymbol{A}\times\boldsymbol{B}) \qquad \text{(A.7)}\end{aligned}$$

$$\boldsymbol{A}\cdot(\boldsymbol{A}\times\boldsymbol{B}) = 0 \qquad \text{(A.8)}$$

$$\boldsymbol{A}\times(\boldsymbol{B}\times\boldsymbol{C}) = \boldsymbol{B}(\boldsymbol{A}\cdot\boldsymbol{C}) - \boldsymbol{C}(\boldsymbol{A}\cdot\boldsymbol{B}) \qquad \text{(A.9)}$$

A.2　ベクトル場の演算

（i）　ベクトル場の発散

$$\boldsymbol{\nabla}\cdot\boldsymbol{A}(\boldsymbol{r}) = \mathrm{div}\,\boldsymbol{A}(\boldsymbol{r}) \equiv \frac{\partial A_x}{\partial x} + \frac{\partial A_y}{\partial y} + \frac{\partial A_z}{\partial z} \qquad \text{(A.10)}$$

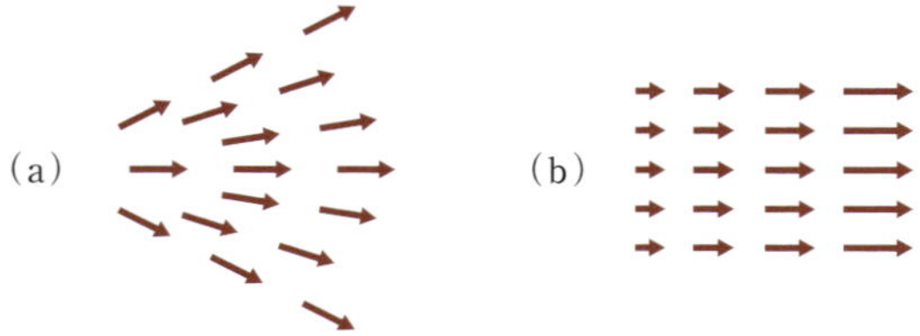

図 A.1　ベクトル場の発散

ベクトル場の発散は，大まかに描くと図 A.1 のように，ほぼ大きさの等しいベクトルが 1 点から湧き出すような場合（図 A.1 (a)）と，ほぼ向きの等しいベクトルがその向きに大きさを変える場合（図 A.1 (b)）に現れる．もちろん，一般には，これらの組み合わせのベクトル場で発散がゼロでない値をもつ．逆に，発散の演算は，ベクトル場からこのような傾向を抜き出す作用をもつということができる．

（**ii**）　ベクトル場の回転

$$\nabla \times \boldsymbol{A}(\boldsymbol{r}) = \mathrm{rot}\,\boldsymbol{A}(\boldsymbol{r}) \equiv \left(\frac{\partial A_z}{\partial y} - \frac{\partial A_y}{\partial z},\ \frac{\partial A_x}{\partial z} - \frac{\partial A_z}{\partial x},\ \frac{\partial A_y}{\partial x} - \frac{\partial A_x}{\partial y}\right) \tag{A.11}$$

ベクトル場の回転は，大まかに描くと図 A.2 のように，ほぼ大きさの等しいベクトルが拡がりなしでカーブするような場合（図 A.2 (a)）と，ほぼ平行なベクトルがその向きには大きさを変えないが直角の向きには大きさを変える場合（図 A.2 (b)）に現れる．発散の場合と違って，これらはいずれもベクトル場の向きからそれる（回転する）変化を表す．もちろん，一般にはこれらの組み合わせのベクトル場で回転がゼロでない値をもつ．逆に，回転の演算は，ベクトル場からこのような傾向を抜き出す作用をもつということができる．

図 A.2　ベクトル場の回転

(iii)　スカラー場の勾配

$$\frac{\partial f(\boldsymbol{r})}{\partial \boldsymbol{r}} = \boldsymbol{\nabla} f(\boldsymbol{r}) = \mathrm{grad}\, f(\boldsymbol{r}) = \left(\frac{\partial f(\boldsymbol{r})}{\partial x}, \frac{\partial f(\boldsymbol{r})}{\partial y}, \frac{\partial f(\boldsymbol{r})}{\partial z}\right) \tag{A.12}$$

(iv)　ベクトル場の公式

任意のベクトル場 $\boldsymbol{A}(\boldsymbol{r})$ から回転の傾向だけを抜き出した回転ベクトル場 $\boldsymbol{\nabla} \times \boldsymbol{A}(\boldsymbol{r})$ の発散は恒等的にゼロである：

$$\boldsymbol{\nabla} \cdot \{\boldsymbol{\nabla} \times \boldsymbol{A}(\boldsymbol{r})\} = 0 \tag{A.13}$$

また，任意のスカラー場 $f(\boldsymbol{r})$ から勾配だけを抜き出した勾配ベクトル場 $\boldsymbol{\nabla} f(\boldsymbol{r})$ の回転は恒等的にゼロである：

$$\boldsymbol{\nabla} \times \{\boldsymbol{\nabla} f(\boldsymbol{r})\} = 0 \tag{A.14}$$

任意のスカラー場 $f(\boldsymbol{r})$ とベクトル場 $\boldsymbol{A}(\boldsymbol{r})$ の積 $f(\boldsymbol{r})\,\boldsymbol{A}(\boldsymbol{r})$ の発散は

$$\boldsymbol{\nabla} \cdot \{f(\boldsymbol{r})\,\boldsymbol{A}(\boldsymbol{r})\} = \boldsymbol{A}(\boldsymbol{r}) \cdot \boldsymbol{\nabla} f(\boldsymbol{r}) + f(\boldsymbol{r})\,\boldsymbol{\nabla} \cdot \boldsymbol{A}(\boldsymbol{r}) \tag{A.15}$$

また，外積 $\boldsymbol{A}(\boldsymbol{r}) \times \boldsymbol{B}(\boldsymbol{r})$ の発散は

$$\boldsymbol{\nabla} \cdot \{\boldsymbol{A}(\boldsymbol{r}) \times \boldsymbol{B}(\boldsymbol{r})\} = \boldsymbol{B}(\boldsymbol{r}) \cdot \{\boldsymbol{\nabla} \times \boldsymbol{A}(\boldsymbol{r})\} - \boldsymbol{A}(\boldsymbol{r}) \cdot \{\boldsymbol{\nabla} \times \boldsymbol{B}(\boldsymbol{r})\} \tag{A.16}$$

ベクトル場の回転の回転は

$$\boldsymbol{\nabla} \times \{\boldsymbol{\nabla} \times \boldsymbol{A}(\boldsymbol{r})\} = \boldsymbol{\nabla}\{\boldsymbol{\nabla} \cdot \boldsymbol{A}(\boldsymbol{r})\} - \nabla^2 \boldsymbol{A}(\boldsymbol{r}) \tag{A.17}$$

となる．

付録 B　ガウスの定理 (2.21) の証明

図 B.1 のように，空間中に閉曲面 S で囲まれた任意の領域 V があるとする．いま，ベクトル場 $\boldsymbol{A}(\boldsymbol{r})$ の z 成分 $A_z(\boldsymbol{r})$ について，体積積分

$$K_z = \iiint_{\mathrm{V}} dx\, dy\, dz\, \frac{\partial A_z(x, y, z)}{\partial z} \tag{B.1}$$

を考えると，これは z について直ちに積分できて

$$K_z = \iint_{\mathrm{S}'} dx\, dy\, \{A_z(x, y, z_1(x, y)) - A_z(x, y, z_0(x, y))\} \tag{B.2}$$

となる．ただし，$z_0(x, y)$，$z_1(x, y)$ は，図 B.1 のように，xy 平面上の点 $\mathrm{P}(x, y, 0)$

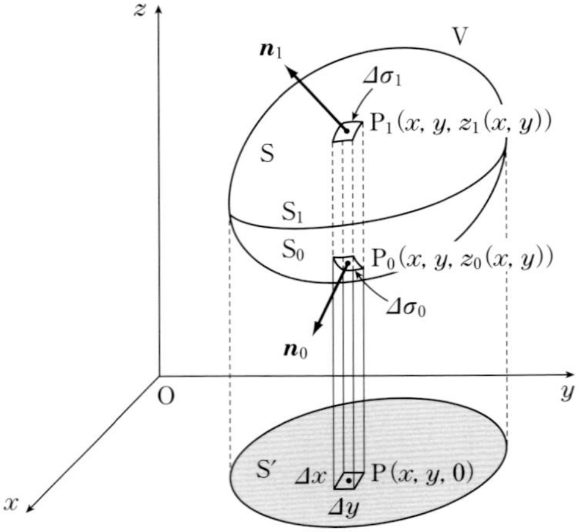

図 B.1

から z 軸に平行に引いた直線が曲面 S を貫く点 P_0, P_1 の z 座標であり，S′ は S を xy 平面に投影した領域である．図 B.1 からわかるように，ここでは簡単のために領域 V を囲む閉曲面 S は外に向かって凸な場合だけを考えることにする．したがって，図には閉曲面 S の下面を S_0，上面を S_1 と記してある．

ここで，閉曲面 S 上の点 P_0, P_1 での外向き法線ベクトルを，図 B.1 のように，$\boldsymbol{n}_0$, $\boldsymbol{n}_1$ とする．面積要素ベクトルは $\varDelta\boldsymbol{\sigma} = \boldsymbol{n}\,\varDelta\sigma$ であり，その z 成分は $(\varDelta\boldsymbol{\sigma})_z = \varDelta x\,\varDelta y$ だから，点 P_0 では面 S_0 が閉曲面 S の下面であることを考慮すると $-n_{0z}\varDelta\sigma_0 = \varDelta x\,\varDelta y$，点 P_1 では S_1 が S の上面なので $n_{1z}\varDelta\sigma_1 = \varDelta x\,\varDelta y$ が成り立つ．ここで $\varDelta\sigma_0$, $\varDelta\sigma_1$ は，図 B.1 のように，S′ 上の長方形 $\varDelta x\,\varDelta y$ を断面とする z 軸に平行な角柱が下面 S_0 と上面 S_1 とで交わる微小面の面積である．

この 2 つの関係を使って，(B.2) の K_z の S′ 上での積分 $\left(\iint_{\mathrm{S}'} dx\,dy \cdots\right)$ を S の下面 S_0 での積分 $\left(\iint_{\mathrm{S}_0} d\sigma_0 \cdots\right)$ と上面 S_1 での積分 $\left(\iint_{\mathrm{S}_1} d\sigma_1 \cdots\right)$ に変えると，

$$K_z = \iint_{\mathrm{S}_1} d\sigma_1\, n_{1z}\, A_z(x,\, y,\, z_1(x,\, y)) + \iint_{\mathrm{S}_0} d\sigma_0\, n_{0z}\, A_z(x,\, y,\, z_0(x,\, y)) \tag{B.3}$$

が得られる．しかし，上式の 2 つの積分を合わせると，$n_z A_z$ を閉曲面 S 全体で面

積積分することに他ならない．よって，この K_z は

$$K_z = \iint_S d\sigma\, n_z A_z \tag{B.4}$$

と表される．こうして，(B.1) と (B.4) より，

$$K_z \equiv \iiint_V dx\, dy\, dz \frac{\partial A_z}{\partial z} = \iint_S d\sigma\, n_z A_z \tag{B.5}$$

という関係が得られる．

同じ領域 V を yz 平面，zx 平面に投影して同じ議論を行なうと，

$$K_x \equiv \iiint_V dx\, dy\, dz \frac{\partial A_x}{\partial x} = \iint_S d\sigma\, n_x A_x \tag{B.6}$$

$$K_y \equiv \iiint_V dx\, dy\, dz \frac{\partial A_y}{\partial y} = \iint_S d\sigma\, n_y A_y \tag{B.7}$$

が得られる．(B.5) ～ (B.7) を使って和 $K = K_x + K_y + K_z$ をつくると，これは

$$K = \iiint_V dx\, dy\, dz \left(\frac{\partial A_x}{\partial x} + \frac{\partial A_y}{\partial y} + \frac{\partial A_z}{\partial z} \right) = \iint_S d\sigma\, (n_x A_x + n_y A_y + n_z A_z)$$

となるが，上式の第1の被積分関数はベクトル場 $\boldsymbol{A}(\boldsymbol{r})$ の発散 $\boldsymbol{\nabla} \cdot \boldsymbol{A}$ であり，第2の被積分関数は内積 $\boldsymbol{n} \cdot \boldsymbol{A}$ なので，$dx\, dy\, dz = dV$ として，結局，

$$\iiint_V \boldsymbol{\nabla} \cdot \boldsymbol{A}\, dV = \iint_S \boldsymbol{n} \cdot \boldsymbol{A}\, d\sigma = \iint_S \boldsymbol{A} \cdot d\boldsymbol{\sigma} \tag{B.8}$$

が導かれる．これはガウスの定理 (2.21) であり，以上で，この定理が証明された．

これまでは閉曲面 S を外に向かって凸な面として議論してきたが，一般の閉曲面は必ずしもそうとは限らない．しかし，領域 V が凹部のある閉曲面 S をもつような一般の場合でも，それを適当にスライスすれば，V は平らな面と外に凸な面とでできた領域の和で表される．スライスされた平らな切り口は必ず隣り合う 2 つの領域で共有され，和をとったときに一方の面積要素 $d\boldsymbol{\sigma}$ は必ず他方の面積要素 $d\boldsymbol{\sigma}' = -d\boldsymbol{\sigma}$ とキャンセルされる（面積要素ベクトル $d\boldsymbol{\sigma}$ は閉曲面の外に向いていることを思い出そう）．したがって，スライスした面からの寄与はすべてキャンセルされる．このことを考慮すると，(B.8) は全く一般的に成り立つことがわかる．

付録C　ストークスの定理(2.24)の証明

図C.1のように，空間中に閉曲線Cを縁とする曲面Sがあるとする．曲面Sは例えば xy 平面からの高さ z で指定できるので，それを表す方程式を $z = z(x, y)$ とすることができる．このようにしておいて，S上の点P（その位置ベクトル $\boldsymbol{r} = (x, y, z(x, y))$）でのベクトル場 $\boldsymbol{A}(\boldsymbol{r})$ の x 成分 $A_x(\boldsymbol{r})$ について，面積積分

$$J_x = -\iint_{\mathrm{S}} dx\, dy \frac{\partial A_x(x, y, z(x, y))}{\partial y} \tag{C.1}$$

を計算する．まず x を固定して，y について部分積分を行なうと，図C.1より

$$\begin{aligned} J_x &= -\int_{x_0}^{x_1} dx\, [A_x(x, y, z(x, y))]_{y_0(x)}^{y_1(x)} \\ &= -\int_{x_0}^{x_1} dx\, \{A_x(x, y_1, z(x, y_1)) - A_x(x, y_0, z(x, y_0))\} \\ &= \int_{x_1}^{x_0} dx\, A_x(x, y_1, z(x, y_1)) + \int_{x_0}^{x_1} dx\, A_x(x, y_0, z(x, y_0)) \end{aligned} \tag{C.2}$$

となる．ここで，最後の表式の第1の積分において積分の向きを変えたことに注意しよう．

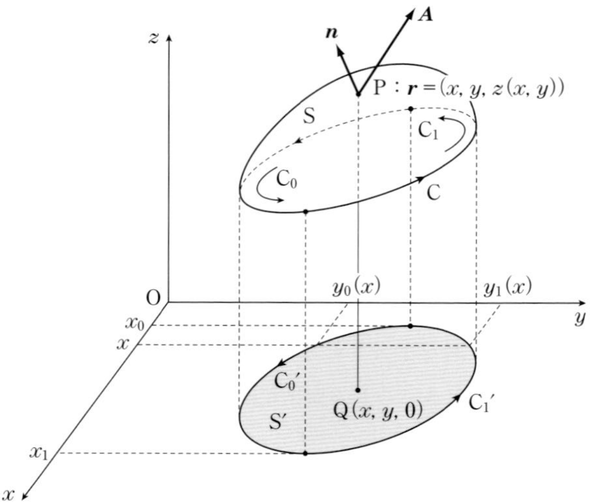

図 C.1

(C.2) の 2 つの積分は，図 C.1 より，曲面 S の縁である閉曲線 C を 2 つに分けた曲線 C_1 と C_0 に沿っての積分であることがわかる．したがって，J_x は閉曲線 C に沿っての 1 周積分となり，

$$J_x = \oint_{\mathrm{C}} dx\, A_x(x,\, y,\, z(x,\, y)) \tag{C.3}$$

と表される．

他方，(C.1) の被積分関数の中の y についての偏微分は，z も y に依存することに注意すると，

$$\frac{\partial}{\partial y} A_x(x,\, y,\, z(x,\, y)) = \frac{\partial}{\partial y} A_x(x,\, y,\, z) + \frac{\partial z}{\partial y}\frac{\partial}{\partial z} A_x(x,\, y,\, z) \tag{C.4}$$

となる．これを (C.1) に代入すると，J_x は

$$J_x = -\iint_{\mathrm{S}} dx\, dy \left(\frac{\partial A_x}{\partial y} + \frac{\partial z}{\partial y}\frac{\partial A_x}{\partial z}\right) = -\iint_{\mathrm{S}} dx\, dy\, \frac{\partial A_x}{\partial y} - \iint_{\mathrm{S}} dx\, dy\, \frac{\partial z}{\partial y}\frac{\partial A_x}{\partial z} \tag{C.5}$$

とも表される．

また，点 P の近くでの面積要素ベクトル $d\boldsymbol{\sigma} = \boldsymbol{n}\, d\sigma$ ($\boldsymbol{n}$ は点 P での曲面 S の法線ベクトル) は，曲面上の面積積分の一般論により

$$d\boldsymbol{\sigma} = \boldsymbol{n}\, d\sigma = \left(\frac{\partial \boldsymbol{r}}{\partial x} \times \frac{\partial \boldsymbol{r}}{\partial y}\right) dx\, dy \tag{C.6}$$

と表される (曲面上の面積積分の一般論については，拙著『物理数学』(裳華房) の 5.3 節を参照)．(C.6) で y 成分と z 成分をとると，ベクトルの外積の定義より，

$$n_y\, d\sigma = \left(\frac{\partial \boldsymbol{r}}{\partial x} \times \frac{\partial \boldsymbol{r}}{\partial y}\right)_y dx\, dy = \left(\frac{\partial z}{\partial x}\frac{\partial x}{\partial y} - \frac{\partial x}{\partial x}\frac{\partial z}{\partial y}\right) dx\, dy = -\frac{\partial z}{\partial y}\, dx\, dy \tag{C.7}$$

$$n_z\, d\sigma = \left(\frac{\partial \boldsymbol{r}}{\partial x} \times \frac{\partial \boldsymbol{r}}{\partial y}\right)_z dx\, dy = \left(\frac{\partial x}{\partial x}\frac{\partial y}{\partial y} - \frac{\partial y}{\partial x}\frac{\partial x}{\partial y}\right) dx\, dy = dx\, dy \tag{C.8}$$

となる．ここで，x と y は独立 ($\partial x/\partial y = \partial y/\partial x = 0$) だが，$z$ は x と y に依存する ($z = z\,(x,\, y)$) ことを使った．

(C.7) と (C.8) を使って (C.5) の x と y についての積分を面積要素 $d\sigma$ の積分で表すと，J_x は

$$J_x = -\iint_{\mathrm{S}} n_z\, d\sigma\, \frac{\partial A_x}{\partial y} + \iint_{\mathrm{S}} n_y\, d\sigma\, \frac{\partial A_x}{\partial z} = \iint_{\mathrm{S}} d\sigma \left(n_y \frac{\partial A_x}{\partial z} - n_z \frac{\partial A_x}{\partial y} \right) \tag{C.9}$$

と表される．

こうして，(C.3) と (C.9) より面積積分と線積分の関係式

$$\iint_{\mathrm{S}} d\sigma \left(n_y \frac{\partial A_x}{\partial z} - n_z \frac{\partial A_x}{\partial y} \right) = \oint_{\mathrm{C}} dx\, A_x \tag{C.10}$$

が得られた．A_y, A_z についてもまったく同じようにして計算すると，

$$\iint_{\mathrm{S}} d\sigma \left(n_z \frac{\partial A_y}{\partial x} - n_x \frac{\partial A_y}{\partial z} \right) = \oint_{\mathrm{C}} dy\, A_y \tag{C.11}$$

$$\iint_{\mathrm{S}} d\sigma \left(n_x \frac{\partial A_z}{\partial y} - n_y \frac{\partial A_z}{\partial x} \right) = \oint_{\mathrm{C}} dz\, A_z \tag{C.12}$$

が得られる．これは (C.10) で $x \to y \to z \to x$ と循環的 (サイクリック) に変えると得られることに注意しよう．

(C.10) ～ (C.12) を各辺で加えると，左辺の被積分関数は，ベクトル場の回転の定義を使って，

$$n_x \left(\frac{\partial A_z}{\partial y} - \frac{\partial A_y}{\partial z} \right) + n_y \left(\frac{\partial A_x}{\partial z} - \frac{\partial A_z}{\partial x} \right) + n_z \left(\frac{\partial A_y}{\partial x} - \frac{\partial A_x}{\partial y} \right) = \boldsymbol{n} \cdot (\boldsymbol{\nabla} \times \boldsymbol{A}) \tag{C.13}$$

と表される．また，右辺の和は閉曲線 C に沿った線積分 $\oint_{\mathrm{C}} d\boldsymbol{r} \cdot \boldsymbol{A}$ で表されるので，結局，

$$\iint_{\mathrm{S}} (\boldsymbol{\nabla} \times \boldsymbol{A}) \cdot \boldsymbol{n}\, d\sigma = \iint_{\mathrm{S}} (\boldsymbol{\nabla} \times \boldsymbol{A}) \cdot d\boldsymbol{\sigma} = \oint_{\mathrm{C}} \boldsymbol{A} \cdot d\boldsymbol{r} \tag{C.14}$$

が得られる. これはストークスの定理 (2.24) であり, 以上でこの定理が証明された.

これまでは図 C.1 において曲面 S の縁である閉曲線 C が外に向かって凸であるとして議論してきた．しかし，そうでない場合でも，付録 B のガウスの定理の証明

のときと同様に，Sを平面でスライスして適当に分割すれば，(C.14) が成り立つことを示すことができる．すなわち，(C.14) は一般の閉曲線Cを縁にもつ任意の曲面Sについて成り立つのである．

付録D　電気容量係数の相反定理

図4.3で，電荷は導体表面だけにあり，そこでの静電ポテンシャルは一定なので，この場合の全静電エネルギー U は，(4.5 a) より，

$$U = \frac{1}{2}(q_1\phi_1 + q_2\phi_2) \tag{D.1}$$

と表される．電荷の微小変化によるエネルギー変化を調べるためには，上式を電荷だけで表さなければならない．そのために，まず (4.13) を ϕ_1 と ϕ_2 について解いて，

$$\begin{cases} \phi_1 = \dfrac{C_{22}q_1 - C_{12}q_2}{C_{11}C_{22} - C_{12}C_{21}} \\[2ex] \phi_2 = \dfrac{C_{11}q_2 - C_{21}q_1}{C_{11}C_{22} - C_{12}C_{21}} \end{cases} \tag{D.2}$$

を求めておく．これを (D.1) に代入すると，

$$U(q_1,\ q_2) = \frac{1}{2(C_{11}C_{22} - C_{12}C_{21})}\{C_{22}q_1{}^2 - (C_{12} + C_{21})q_1q_2 + C_{11}q_2{}^2\} \tag{D.3}$$

が得られる．

ここで，図4.3の導体1の電荷を δq_1 だけ増して $q_1 + \delta q_1$ にしたときのエネルギー変化 δU を求めてみる．これは (D.3) より，δq_1 の1次までの近似で，

$$\delta U \cong \frac{\partial U(q_1,\ q_2)}{\partial q_1}\delta q_1 = \frac{1}{2(C_{11}C_{22} - C_{12}C_{21})}\{2C_{22}q_1 - (C_{12} + C_{21})q_2\}\,\delta q_1 \tag{D.4}$$

となる．

他方で，電荷 δq_1 を静電ポテンシャルがゼロの無限遠方から ϕ_1 の導体1まで運ぶのに必要な仕事 δW は，δq_1 の1次までの近似で，

$$\delta W \cong \phi_1\,\delta q_1 = \frac{C_{22}q_1 - C_{12}q_2}{C_{11}C_{22} - C_{12}C_{21}}\,\delta q_1 \tag{D.5}$$

で与えられる．ここで，微小な電荷 δq_1 を持ち込むことによる静電ポテンシャルの変化は δq_1 の 1 次であり，それによるエネルギー変化は δq_1 の 2 次になるので無視した．

(D.5) の仕事は導体 1 のエネルギー変化 (D.4) になるので，物理的には $\delta U = \delta W$ でなければならない．これより，

$$C_{12} = C_{21} \tag{D.6}$$

が導かれ，相反定理 (4.14) が成り立つことがわかる．

付録 E　静電場のエネルギー密度

領域 V に電荷が電荷密度 $\rho(\boldsymbol{r})$ で分布し，静電ポテンシャルが $\phi(\boldsymbol{r})$ のとき，静電エネルギー U は (4.7 a) で与えられる．この式にガウスの法則 (2.26) を代入すると，

$$U = \frac{\varepsilon_0}{2}\int_{\mathrm{V}} \phi(\boldsymbol{r})\ \nabla \cdot \boldsymbol{E}(\boldsymbol{r})\,dV \tag{E.1}$$

が得られる．上式右辺の被積分関数はベクトル解析の公式 (A.15) を使って，

$$\phi(\boldsymbol{r})\ \nabla \cdot \boldsymbol{E}(\boldsymbol{r}) = \nabla \cdot \{\phi(\boldsymbol{r})\,\boldsymbol{E}(\boldsymbol{r})\} - \boldsymbol{E}(\boldsymbol{r}) \cdot \nabla\phi(\boldsymbol{r}) \tag{E.2}$$

と変形できるので，これを (E.1) に代入すると，

$$\begin{aligned} U &= \frac{\varepsilon_0}{2}\int_{\mathrm{V}} \nabla \cdot \{\phi(\boldsymbol{r})\,\boldsymbol{E}(\boldsymbol{r})\}\,dV - \frac{\varepsilon_0}{2}\int_{\mathrm{V}} \boldsymbol{E}(\boldsymbol{r}) \cdot \nabla\phi(\boldsymbol{r})\,dV \\ &= \frac{\varepsilon_0}{2}\int_{\mathrm{V}} \nabla \cdot \{\phi(\boldsymbol{r})\,\boldsymbol{E}(\boldsymbol{r})\}\,dV + \frac{\varepsilon_0}{2}\int_{\mathrm{V}} \boldsymbol{E}(\boldsymbol{r})^2\,dV \end{aligned} \tag{E.3}$$

となる．ここで，第 2 式から第 3 式に変形する際に (3.6) を使った．

領域 V を囲む閉曲面を S として，(E.3) の第 3 式の第 1 項の体積積分にガウスの定理 (2.21) を使うと，

$$\int_{\mathrm{V}} \boldsymbol{\nabla} \cdot \{\phi(\boldsymbol{r})\, \boldsymbol{E}(\boldsymbol{r})\}\, dV = \int_{\mathrm{S}} \phi(\boldsymbol{r})\, \boldsymbol{E}(\boldsymbol{r}) \cdot d\boldsymbol{\sigma} \tag{E.4}$$

のように，面積積分に変えられる．ここで，領域Vを十分に大きくすると，大まかにいって，静電ポテンシャルは$1/r$で，静電場は$1/r^2$で変化し，閉曲面Sはr^2で変化するので，(E.4)の面積積分はゼロになる．

こうして，(E.3)の第3式の第1項の体積積分は無視することができて，第2項だけが残り，静電エネルギーUは

$$U = \frac{\varepsilon_0}{2} \int_{\mathrm{V}} \boldsymbol{E}(\boldsymbol{r})^2\, dV \tag{E.5}$$

と表される．これは静電場のエネルギー密度が

$$u_{\mathrm{e}} = \frac{\varepsilon_0}{2} \boldsymbol{E}(\boldsymbol{r})^2 \tag{E.6}$$

で与えられることを意味し，(4.27)が一般的に成り立つことがわかる．

付録F　ゲージ理論としての電磁気学

F.1　マクスウェル方程式のゲージ不変性

第12章でベクトル・ポテンシャル$\boldsymbol{A}(\boldsymbol{r}, t)$とスカラー・ポテンシャル$\phi(\boldsymbol{r}, t)$を

$$\boldsymbol{B}(\boldsymbol{r}, t) = \boldsymbol{\nabla} \times \boldsymbol{A}(\boldsymbol{r}, t) \tag{F.1}$$

$$\boldsymbol{E}(\boldsymbol{r}, t) = -\boldsymbol{\nabla}\phi(\boldsymbol{r}, t) - \frac{\partial \boldsymbol{A}(\boldsymbol{r}, t)}{\partial t} \tag{F.2}$$

として，マクスウェル方程式(10.1)～(10.4)を書き直し，簡素化した．ここで，任意のスカラー関数$\chi(\boldsymbol{r}, t)$を用いて，電磁ポテンシャル$\boldsymbol{A}(\boldsymbol{r}, t)$と$\phi(\boldsymbol{r}, t)$を変換して

$$\boldsymbol{A}' = \boldsymbol{A} + \boldsymbol{\nabla}\chi \tag{F.3}$$

$$\phi' = \phi - \frac{\partial \chi}{\partial t} \tag{F.4}$$

とおいても，この新しい電磁ポテンシャル$\boldsymbol{A}'(\boldsymbol{r}, t)$と$\phi'(\boldsymbol{r}, t)$も同じ電磁場$\boldsymbol{E}$と$\boldsymbol{B}$を与えることがわかる．すなわち，電磁ポテンシャルには不定性がある．変換

(F.3) と (F.4) をマクスウェル方程式の**ゲージ変換**とよび，これを施してもマクスウェル方程式が変わらないことを，マクスウェル方程式が**ゲージ不変性**をもつという．「ゲージ変換」という理由は，(F.3) と (F.4) によって元の $\boldsymbol{A}$ と ϕ を伸縮しており，物差しや計量の基準 (ゲージ) を変えていることに相当するからである．

物理量としての電磁場を決めるための電磁ポテンシャルに不定性があるということは，電磁ポテンシャルを決めるための微分方程式を都合のいいように変形できることを意味し，一層の簡素化が可能となる．その一例が第 12 章で導入した**ローレンツ・ゲージ**であり，電磁ポテンシャルにローレンツ条件

$$\nabla \cdot \boldsymbol{A} + \frac{1}{c^2}\frac{\partial \phi}{\partial t} = 0 \tag{F.5}$$

を付けることで，それを決める微分方程式を大幅に簡素化できることがわかる．他にもよく使われる付加条件として

$$\nabla \cdot \boldsymbol{A} = 0 \tag{F.6}$$

があり，**クーロン・ゲージ**とよばれている．

このクーロン・ゲージは，実は第 7 章の (7.5) で使っている．第 7 章では静磁場を求めることが目的だったので，ベクトル・ポテンシャルの任意性だけを使い，それにどのような条件を付けたかを問題にしなかった．しかし，電磁ポテンシャルそのものを議論する場合には，付加条件をきちんと明記しなければならない．

F.2　大局的および局所的ゲージ不変性

電磁ポテンシャル $\boldsymbol{A}(\boldsymbol{r}, t)$ と $\phi(\boldsymbol{r}, t)$ を定数だけ変えて，

$$\begin{cases} \boldsymbol{A}' = \boldsymbol{A} + \boldsymbol{C} & (\boldsymbol{C}：\text{定数ベクトル}) \quad \text{(F.7)} \\ \phi' = \phi + c & (c：\text{定数}) \quad \text{(F.8)} \end{cases}$$

と変換しても，もちろんマクスウェル方程式は変わらない．電磁場に変換するとき，電磁ポテンシャルは常に微分記号の中にあるからである．(F.7) と (F.8) の場合には電磁ポテンシャルは時空の全域で一様に変えられるので，このような場合を**ゲージの大域的変換**という．ゲージの大域的変換のもとでの不変性を**大域的ゲージ不変性**といい，マクスウェル方程式は大域的ゲージ不変性をもつ．

しかし，マクスウェル方程式の場合には，はるかに強いゲージ不変性をもつ理論なのである．すなわち，スカラー・ポテンシャル $\phi(\boldsymbol{r}, t)$ が (F.4) のように任意のスカラー関数 $\chi(\boldsymbol{r}, t)$ で $-(\partial/\partial t)\,\chi(\boldsymbol{r}, t)$ の形の局所的な変化を受けても，ベクトル・ポテンシャル $\boldsymbol{A}(\boldsymbol{r}, t)$ が (F.3) のように $\nabla\chi(\boldsymbol{r}, t)$ の形の局所的な変更を受けることで，スカラー・ポテンシャルの変化を局所的に帳消しにするのである．このようなゲージ不変性を**局所的ゲージ不変性**という．すなわち，マクスウェル方程式は局所的ゲージ不変性をもつ理論なのである．マクスウェル方程式には局所的ゲージ不変性が秘められていたからこそ，電磁場を決める電磁ポテンシャルの微分方程式を大幅に簡素化できたということができよう．

それでも，古典物理学の範囲内では最終的に測定にかかる物理量は電磁場 $\boldsymbol{E}$ と $\boldsymbol{B}$ であり，マクスウェル方程式が局所的ゲージ不変性を秘めているといっても，それによって徹底的に影響を受ける電磁ポテンシャルは計算の便法にすぎないということになるかもしれない．しかし，ミクロの世界を支配する量子力学に電磁気学を取り込もうとすると，事情が一変する．本文でも何度か強調したように，ミクロの世界では電磁ポテンシャルが電磁場そのものより本質的なのである．これについては，今後の学習の楽しみにとっておくとよいであろう．

あ と が き

理工学部の学生が入学後に物理学の基礎として最初に学ぶのが力学であり，本書はその次に学ぶ電磁気学の教科書として書いたものである．筆者自身の学生の頃を思い出してみると，力学がニュートンの運動方程式を基礎にして体系化されていることがすぐに見抜けなかっただけでなく，次の電磁気学は一層バラバラな現象の羅列のように思われて，全体像の理解に苦しんだものである．それでも力学の場合には，モノを落としたり投げたりしたらどうなるかは目に見え，子供でも知っているので，かなり早い段階でニュートンの運動方程式に出会ってもそれほど戸惑わないし，力学を学ぶにつれて，いろいろな力学的現象の理解に果たすニュートンの運動方程式の重要な役割が自然にわかるようになってくる．

それに比べると，電磁気学で活躍する電荷，電流，電場，磁場のどれをとっても，直接目にはみえない．日常的にみられる雷は確かに電磁気的な現象ではあるが，電磁気学の理解にそれほど役に立つわけではない．電磁気学は力学に比べてかなり抽象的な学問体系であり，そのことが一層，電磁気学の理解を難しくしている．

力学の基本方程式であるニュートンの運動方程式に対応して，電磁気学の全体をまとめ，体系化している基本的な方程式がマクスウェル方程式である．しかし，電磁気学にはじめて出会う者には，電磁気学固有の概念を学び，実験的に明らかになった各種の個別的な電磁気現象の法則を知り，少しずつ理解しながら進まざるを得ない．こうして，初学者向けの電磁気学のテキストは，本書のように，基本方程式であるマクスウェル方程式にはすぐにお目にかかれず，終わりの方になってようやく出会う構成になってしまうのである．

筆者の経験では，電磁気学の理解をさらに困難にしているのが，そこに使われている数学の難しさであったように思う．電磁気学の主役である電場，磁場がベクトルであり，その空間的，時間的変化を扱うともなると，微分・積分を含んだベクトル解析が必須となる．電磁気学のごく初歩的な段階ですでに，ガウスの定理やストークスの定理など，ベクトル解析の積分定理の厄介にならざるを得ない．それでも私たちの目標は物理学としての電磁気学の理解であって，数学ではない．筆者自身が学生時代につい数学に目を奪われて何度も迷路に迷い込んだ経験もあり，その後に大学の初年級の物理学の授業を担当するようになったおかげで，初学者はどこでわからなくなり，どこでつまずくことが多いのかがわかってきたと思っている．それを踏まえて，本書では電磁気学をなぜ学ぶのかから始まって，どのように考えるのかを，初学者にとっつきやすいように，わかりやすく説明することを心掛けた．理工学部の学生を対象に書いたので，少々の数学は避けられない．しかし，それは電磁気学を学ぶための道具として必要なのであって，数学にとらわれすぎたり，おぼれることのないように，随所で戒めてある．

本書は，大学ではじめて電磁気学を学ぶための講義用のテキストとして書かれている．そのために，力学や熱力学と同様に，電磁気学をどのように考えたらよいかを最小限の分量でわかりやすく書くことに重点をおいた．おかげで，興味深い応用例を十分に取り上げることはできなかった．また，物質中の電磁場についてはほとんど無視せざるを得なかったことを大いに反省している．これらについては，以下に記す他のテキストを参照されたい．

一方，一見複雑にみえる電磁気学の全体像の単純さを強調するために，スカラー・ポテンシャル，ベクトル・ポテンシャルを詳しく説明するように心がけた．さらに，初学者向けのテキストでは通常省略される電磁ポテンシャルの話題も最終章に入れたが，これははじめて電磁気学を学ぶ際にはさらりと読むだけでよいかもしれない．

本書は電磁気学の基礎の理解のためのテキストであり，当然ながら筆者は，読者が本書を読み終えた後も電磁気学をさらに学ぶことを期待している．力学と同様，電磁気学のテキストも数が多く，選択に困るほどである．そんな中で，筆者の目にとまったテキストをいくつか列挙しておく．

*砂川重信：「電磁気学の考え方」(岩波書店)

電磁気学の基礎をコンパクトに，わかりやすくまとめてある入門書．

*長岡洋介：「電磁気学Ⅰ，Ⅱ」(岩波書店)

電磁気学の基礎がわかりやすく丁寧に書いてある．

*岡崎 誠：「電磁気学入門」(裳華房)

電磁気学の基礎だけでなく，物質中の電磁場の性質もコンパクトにまとめてある．

*原 康夫：「電磁気学（Ⅰ），（Ⅱ）」(裳華房フィジックスライブラリー)

上の3著より網羅的な教科書．

*飯田修一 監訳：「バークレー物理学コース2　電磁気学 上，下」(丸善)

物理的な説明が詳しい．ただし，監訳者による脚注がやたらに多いが，特に参照しなくてもよい．

*R.P. ファインマン・R.B. レイトン・M.L. サンズ 著，宮島龍興 訳：「ファインマン物理学Ⅲ 電磁気学」(岩波書店)

このシリーズの他の教科書と同様，物理的な説明が素晴らしい．ただし，学部1，2年生に対する授業を教科書としたものであるが，内容は独創的かつ高級で，一通り電磁気学を学習したのちに取り掛かる方がよい．

*霜田光一・近角聰信 編「大学演習 電磁気学（全訂版）」(裳華房)

電磁気学で出会う公式と問題を集大成したハンドブックのような著書．手元にあると，何かと役に立つ．

問 題 解 答

すべての問題は，その前にある例題か，直前の本文の内容に関係したものばかりである．したがって，もしわからなかったり間違えたりした場合には，関連した例題や本文の説明に戻って，じっくりと考え直してみるとよい．

第 1 章

［問題 1］ (1.1) より $F = (1/4\pi\varepsilon_0)\, q^2/r^2$.

$$\therefore \quad q = r\sqrt{4\pi\varepsilon_0 F} = 0.5 \times \sqrt{4 \times 3.14 \times 8.85 \times 10^{-12} \times 2} \cong 7.6 \times 10^{-6}\ [\mathrm{C}]$$

［問題 2］ 問題 1 と同様にして $q = r\sqrt{4\pi\varepsilon_0 F}$．クーロン力 F が質点にはたらく重力 mg に等しいことから，

$$q = r\sqrt{4\pi\varepsilon_0 mg} = 0.1 \times \sqrt{4 \times 3.14 \times 8.85 \times 10^{-12} \times 0.1 \times 9.8} \cong 1.0 \times 10^{-6}\ [\mathrm{C}]$$

［問題 3］ 図 1.6 (b) の矢印の向きを逆にすればよい．

［問題 4］ 図 1.7 でベクトル和 $\boldsymbol{E} = \boldsymbol{E}_q + \boldsymbol{E}_{-q}$ より明らかで，大きさは

$$|\boldsymbol{E}| = |\boldsymbol{E}_q| = |\boldsymbol{E}_{-q}| = \frac{1}{4\pi\varepsilon_0}\frac{q}{a^2}.$$

$\boldsymbol{E}$ の向きも明らかで，図 1.7 の正三角形の底辺に平行で右向き．

第 2 章

［問題 1］ 例題 2 と同様に，円管と同軸で半径 r，長さ l の円柱を想定する．$r \geq a$ のときは，この想定円柱内の電荷量は例題 1 や 2 と同じなので，電場も $E(r) = \lambda/2\pi\varepsilon_0 r$．$r < a$ のときは想定円柱内に電荷はなく，$E(r) = 0$．したがって，電場 $E(r)$ の概略は図のようになる．

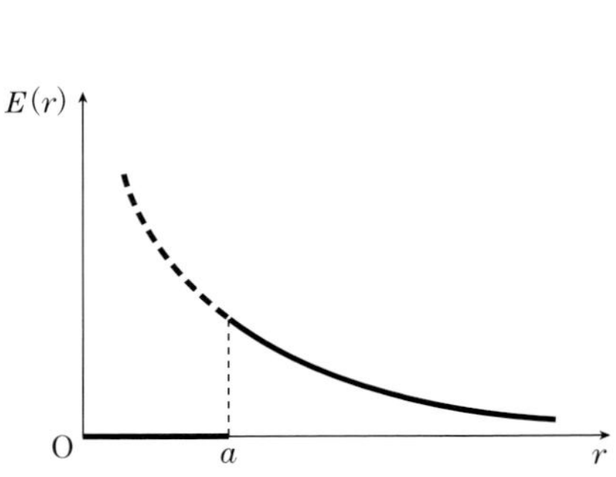

☞ 間違えたり，わからなかったら，もう一度直前の例題 2 に戻って考えてみよ．

[問題 2] 例題 3 の結果と重ね合わせの原理を使う．例題 3 の結果より，2 平面は大きさが同じで逆向きの電場をつくる．したがって，2 平面の外では，それぞれの平面による電場が打ち消し合って電場はゼロとなる．2 平面の間では，それぞれによる電場が重ね合って，正に荷電した面から負に荷電した面に向き，その大きさは $E = \sigma/\varepsilon_0$ となる．

[問題 3] 例題 2 の図 2.6 とほぼ同じ．ただし，$r > a$ では $1/r^2$ に比例して変化する．

[問題 4] 例題 4 の［解］において，$r < a$ の球殻内に電荷がないので，電場はゼロ．球殻外では例題 4 の場合と同じ．したがって，球殻内外の電場 $E(r)$ は

$$E(r) = \begin{cases} 0 & (r < a) \\ \dfrac{Q}{4\pi\varepsilon_0}\dfrac{1}{r^2} & (r > a) \end{cases}$$

$E(r)$ の概略図は問題 1 の場合とほぼ同じ．ただし，$r > a$ では $1/r^2$ に比例して変化する．

☞ 間違えたり，わからなかったら，もう一度例題 4 に戻って考えてみよ．

[問題 5] 電荷 Q は球内に一様に分布するので，その電荷密度 ρ は $\rho = 3Q/4\pi a^3$．したがって，半径 r の球内の電荷量 Q' は $Q' = 4\pi r^3\rho/3 = r^3Q/a^3$．これを使って (2.13) の $r < a$ の式に代入すると，$E(r) = (Q'/4\pi\varepsilon_0)\,1/r^2\ (r < a)$．これは半径 r の球内の電荷だけが寄与することを表す．

[問題 6] 電荷 Q は導体球面上に一様に分布するので，Q と表面電荷密度 σ とは $Q = 4\pi a^2\sigma$ の関係にある．これを (2.19) で $r = a$ とおいて代入すると (2.18) が得られる．

[問題 7] この場合にも例題 6 の式 (2) から (3) への議論がそのまま成り立ち，式 (3) が導かれる．すなわち，空洞内で電場はゼロである．

☞ わからなかったら，もう一度例題 6 に戻って考えてみよ．

[問題 8] 図 2.14 で空洞内に電荷 Q をおいてみる．導体の中に想定した閉曲面 S についてガウスの法則 (2.6) を適用すると，S 上のどこでも電場がゼロなので，S 内の総電荷はゼロでなければならない．したがって，導体の空洞面に電荷 $-Q$ が誘起され，電気力線は導体外には現れない．

[問題 9] ストークスの定理 (2.24) においてベクトル場 $\boldsymbol{A}(\boldsymbol{r})$ を電場 $\boldsymbol{E}(\boldsymbol{r})$ とおくと，それと (2.20) より

$$\int_{\mathrm{S}} \{\boldsymbol{\nabla} \times \boldsymbol{E}(\boldsymbol{r})\} \cdot d\boldsymbol{\sigma} = 0$$

となる．曲面 S が何でもこの等式が成り立たなければならないので，被積分関数 $\boldsymbol{\nabla} \times \boldsymbol{E}(\boldsymbol{r})$ はゼロでなければならないことになり，(2.28) が成立する．

第3章

［問題1］　回転の定義 (2.25) と勾配の定義 (3.2) を使って，$\nabla \times \{\nabla \phi(\boldsymbol{r})\}$ の x 成分を計算する：

$$[\nabla \times \{\nabla \phi(\boldsymbol{r})\}]_x = \frac{\partial(\nabla \phi(\boldsymbol{r}))_z}{\partial y} - \frac{\partial(\nabla \phi(\boldsymbol{r}))_y}{\partial z}$$
$$= \frac{\partial}{\partial y}\frac{\partial \phi(\boldsymbol{r})}{\partial z} - \frac{\partial}{\partial z}\frac{\partial \phi(\boldsymbol{r})}{\partial y}$$
$$= \frac{\partial^2 \phi(\boldsymbol{r})}{\partial y\, \partial z} - \frac{\partial^2 \phi(\boldsymbol{r})}{\partial z\, \partial y} = 0$$

最後の式で，微分の順序を変えても構わないことを使った．y, z 成分も同様の計算でゼロであることが示され，$\nabla \times \{\nabla \phi(\boldsymbol{r})\} = (0,\, 0,\, 0) = \mathbf{0}$ となる．

［問題2］　$|x| \ll 1$ のときの近似式 $(1+x)^a \cong 1 + ax$ を使う．d の1次までの近似で

$$\left[x^2 + y^2 + \left(z \pm \frac{d}{2}\right)^2\right]^{-1/2} \cong (x^2 + y^2 + z^2 \pm dz)^{-\frac{1}{2}} = (r^2 \pm dz)^{-\frac{1}{2}}$$
$$= \frac{1}{r}\left(1 \pm \frac{dz}{r^2}\right)^{-\frac{1}{2}} \cong \frac{1}{r}\left(1 \mp \frac{dz}{2r^2}\right)$$

これを (3.16) に代入して，

$$\phi(x,\, y,\, z) \cong \frac{q}{4\pi\varepsilon_0 r}\left\{\left(1 + \frac{dz}{2r^2}\right) - \left(1 - \frac{dz}{2r^2}\right)\right\} = \frac{q}{4\pi\varepsilon_0 r}\frac{dz}{r^2} = \frac{p}{4\pi\varepsilon_0}\frac{z}{r^3}$$

となる．

［問題3］　大体の様子は図のとおりである．次の問題とも関連して，$r = a$ で曲線が滑らかにつながっていることに注意しておく．

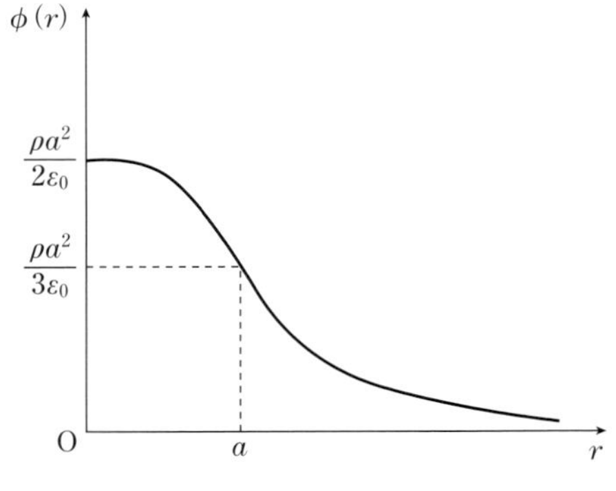

［問題 4］ (3.23) より

$$E(r) = -\frac{d\phi(r)}{dr} = \begin{cases} \dfrac{\rho}{3\varepsilon_0} r = \dfrac{Q}{4\pi\varepsilon_0 a^3} r & (r \le a) \\ \dfrac{\rho a^3}{3\varepsilon_0}\dfrac{1}{r^2} = \dfrac{Q}{4\pi\varepsilon_0}\dfrac{1}{r^2} & (r > a) \end{cases}$$

これは (2.13) とぴったり一致する.

［問題 5］ 大体の様子は図のとおりである.

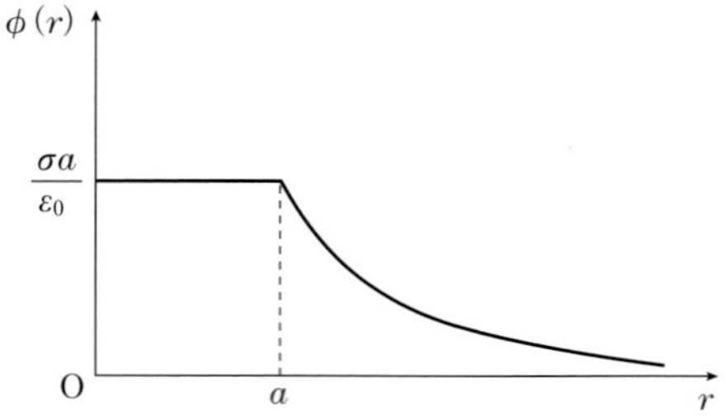

［問題 6］ (3.24) より

$$E(r) = -\frac{d\phi(r)}{dr} = \begin{cases} 0 & (r \le a) \\ \dfrac{\sigma a^2}{\varepsilon_0}\dfrac{1}{r^2} = \dfrac{Q}{4\pi\varepsilon_0}\dfrac{1}{r^2} & (r > a) \end{cases}$$

これは (2.14) と一致する.

［問題 7］ (3.18) を

$$\phi(\boldsymbol{r}) = \frac{1}{4\pi\varepsilon_0}\frac{\boldsymbol{p}\cdot\boldsymbol{r}}{r^3} = \frac{1}{4\pi\varepsilon_0}(p_x x + p_y y + p_z z)r^{-3}$$

とおいて微分公式 (3.19) を使うと,

$$\frac{\partial\phi(r)}{\partial x} = \frac{1}{4\pi\varepsilon_0}\left\{p_x r^{-3} + (p_x x + p_y y + p_z z)\frac{x}{r}(-3)r^{-4}\right\}$$

$$= \frac{1}{4\pi\varepsilon_0}\{p_x r^{-3} - 3x(p_x x + p_y y + p_z z)r^{-5}\}$$

$$\frac{\partial^2\phi(r)}{\partial x^2} = \frac{1}{4\pi\varepsilon_0}\left\{p_x\frac{x}{r}(-3)r^{-4} - 3(p_x x + p_y y + p_z z)r^{-5} - 3xp_x r^{-5} - 3x\,(p_x x + p_y y + p_z z)\frac{x}{r}(-5)r^{-6}\right\}$$

$$= \frac{1}{4\pi\varepsilon_0}(-6p_x xr^{-5} - 3\boldsymbol{p}\cdot\boldsymbol{r}r^{-5} + 15x^2\boldsymbol{p}\cdot\boldsymbol{r}r^{-7})$$

同様にして，

$$\frac{\partial^2\phi(r)}{\partial y^2}=\frac{1}{4\pi\varepsilon_0}(-6p_y\,yr^{-5}-3\boldsymbol{p}\cdot\boldsymbol{r}r^{-5}+15y^2\boldsymbol{p}\cdot\boldsymbol{r}r^{-7})$$

$$\frac{\partial^2\phi(r)}{\partial z^2}=\frac{1}{4\pi\varepsilon_0}(-6p_z\,zr^{-5}-3\boldsymbol{p}\cdot\boldsymbol{r}r^{-5}+15z^2\boldsymbol{p}\cdot\boldsymbol{r}r^{-7})$$

これらの結果を使うと，

$$\begin{aligned}\boldsymbol{\nabla}^2\phi(\boldsymbol{r})&=\frac{\partial^2\phi(\boldsymbol{r})}{\partial x^2}+\frac{\partial^2\phi(\boldsymbol{r})}{\partial y^2}+\frac{\partial^2\phi(\boldsymbol{r})}{\partial z^2}\\&=\frac{1}{4\pi\varepsilon_0}(-6\boldsymbol{p}\cdot\boldsymbol{r}r^{-5}-9\boldsymbol{p}\cdot\boldsymbol{r}r^{-5}+15\boldsymbol{p}\cdot\boldsymbol{r}r^{-5})=0\end{aligned}$$

となる．

［問題 8］ 空間の全電荷 Q は

$$Q=\int\rho(\boldsymbol{r})\,dV=-\frac{q\kappa^2}{4\pi}\int_0^\infty\frac{e^{-\kappa r}}{r}4\pi r^2\,dr=-q\kappa^2\int_0^\infty re^{-\kappa r}\,dr=-q\int_0^\infty xe^{-x}\,dx$$

最後の等式で積分変数を r から $x=\kappa r$ $(dx=\kappa\,dr)$ に換えた．積分 $\int_0^\infty xe^{-x}\,dx$ は部分積分を使って 1 になるので，$Q=-q$.

第 4 章

［問題 1］ (4.7 a) の静電ポテンシャルのところに (3.23) を代入すればよい．この場合，電荷分布 $\rho(\boldsymbol{r})$ は半径 a の球に一様に分布するので，積分範囲はこの球内に限られ，静電ポテンシャルも (3.23) から球対称性を満たすので，積分の $d^3\boldsymbol{r}$ を $4\pi r^2\,dr$（半径 r，厚さ dr の球殻）とおいて 0 から a まで積分すればよい．

$$\begin{aligned}U&=\frac{1}{2}\int\rho(\boldsymbol{r})\,\phi(\boldsymbol{r})\,d^3\boldsymbol{r}=\frac{1}{2}\int_0^a\rho\frac{\rho}{2\varepsilon_0}\left(a^2-\frac{1}{3}r^2\right)4\pi r^2\,dr\\&=\frac{\pi\rho^2}{\varepsilon_0}\int_0^a\left(a^2-\frac{1}{3}r^2\right)r^2\,dr=\frac{4\pi\rho^2a^5}{15\varepsilon_0}\end{aligned}$$

これは (4.8) と一致する．

［問題 2］ (3.6) に従って電場の各成分を計算すればよい．x による偏微分では y，z は定数と見なしてよいことを思い出して，(4.9) より

$$\begin{aligned}E_x&=-\frac{\partial\phi}{\partial x}\\&=-\frac{q}{4\pi\varepsilon_0}\Big[-\frac{1}{2}\{(x-d)^2+y^2+z^2\}^{-\frac{3}{2}}\cdot2(x-d)\\&\qquad-\left(-\frac{1}{2}\right)\{(x+d)^2+y^2+z^2\}^{-\frac{3}{2}}\cdot2(x+d)\Big]\end{aligned}$$

$$= \frac{q}{4\pi\varepsilon_0}\left[\frac{x-d}{\{(x-d)^2+y^2+z^2\}^{3/2}} - \frac{x+d}{\{(x+d)^2+y^2+z^2\}^{3/2}}\right]$$

同様にして，

$$E_y = \frac{q}{4\pi\varepsilon_0}\left[\frac{y}{\{(x-d)^2+y^2+z^2\}^{3/2}} - \frac{y}{\{(x+d)^2+y^2+z^2\}^{3/2}}\right]$$

$$E_z = \frac{q}{4\pi\varepsilon_0}\left[\frac{z}{\{(x-d)^2+y^2+z^2\}^{3/2}} - \frac{z}{\{(x+d)^2+y^2+z^2\}^{3/2}}\right]$$

導体表面 $(x=0)$ では

$$E_x = -\frac{qd}{2\pi\varepsilon_0}\frac{1}{(d^2+y^2+z^2)^{3/2}}, \qquad E_y = E_z = 0$$

となって，確かに電場は導体表面に垂直であることがわかる．

［問題 3］ (2.18) に前問の結果を代入して

$$\sigma = \varepsilon_0 E_x(x=0) = -\frac{qd}{2\pi}\frac{1}{(d^2+y^2+z^2)^{3/2}}$$

上式の負号は，表面に誘起される電荷が電荷 q と反対符号であることを表す．

［問題 4］ yz 平面での 2 次元極座標で $y^2+z^2=r^2$ であり，電荷分布が円対称であることから面積要素をリング状の $2\pi r\,dr$ とすると，導体表面に誘起される全電荷 Q は

$$Q = \int_0^\infty \sigma\cdot 2\pi r\,dr = -\frac{qd}{2\pi}\int_0^\infty \frac{1}{(d^2+r^2)^{3/2}}\cdot 2\pi r\,dr$$

$$= -qd\int_0^\infty \frac{r}{(d^2+r^2)^{3/2}}\,dr = -qd\left[-\frac{1}{\sqrt{d^2+r^2}}\right]_0^\infty$$

$$= -q$$

となる．

［問題 5］ (4.12) より

$C \cong 4\times 3.14\times 8.854\times 10^{-12}\times 6400\times 10^3\,[\mathrm{F}] \cong 7.12\times 10^{-4}\,[\mathrm{F}] = 712\,[\mu\mathrm{F}]$

［問題 6］ (4.13) より次式が類推される：

$$\begin{cases} q_1 = C_{11}\phi_1 + C_{12}\phi_2 + C_{13}\phi_3 \\ q_2 = C_{21}\phi_1 + C_{22}\phi_2 + C_{23}\phi_3 \\ q_3 = C_{31}\phi_1 + C_{32}\phi_2 + C_{33}\phi_3 \end{cases}$$

［問題 7］ (4.15) で $a_3 = a_2$ とおけばよいだけなので，

$$C_{11} = \frac{4\pi\varepsilon_0 a_1 a_2}{a_2 - a_1}, \quad C_{12} = C_{21} = -\frac{4\pi\varepsilon_0 a_1 a_2}{a_2 - a_1}, \quad C_{22} = 4\pi\varepsilon_0\left(\frac{a_1 a_2}{a_2 - a_1} + a_2\right) = \frac{4\pi\varepsilon_0 a_2^{\,2}}{a_2 - a_1}$$

［問題 8］ 例題 3 の式 (3) の第 1 式より

$$q = \frac{4\pi\varepsilon_0 a_1 a_2}{a_2 - a_1}\varDelta\phi, \qquad \therefore \quad C = \frac{4\pi\varepsilon_0 a_1 a_2}{a_2 - a_1}$$

［問題 9］ 元のコンデンサーの容量は $C = \varepsilon_0 S/d$．極板と導体との 1 つの間隔を a とすると，その容量は $C_1 = \varepsilon_0 S/a$．もう 1 つの導体と極板の間隔は $d - (d/2 + a) = d/2 - a$ なので，その容量は $C_2 = \varepsilon_0 S/(d/2 - a)$．この場合は直列接続なので，

$$\frac{1}{C'} = \frac{1}{C_1} + \frac{1}{C_2} = \frac{a}{\varepsilon_0 S} + \frac{\dfrac{d}{2} - a}{\varepsilon_0 S} = \frac{d}{2\varepsilon_0 S}, \qquad \therefore \quad C' = \frac{2\varepsilon_0 S}{d} = 2C$$

［問題 10］ この場合のコンデンサーの容量は $C = \varepsilon_0 S/d$ なので，コンデンサーに蓄えられる静電エネルギーは $U = (1/2C)\,q^2 = (d/2\varepsilon_0 S)\,q^2$．したがって，極板を $\varDelta d$ だけ増したときの静電エネルギーの増分は $\varDelta U = (\varDelta d/2\varepsilon_0 S)\,q^2$．これが $F\varDelta d$ に等しいことから，

$$F = \frac{1}{2\varepsilon_0 S}q^2$$

となる．

第 5 章

［問題 1］ 電流密度は

$$i = \frac{I}{\pi r^2} \cong \frac{10}{3.14 \times \left(\dfrac{0.5 \times 10^{-3}}{2}\right)^2} \cong 5.1 \times 10^7 \ [\mathrm{A/m^2}]$$

銅の電気伝導度を $\sigma = 5.8 \times 10^7\ [\Omega^{-1}\cdot\mathrm{m}^{-1}]$ として，(5.15) より電場の強さは，

$$E = \frac{i}{\sigma} = \frac{5.1 \times 10^7}{5.8 \times 10^7} \cong 0.88 \left[\frac{\mathrm{A/m^2}}{\Omega^{-1}\cdot\mathrm{m}^{-1}} = \frac{\mathrm{V}}{\mathrm{m}}\right]$$

となる．

［問題 2］ 電池の起電力を V_{e}，その内部抵抗を r，つないだ抵抗を R，電流を I とすると，キルヒホッフの第 2 法則より，$V_{\mathrm{e}} = (r + R)\,I$．これより，

$$r = \frac{V_{\mathrm{e}}}{I} - R = \frac{1.50}{1.43} - 1 = 0.05\ [\Omega]$$

つないだ抵抗での電圧降下は $RI = 1.43\ [\mathrm{V}]$．

［問題 3］ 銅線の断面積を S とすると，平均速度は

$$v = \frac{i}{ne} = \frac{I}{neS} = \frac{1\ [\mathrm{C/s}]}{8.4 \times 10^{28}\ [\mathrm{m^{-3}}] \times 1.6 \times 10^{-19}\ [\mathrm{C}] \times 2 \times 10^{-6}\ [\mathrm{m^2}]}$$
$$= 3.7 \times 10^{-5}\ [\mathrm{m/s}]$$

銅線中の電子の平均速度は意外に小さいことがわかる．これは，あちこちでぶつかりながら進む平均的な速度（ドリフト速度という）だからであり，衝突と衝突の間の速度ははるかに大きい．

［問題 4］ この抵抗にかかる電場の大きさが $E = V/l$，電流密度の大きさが $i = I/S$ であり，電場と電流が平行と見なされるので，抵抗に単位時間，単位体積当たりに発生するジュール熱 J は，(5.27) より，$J = Ei = VI/Sl$．Sl は抵抗の体積なので，抵抗全体に単位時間に発生するジュール熱 P は，$P = SlJ = VI$．後は，オームの法則 $V = RI$ を使えばよい．

第 6 章

［問題 1］

$$B = \frac{\mu_0}{2\pi}\frac{I}{r} = \frac{4\pi \times 10^{-7}\,[\mathrm{N/A^2}]}{2\pi} \cdot \frac{100\,[\mathrm{A}]}{0.1\,[\mathrm{m}]}$$
$$= 2 \times 10^{-7} \times 10^{3} \left[\frac{\mathrm{N}}{\mathrm{A \cdot m}}\right]$$
$$= 2 \times 10^{-4}\,[\mathrm{T}] = 2[\mathrm{G}]$$

このように，意外に磁場が弱いことに注意しよう．

［問題 2］ ソレノイドの単位長さ当たりの銅線の巻き数は $N = 4000\,[1/\mathrm{m}]$．(6.14) より，

$$B = \mu_0 NI$$
$$= 4\pi \times 10^{-7}[\mathrm{NA^{-2}}] \times 4 \times 10^{3}\,[1/\mathrm{m}] \times 2\,[\mathrm{A}]$$
$$= 1.0 \times 10^{-2}\,[\mathrm{N/(A \cdot m)} = \mathrm{T}]$$

［問題 3］ ドーナツ形コイルの中の円周状の中心軸を半径 r の円周 C とする．磁場は C 上で一定値 B をとり，その接線方向を向く．したがって，(6.13) の左辺は $\oint_{\mathrm{C}} \boldsymbol{B} \cdot d\boldsymbol{r} = 2\pi rB$．また，コイルを流れる電流を I とすると，閉曲線である C を貫く全電流は $I_{\mathrm{t}} = NI$．(6.13) より，$2\pi rB = \mu_0 NI$．これより，ドーナツ形コイルの中の磁束密度は

$$B = \frac{\mu_0 NI}{2\pi r} = \frac{4\pi \times 10^{-7} \times 5 \times 10^{3} \times 10}{2\pi \times 0.5} = 2 \times 10^{-2}\,[\mathrm{T}]$$

コイルの中の磁束密度は $2 \times 10^{-2}\,[\mathrm{T}] = 200\,[\mathrm{G}]$．1 本の電線の周りの磁場はそれほど強くなくても，ぐるぐる回りのコイルにすることで閉曲線を貫く電流を実効的に増やし，磁場の強さを稼ぐことができる．

［問題 4］ 大体の様子は図のとおりである．図 2.6 との類似に注意せよ．

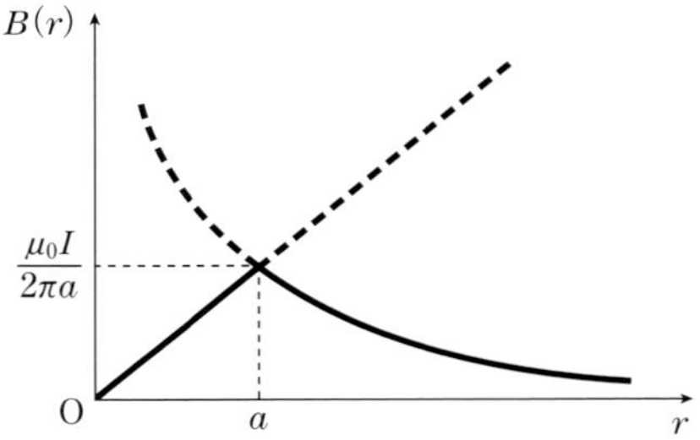

第 7 章

［問題 1］
$$\nabla\cdot\boldsymbol{B}=\nabla\cdot(\nabla\times\boldsymbol{A})=\frac{\partial}{\partial x}(\nabla\times\boldsymbol{A})_x+\frac{\partial}{\partial y}(\nabla\times\boldsymbol{A})_y+\frac{\partial}{\partial z}(\nabla\times\boldsymbol{A})_z$$
$$=\frac{\partial}{\partial x}\left(\frac{\partial A_z}{\partial y}-\frac{\partial A_y}{\partial z}\right)+\frac{\partial}{\partial y}\left(\frac{\partial A_x}{\partial z}-\frac{\partial A_z}{\partial x}\right)+\frac{\partial}{\partial z}\left(\frac{\partial A_y}{\partial x}-\frac{\partial A_x}{\partial y}\right)$$
$$=\frac{\partial^2 A_z}{\partial x\,\partial y}-\frac{\partial^2 A_y}{\partial x\,\partial z}+\frac{\partial^2 A_x}{\partial y\,\partial z}-\frac{\partial^2 A_z}{\partial y\,\partial x}+\frac{\partial^2 A_y}{\partial z\,\partial x}-\frac{\partial^2 A_x}{\partial z\,\partial y}=0$$

最後の等式で，微分の順序を変えてもよいことを使った．

☞ 間違えたり，わからなかったら，もう一度ベクトル解析の発散と回転を復習し，解いてみよ．

［問題 2］ $\nabla\times(\boldsymbol{A}+\nabla\chi)=\nabla\times\boldsymbol{A}+\nabla\times\nabla\chi$ であるが，$\nabla\times\nabla\chi$ の x 成分をベクトル解析の回転と勾配の定義を使って計算すると，

$$(\nabla\times\nabla\chi)_x=\frac{\partial}{\partial y}(\nabla\chi)_z-\frac{\partial}{\partial z}(\nabla\chi)_y=\frac{\partial}{\partial y}\frac{\partial\chi}{\partial z}-\frac{\partial}{\partial z}\frac{\partial\chi}{\partial y}=\frac{\partial^2\chi}{\partial y\,\partial z}-\frac{\partial^2\chi}{\partial z\,\partial y}=0$$

ここでも最後の等式で，微分の順序を変えてもよいことを使った．同様に $\nabla\times\nabla\chi$ の y, z 成分もゼロとなり，恒等的に $\nabla\times\nabla\chi=\boldsymbol{0}$ であることが証明された．これを使うと，$\nabla\times(\boldsymbol{A}+\nabla\chi)=\nabla\times\boldsymbol{A}+\nabla\times\nabla\chi=\nabla\times\boldsymbol{A}=\boldsymbol{B}$ となって，(7.2) を使っても変わらない．

［問題 3］ (7.18) で $z=0$ とすればよい．したがって，

$$B(z=0)=\frac{\mu_0 I}{2a}=\frac{4\pi\times10^{-7}\times10}{10^{-1}}=1.26\times10^{-4}\ [\mathrm{T}]$$

となる．

［問題 4］ 2 個の半径 a のリング状導線上の 1 点と点 P の間の距離が $\sqrt{a^2+(b\pm z)^2}$ なので，2 個のリング状電流が点 P につくる磁場の大きさは

(7.18) より，

$$B(z) = \frac{\mu_0 I a^2}{2}\left[\frac{1}{\{a^2 + (b+z)^2\}^{3/2}} + \frac{1}{\{a^2 + (b-z)^2\}^{3/2}}\right]$$

となる．

☞ 間違えたり，わからなかったら，もう一度例題 3 に戻って，考えてみよ．

［問題 5］ $a^2 + (b \pm z)^2 = a^2 + b^2 \pm 2bz + z^2$

$$= (a^2 + b^2)\left(1 \pm \frac{2b}{a^2+b^2}z + \frac{1}{a^2+b^2}z^2\right)$$

これより

$$\begin{aligned}
&[a^2 + (b+z)^2]^{-3/2} \\
&= (a^2+b^2)^{-3/2}\left(1 \pm \frac{2b}{a^2+b^2}z + \frac{1}{a^2+b^2}z^2\right)^{-3/2} \\
&= (a^2+b^2)^{-3/2}\left\{1 - \frac{3}{2}\left(\pm\frac{2b}{a^2+b^2}z + \frac{1}{a^2+b^2}z^2\right)\right. \\
&\qquad\qquad \left. + \frac{15}{8}\left(\pm\frac{2b}{a^2+b^2}z + \frac{1}{a^2+b^2}z^2\right)^2 + \cdots\right\} \\
&= (a^2+b^2)^{-3/2}\left\{1 \mp \frac{3b}{a^2+b^2}z - \frac{3(a^2-4b^2)}{2(a^2+b^2)^2}z^2 + \cdots\right\}
\end{aligned}$$

これを問題 4 の答えに代入すると，z の 1 次の項がちょうどキャンセルされて，

$$B(z) = \frac{\mu_0 I a^2}{(a^2+b^2)^{3/2}}\left[1 - \frac{3(a^2-4b^2)}{2(a^2+b^2)^2}z^2 + \cdots\right]$$

となる．

［問題 6］ 問題 5 の結果から，$a = 2b$ の関係があるとき，z^2 の係数がゼロとなる．

第 8 章

［問題 1］ $F = IBa = 10 \times 0.1 \times 0.1$ [A・kg・1/s²・1/A・m] $= 0.1$ [kg・m・1/s² = N]．偶力モーメントの大きさ N は (8.4) で $\theta = \pi/2$ とおいて，$N = Fb = 1.0 \times 10^{-2}$ [N・m]．

☞ 間違えたり，わからなかったら，もう一度例題 1 に戻って考えてみよ．

［問題 2］ ベクトル $\boldsymbol{B}$ を $\boldsymbol{B} = (0, 0, \mathrm{B})$ とおいても一般性を失わない．$\boldsymbol{v}$ の方は一般的に $\boldsymbol{v} = (v_x, v_y, v_z)$ とおく．まず，ベクトル積の定義より，$\boldsymbol{v} \times \boldsymbol{B} = (v_y B, -v_x B, 0)$．次にスカラー積の定義から，$\boldsymbol{v} \cdot (\boldsymbol{v} \times \boldsymbol{B}) = v_x v_y B - v_y v_x B = 0$．

☞ 間違えたり，わからなかったら，もう一度ベクトルのスカラー積 (内積) とベクトル積 (外積) を復習し，解いてみよ．

［問題 3］ 例題 2 の (6) に与えられた数値を代入して，

$$\overline{\mathrm{HP}} = \frac{1.6\times10^{-19}\,[\mathrm{C}]\times10\,[\mathrm{V}]\times4\times10^{-2}\,[\mathrm{m}]\times1.8\times10^{-1}\,[\mathrm{m}]}{9.1\times10^{-31}\,[\mathrm{kg}]\times1\times10^{-2}\,[\mathrm{m}]\times10^{14}\,[\mathrm{m^2/s^2}]}$$
$$= \frac{1.6\times4\times1.8\times10^{-21}\,[\mathrm{C\cdot V\cdot m^2}]}{9.1\times10^{-19}[\mathrm{kg\cdot m^3\cdot 1/s^2}]}$$
$$\cong 1.3\times10^{-2}\left[\frac{\mathrm{C\cdot V}}{\mathrm{kg\cdot m\cdot 1/s^2}} = \frac{\mathrm{J}}{\mathrm{kg\cdot m\cdot 1/s^2}} = \frac{\mathrm{kg\cdot m^2\cdot 1/s^2}}{\mathrm{kg\cdot m\cdot 1/s^2}} = \mathrm{m}\right]$$

約 1.3 cm だけ垂直方向にずれる．ただし，電子は負電荷なので，正電荷とは逆向きにずれることに注意．

［問題 4］ 等速円運動の場合の速さ v は，半径 r と角振動数 ω との間に $v = r\omega$ という関係がある．これに (8.12) を代入して整理すると，$\omega = qB/m$ が得られる．

［問題 5］ (8.12) で $q = e$ とおいて，

$$B = \frac{mv}{er} = \frac{1.67\times10^{-27}\times1.0\times10^6}{1.6\times10^{-19}\times0.1} = 1.04\times10^{-1}\,[\mathrm{T}]$$

0.1 T ほどの磁場が必要．

第 9 章

［問題 1］ 真空の誘電率 ε_0 の単位は，(1.2) より，$\left[\frac{\mathrm{F}}{\mathrm{m}}\right] = \left[\frac{\mathrm{C}}{\mathrm{V\cdot m}}\right]$．電場 E の単位は $\left[\frac{\mathrm{V}}{\mathrm{m}}\right]$ なので，電束密度 $D = \varepsilon_0 E$ の単位は $\left[\frac{\mathrm{C}}{\mathrm{V\cdot m}}\cdot\frac{\mathrm{V}}{\mathrm{m}}\right] = \left[\frac{\mathrm{C}}{\mathrm{m^2}}\right]$．したがって，変位電流 $\partial D/\partial t$ の単位は $\left[\frac{\mathrm{C}}{\mathrm{s\cdot m^2}}\right] = \left[\frac{\mathrm{A}}{\mathrm{m^2}}\right]$ となる．これは電流密度の単位である．

［問題 2］ 角周波数 $\omega = 2\pi\times50 = 3.14\times10^2\,[1/\mathrm{s}]$ なので，変位電流の振幅は

$$\omega CV_0 = 3.14\times10^2\,[1/\mathrm{s}]\times10^{-6}\,[\mathrm{F}]\times10^2\,[\mathrm{V}]$$
$$= 3.14\times10^{-2}\,[1/\mathrm{s}\cdot\mathrm{C/V}\cdot\mathrm{V} = \mathrm{C/s} = \mathrm{A}]$$

［問題 3］ (9.7) を (9.6) に代入して

$$\phi^{\mathrm{em}} = -\frac{dB}{dt}S = -\frac{0.2-0.1}{1}\,[\mathrm{T/s}]\times\pi\times5^2\times10^{-4}\,[\mathrm{m^2}]$$
$$= -0.1\times25\times3.14\times10^{-4}\,[\mathrm{Wb/s}] = -7.9\times10^{-4}\,[\mathrm{V}]$$

［問題 4］ この場合の誘導起電力の振幅は，例題 2 の (4) の振幅 ωBS にコイルの巻き数を掛けなければならないことに注意しよう．したがって，誘導起電力の振幅は，

$$10^3\times2\pi\times10^2\,[1/\mathrm{s}]\times4.5\times10^{-5}\,[\mathrm{T}]\times\pi\times0.5^2\,[\mathrm{m^2}] = 2.2\times10\,[\mathrm{V}]$$

第10章

［問題1］ 電荷 q_i の単位は［C］，位置 $\boldsymbol{r}_i$ の単位は［m］，速度 $\boldsymbol{v}_i$ の単位は［m/s］．また，$\delta(\boldsymbol{r})$ の単位は (10.18) より［$1/\mathrm{m}^3$］．したがって，(10.22) の右辺の単位は［$\mathrm{C/m^3}$］であり，これは確かに電荷密度の単位である．また，(10.23) の右辺の単位は［$\mathrm{C \cdot m/s \cdot 1/m^3}$］＝［$\mathrm{C/(s \cdot m^2)}$］であり，これは確かに電流密度の単位である．

［問題2］ 系の全電荷 Q は電荷密度 ρ を系全体にわたって積分して求められるので，(10.19) を使って (10.22) を積分すると，

$$Q = \int_{\mathrm{V}} \rho(\boldsymbol{r})\, d^3\boldsymbol{r} = \int_{\mathrm{V}} \sum_{i=1}^{n} q_i\, \delta(\boldsymbol{r} - \boldsymbol{r}_i)\, d^3\boldsymbol{r} = \sum_{i=1}^{n} q_i \int_{\mathrm{V}} \delta(\boldsymbol{r} - \boldsymbol{r}_i)\, d^3\boldsymbol{r} = \sum_{i=1}^{n} q_i$$

これは確かに全電荷を表しており，(10.22) が電荷密度の正しい表式であることを保証する．

［問題3］ 例題1の結果から，ポインティング・ベクトル $\boldsymbol{S}$ は想定した円筒の側面に垂直に導線に向かっており，この円筒の側面の面積は $2\pi r \times 1$ なので，流れ込むエネルギー量は

$$2\pi r\, S(r) = EI\ [\mathrm{J/s}]$$

となる．

［問題4］ 問題3の結果は，導線の単位長さ，単位時間当たりに注ぎ込まれているエネルギーであり，電場が荷電粒子の流れである電流にする仕事を表している．しかし，電流は定常なので，注入されたエネルギーは荷電粒子の運動エネルギーの増加にはならず，導線の単位長さ，単位時間当たりに発生するジュール熱 VI/d に変わる．

第11章

［問題1］ (11.4) の両辺の回転をとると，

$$\boldsymbol{\nabla} \times (\boldsymbol{\nabla} \times \boldsymbol{B}) = \varepsilon_0 \mu_0 \frac{\partial}{\partial t} \left(\boldsymbol{\nabla} \times \boldsymbol{E} \right) \tag{1}$$

が得られる．公式 (11.6) で $\boldsymbol{A}$ を磁場 $\boldsymbol{B}$ とおき，(11.2) を考慮すると，(1) の左辺は $-\boldsymbol{\nabla}^2 \boldsymbol{B}$ となる．また，(1) の右辺には (11.3) を使って電場 $\boldsymbol{E}$ を消去して整理すると，(1) は磁場 $\boldsymbol{B}$ だけの微分方程式

$$\nabla^2 \boldsymbol{B} - \varepsilon_0 \mu_0 \frac{\partial^2}{\partial t^2} \boldsymbol{B} = \boldsymbol{0} \tag{2}$$

になる．

［問題 2］（11.11）より，

$$\frac{\partial u(x,t)}{\partial x} = -Ak\sin(kx-\omega t), \quad \therefore \quad \frac{\partial^2 u(x,t)}{\partial x^2} = -Ak^2\cos(kx-\omega t)$$

$$\frac{\partial u(x,t)}{\partial t} = A\omega\sin(kx-\omega t), \quad \therefore \quad \frac{\partial^2 u(x,t)}{\partial t^2} = -A\omega^2\cos(kx-\omega t)$$

これらを（11.10）の左辺に代入すると，

$$\frac{\partial^2 u(x,t)}{\partial x^2} - \frac{1}{v^2}\frac{\partial^2 u(x,t)}{\partial t^2} = -Ak^2\cos(kx-\omega t) + \frac{A\omega^2}{v^2}\cos(kx-\omega t) = 0$$

上の最後の式で（11.12）を使った．

［問題 3］（11.16）より，

$$\frac{\partial \boldsymbol{E}(\boldsymbol{r},t)}{\partial x} = -\boldsymbol{e}_{\mathrm{e}}E_0k_x\sin(\boldsymbol{k}\cdot\boldsymbol{r}-\omega t), \quad \therefore \quad \frac{\partial^2 \boldsymbol{E}(\boldsymbol{r},t)}{\partial x^2} = -\boldsymbol{e}_{\mathrm{e}}E_0{k_x}^2\cos(\boldsymbol{k}\cdot\boldsymbol{r}-\omega t)$$

同様に，

$$\frac{\partial^2 \boldsymbol{E}(\boldsymbol{r},t)}{\partial y^2} = -\boldsymbol{e}_{\mathrm{e}}E_0{k_y}^2\cos(\boldsymbol{k}\cdot\boldsymbol{r}-\omega t), \quad \frac{\partial^2 \boldsymbol{E}(\boldsymbol{r},t)}{\partial z^2} = -\boldsymbol{e}_{\mathrm{e}}E_0{k_z}^2\cos(\boldsymbol{k}\cdot\boldsymbol{r}-\omega t)$$

また，

$$\frac{\partial \boldsymbol{E}(\boldsymbol{r},t)}{\partial t} = -\boldsymbol{e}_{\mathrm{e}}E_0\omega\sin(\boldsymbol{k}\cdot\boldsymbol{r}-\omega t), \quad \therefore \quad \frac{\partial^2 \boldsymbol{E}(\boldsymbol{r},t)}{\partial t^2} = -\boldsymbol{e}_{\mathrm{e}}E_0\omega^2\cos(\boldsymbol{k}\cdot\boldsymbol{r}-\omega t)$$

これらを（11.7）の左辺に代入し，$\varepsilon_0\mu_0 = 1/c^2$ を使うと，

$$-\boldsymbol{e}_{\mathrm{e}}E_0\left({k_x}^2+{k_y}^2+{k_z}^2-\frac{\omega^2}{c^2}\right)\cos(\boldsymbol{k}\cdot\boldsymbol{r}-\omega t) = -\boldsymbol{e}_{\mathrm{e}}E_0\left(k^2-\frac{\omega^2}{c^2}\right)\cos(\boldsymbol{k}\cdot\boldsymbol{r}-\omega t)$$

が得られる．これがゼロのときに，（11.16）が（11.7）の解である．そのためには $k^2-\omega^2/c^2=0$，すなわち，$\omega = kc$ であればよい．

こうして，（11.16）が（11.7）の解であると同時に，分散関係（11.18）が導かれた．

［問題 4］ 例題 1 の式（2）の右辺に $P = 1$ [W]，$D = 10^{-4}$ [m]，$c = 3.0\times 10^8$ [m]，$\varepsilon_0 = 8.85\times 10^{-12}$ [F/m] を代入して，

$$E_0 = \frac{2}{10^{-4}}\sqrt{\frac{2\times 1}{3.14\times 3.0\times 10^8\times 8.85\times 10^{-12}}} = 2\times 10^6\sqrt{\frac{2}{3.14\times 3.0\times 8.85}}$$
$$= 3.1\times 10^5 \text{ [V/m]}$$

また，磁場の振幅は，例題 1 の式（3）より，

$$B_0 = \frac{E_0}{c} = 1.0\times 10^{-3} \text{ [T]}$$

となる．

索　　引

コ

サ

シ

ス

セ

ソ

タ

チ

テ

著者略歴

まつ した　みつぐ
松下　貢

　1943年 富山県出身．東京大学工学部物理工学科卒，同大学院理学系物理学博士課程修了．日本電子（株）開発部，東北大学電気通信研究所助手，中央大学理工学部助教授，教授を経て，現在，同大学名誉教授．理学博士．

　主な著訳書：「裳華房テキストシリーズ－物理学　物理数学」，「裳華房フィジックスライブラリー　フラクタルの物理（Ⅰ）・（Ⅱ）」，「物理学講義　力学」，「物理学講義　熱力学」，「物理学講義　量子力学入門」，「物理学講義　統計力学入門」，「力学・電磁気学・熱力学のための　基礎数学」（以上，裳華房），「医学・生物学におけるフラクタル」（編著，朝倉書店），「カオス力学入門」（ベイカー・ゴラブ著，啓学出版），「フラクタルな世界」（ブリッグズ著，監訳，丸善），「生物にみられるパターンとその起源」（編著，東京大学出版会），「英語で楽しむ寺田寅彦」（共著，岩波科学ライブラリー 203），「キリンの斑論争と寺田寅彦」（編著，岩波科学ライブラリー 220），他．

物理学講義　**電磁気学**

2014年11月25日　第1版1刷発行
2021年7月30日　第2版1刷発行

検印省略

定価はカバーに表示してあります．

著作者	松下　貢
発行者	吉野和浩
発行所	東京都千代田区四番町 8-1 電話　03-3262-9166（代） 郵便番号　102-0081 株式会社　裳華房
印刷所	三報社印刷株式会社
製本所	株式会社 松岳社

一般社団法人
自然科学書協会会員

ISBN 978-4-7853-2246-5